KB237995

宇宙 回歸論

蔡璉錫 著

宇宙는 本質的으로 量子性格인 陰·陽의 電極素子 以外 다른 어떤 要素도 存在하지 않는다. 그 素粒子가 서로 結集되어 原子量 하나의 基本元素物質인 水素를 造成하고 있는 것이다.

그 水素가 固有의 機關體가 되어 重力波로 呼吸하면서 重力을 行使하며 서로를 凝集시켜 天體를 形成한다. 그렇게 造成된 天體에서 水素의 核融合이 進行되며 恒星에너지가 發散되고 빛나면서 宇宙가 經營된다 하는 것이다.

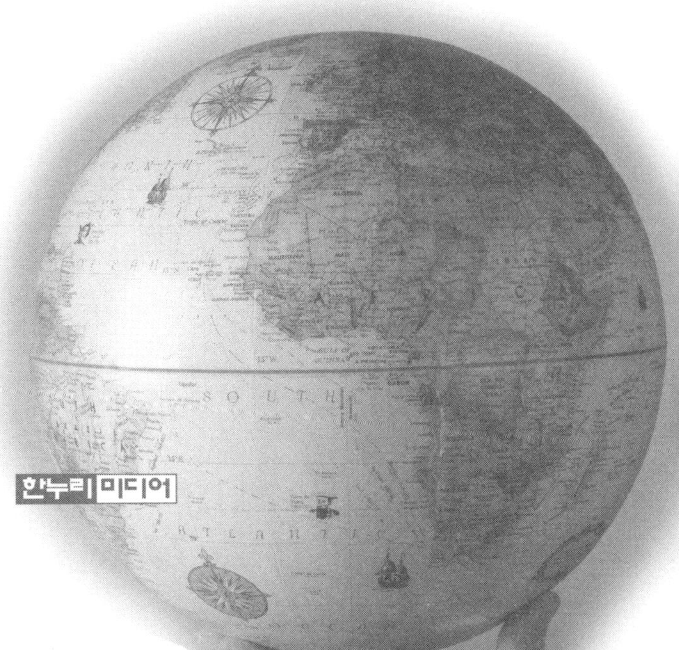

국립중앙도서관 출판시도서목록(CIP)

우주회귀론 : 채연석 저. -- 서울 : 한누리미디어, 2009
      p. ;   cm

ISBN 978-89-7969-347-8 03560 : ₩20000

151.7-KDC4
181.11-DDC21   CIP2009002193

宇宙 回歸論

蔡璉錫 著

■卷頭附錄

癌이 完治되고 退治될 瑞光이 보인다

單刀直入的으로 結果부터 말하면 癌은 中性子가 侵入하고 誘發시킨다는 結果가 確認되고 있다. 그 中性子를 水素로 回生시켜서 外部로 發散시키면 癌은 쉽게 治癒될 可能性이 展望되며 排除되지 않는다 하는 것이다. 癌이 完治되고 癌의 苦痛과 恐怖로부터 벗어날 날이 멀지 않을 將來로 臨迫하고 있다 할 것이다.

癌의 發生原因이 明確하고 鮮明하게 糾明되고 있어 癌이 完治되고 克服될 瑞光이 비치고 있다. 癌의 苦痛과 恐怖로부터 全面 脫出하고 解放될 希望이 보이고 있는 것이다. 그런 時代의 到來가 머지 않을 將來로 臨迫하고 있다 할 것이다. 朗報로 發展된다면 좋을 일일 것이다.

癌이 宇宙原理에서 發生하는 疾患이기 때문에 宇宙原理로 逆攻治療를 하면 아주 쉽고도 簡單하게 治療될 可能性이 排除되지 않는다 하는 知識과 原理를 《宇宙 回歸論》의 글이 提示

하고 있다. 喜消息의 朗報로 現實化된다면 기쁜 일일 것이다.

人類社會는 《宇宙 回歸論》의 책에서 眞實與否를 確認하고 全力投球의 力量을 發揮하고 傾注하면서 逆攻治療의 技術開發을 向하여 一路邁進해야 할 것이다. 癌의 苦痛과 恐怖로부터 脫出하고 安堵의 한숨을 쉴 수 있도록 밝은 未來를 開拓해야 할 일이기 때문이다.

現代醫學은 癌의 發生原因을 모르고 있다. 宇宙原理에 背馳된 우격다짐의 歪曲된 基礎 위에 設定되고 固着된 現代學問의 誤謬에서 오는 原因과 理由 때문인지 現代醫學은 苦痛과 恐怖의 對象인 癌의 發生原因을 모르고 있는 것이다.

아마도 宇宙의 眞實을 밝혀가는 旣存의 宇宙論이 眞實에 立脚하지 않고 虛構의 倒錯된 基礎 위에 設定되고 固着되어 있는데 原因이 있지 않을까 생각되는 것이다. 眞實에 立脚하지 않은 誇張의 虛荒되고 歪曲된 旣存의 宇宙論 때문에 癌의 發生原因을 모르고 있으며 對策이 없었다 하는 것이다.

理由가 어디에 있었던지 間에 現代醫學은 癌의 發生原因에 對한 正當한 知識을 갖고 있지 않은 것이다. 大端히 不幸한 現實이 아닐 수 없지만 癌의 發生原因을 모르니 治療가 되지 않으며 完治의 方法이 導出되지 않고 있었을 것이다. 迷路에서 彷徨할 수밖에 없었을 일일 것이다.

現代醫學이 高度로 發達하고 있음에도 不拘하고 어찌 癌의

發生原因이 밝혀지지 않고 모르며 治療가 不可能하면서 絶望의 苦痛만이 加重되고 있었던 일이었을까? 하루 빨리 癌의 苦痛과 恐怖로부터 脫出하고 解放되어야 할 일인데 一步의 前進도 許諾되지 않은 狀態에서 아무런 進展이 없으니 疑問이 아닐 수 없는 것이다.

果然 癌이 그토록 對策없는 難治病인 性質이었을까? 原理를 알고 보면 全혀 그렇지 않다는 것이다.

癌의 發生原因이 解得되지 않고 있었던 理由는 學問의 根幹과 大要를 形成시키는 旣存의 宇宙論이 眞實에 立脚하지 않고 虛構의 誇張되고 倒錯된 基礎 위에 設定된 誤謬에 原因이 있었다 하는 것이다. 要約하면 宇宙의 眞實이 正當하게 解明되고 있지 않았던 理由 때문에 癌의 發生原因이 밝혀지고 있지 않았으며 治療 또한 不可能했다 하는 것이다.

現在로서는 早期發見으로 癌細胞가 자리잡고 있는 患部를 手術除去하는 方法 以外 다른 治療法이 없을 것이다. 病者의 苦痛을 加重시키는 癌의 治療方法이 없다니 絶望的인 現實이 아닐 수 없을 것이다.

前途가 明確하지 않은 五里霧中의 일이기는 하지만 萬一 癌의 發生原因이 明確하게 糾明되고 正確하게 밝혀진다면 治療의 길도 열리고 癌의 完治도 可能性이 期待될 일일까?

알고 보면 癌은 생각하고 있는 것처럼 그토록 무서운 疾病이 아니고 極히 簡單한 疾患이라는 것이다. 이 時點에서 斷定할 수 없지만 癌이 完全히 退治될 밝은 未來가 展望되며 排除되지 않는다 하는 것이다.

晩時之歎의 感이 없는 바 아니지만 東洋의 物理思想에 基礎하고 根據하여 한 치의 誤差도 없이 公明正大하게 宇宙의 眞實을 밝히고 있다 主張되는《宇宙 回歸論》의 글이 世上에 모습을 드러내고 登場하면서 癌의 發生原因이 비로소 明確하고 克明하게 밝혀지고 있는 것이다. 向方이 杳然했던 癌의 秘密이 白日下에 드러난 것이다.

癌의 發生原因을 밝히고 있는《宇宙 回歸論》의 글이 提示하고 밝힌 東洋의 宇宙觀을 여기에 紹介하고 披瀝해 보기로 할 것이다. 刮目相對의 새로운 知識이 提示되고 있는 것이다.

宇宙의 根源은 永遠不變의 에너지 性格인 陰과 陽의 電極素子이며, 宇宙는 本質的으로 이 電極素子의 素粒子 以外 다른 어떤 要素도 存在하지 않는다 하는 것이다. 이 素粒子는 陽子와 電子로 呼稱될 수 있는 性格이기는 하지만 質量을 갖고 있지 않기 때문에 量子로 呼稱되어도 無妨할지는 疑問일 것이다.

宇宙의 根源인 그 素粒子가 結集되어 基本元素物質인 水素를 造成하며 이 水素가 呼吸하는 重力波로 重力이 行使된다는 것이다. 物質의 秘密과 重力의 原理가 비로소 밝혀지기에 이르렀다 할 것이다.

　에너지源인 陽子와 電子의 結集體인 水素의 重力行使로 水素가 서로 모여 天體가 構成된다는 것이다. 그 天體에서 水素의 核融合이 進行되고 그 途上에 水素의 組織因子인 電極素子가 放出되어 結合하고 排列되면서 太陽에너지가 生成된다는 恒星에너지의 本質을 밝히고 있는 것이다.

　基本元素物質인 水素를 造成하고 있는 宇宙의 物質的 根源과 重力의 原理, 나아가 恒星에너지인 太陽이 發散하는 에너지의 本質이《宇宙 回歸論》의 글에 依해 明確하게 糾明되고 있는 것이다. 宇宙는 오직 이 세 가지 要素로 經營되고 있다는 것이다.

　前人未踏의 새로운 知識이지만 水素의 核融合 途上에 水素는 太陽에너지를 發散하는데 比例하여 電極素子의 素粒子를 잃고 中性子로 變하며 이 中性子가 結合하여 地球上의 各種 元素物質을 造成하고 있다는 것이다.

　中性子가 元素物質을 造成하고 있다니 새삼 놀라운 일이 아닐 수 없지만 銘心하고 알아두어야 할 일은 水素의 變形體인 中性子도 水素처럼 呼吸하며 重力을 行使한다는 事實인 것이다.

　宇宙空間에서 水素와 中性子만이 重力을 行使하는 要素가 된다는 理致로 歸結될 것이다. 여기에서 看過되어서는 안 될 重要한 要素는 中性子의 結合으로 造成된 元素物質이 天理에서 定해진 結合의 時效가 끝나면 우라늄元素처럼 核分裂을 進行하게 되며 中性子로 分解되고 排出된다는 것이다. 이때의 中性子가 電極素子인 素粒子를 주워 입고 水素로 되살아나면서 人命을 殺傷하고 恐怖의 癌을 誘發시킨다는 것이다.

中性子가 原因이 되어 發生하는 癌은 原理를 알고 나면 悲觀만 하고 있을 그토록 무서운 病이 아니라는 것이다. 原因이 밝혀져 癌이 退治될 希望과 瑞光이 비치고 있는 만큼 人類社會는 《宇宙 回歸論》의 登場을 外面하고 等閑視할 일이 아닐 것이다. 戰戰兢兢 애만 태우고 있을 일이 아니며 귀 기울이고 對策에 臨해야 할 것이다.

去頭截尾하고 結果부터 밝힌다면 人間의 苦痛을 加重시키는 癌은 中性子의 侵害로 誘發되고 發生한다는 것이다. 그러니까 恐怖의 對象으로 戰慄을 禁할 수 없는 可恐한 疾病인 癌은 이름도 生疎한 中性子가 侵害해서 일어나는 病이다 하는 것이다.

理解를 돕기 爲하여 다시 한 번 敷衍하고 說明한다면 癌은 正體가 제대로 把握되고 있지 않은 中性子가 寄食하고 侵蝕하여 癌細胞를 增殖시키는 原因에서 發生한다는 것이다. 이 中性子를 水素로 回生시켜 外部로 發散시키면 癌은 治癒되고 거뜬히 原狀回復될 수 있을 可能性이 展望된다는 것이다.

그렇다면 癌을 誘發하고 發生시키는 中性子가 도대체 무엇이며 어떤 成分의 要素이고 存在인가 中性子의 正體를 좀 더

具體的으로 알아야 할 것이다. 中性子에 對한 知識이 있어야 對策을 樹立하고 對應할 수 있을 것이다.

根據가 提示되고 있지 않은 채 어느 날 宇宙가 갑자기 한 곳으로부터 爆發하여 四方으로 膨脹하고 있다는 虛構의 宇宙膨脹說에 附和雷同하고 固執하는 現代學問은 勿論이지만 人間社會는 中性子에 對한 正確한 知識을 갖고 있지 않다. 曖昧模糊하고 皮相的인 輪廓만을 갖고 있을 뿐 中性子의 正體를 모르며, 바르게 認識하고 있지 않은 것이다.

癌을 誘發하고 發生시킨다는 中性子가 도대체 무엇일까? 人間社會는 우라늄元素의 核分裂에서 分解되고 分離되어 나오는 危害要素의 成分을 放射能으로 呼稱하고 있다. 放射能은 漠然한 槪念의 呼稱이지만 이 放射能이 正確하게 말해 바로 中性子인 것이다.

우라늄元素는 地球上에서 가장 무거운 物質이다. 그 우라늄同位元素들이 壽命을 다 하고 지금 한창 核分裂을 進行하면서 中性子를 分解 排出시키고 있다.

核分裂을 進行하는 우라늄元素는 大量殺傷武器인 原子彈이나 또 電氣를 生産하는 原子力 核發電의 原料로 使用되고 있다. 우라늄元素는 放射能 物質이라는 이름으로 잘 알려지고 있는 것이다. 地球上에서 가장 무거운 物質인 우라늄同位元素들은 天理에서 定해진 結合의 時效인 壽命이 끝나 지금 한창 核分裂을 進行하는

崩壞途上에 있다. 그 道程에 中性子가 分解되고 排出되는 것이다.

우라늄元素의 核分裂로 分解되고 分離되어 나오는 中性子가 人間을 爲始한 모든 生物을 無差別 殺傷하고 恐怖의 癌을 誘發하며 發生시킨다는 것이다. 中性子의 本質을 모르는 人間社會에서는 이 中性子를 漠然하게 放射能으로 또는 原子로 呼稱하고 있다.

그렇다면 우라늄元素의 核分裂에서 分解되고 分離되어 나오는 中性子가 도대체 무엇일까? 또 무슨 理由에서 中性子가 人間을 無差別 殺傷하고 癌을 誘發하며 發生시키는 것일까? 原因없는 結果는 없는 法이니까 반드시 原因과 理由가 있을 것이다. 中性子의 根本이 무엇이고 어떤 成分의 어떤 要素인가를 알아야 할 것이다.

人間社會는 中性子를 漠然하게 放射能이나 原子로 呼稱할 일이 아니라 中性子에 對한 正確한 知識을 가져야 할 것이다. 正當하게 認識할 必要가 있는 것이다.

東洋의 物理思想에 根據하고 基礎하여 한 치의 誤差도 없이 宇宙의 眞實을 바르게 糾明하고 集大成시켰다 主張되는《宇宙回歸論》의 글이 提示하는 原理에 依하면 宇宙의 基本元素物質인 原子量 하나의 水素가 다음과 같은 要素의 成分으로 解釋되고 있다.

水素는 에너지源인 陰과 陽의 電極素子가 結集되어 造成된

物質이다. 物質인 水素는 에너지源인 素粒子의 結集으로 造成되고 있으며, 宇宙空間은 水素로 充滿된 水素의 바다이고 水素의 活動舞臺이다.

에너지源인 陰·陽의 電極素子는 宇宙의 根源으로 永遠不變인 性格의 素粒子이다. 이 素粒子의 結集으로 基本元素物質인 水素가 造成되고 있으며, 이 水素가 宇宙를 經營하고 있다는 것이다.

水素는 外觀上으로 物質이지만 內容面의 根本은 오로지 에너지 成分이며, 에너지의 덩어리로 表現될 性質이라 하는 것이다.

看過되어서는 안 될 重要한 要素이지만 癌을 誘發하고 發生시키는 中性子는 根本의 本質이 水素이고 水素가 만들고 있다는 것이다. 換言하면 中性子는 水素의 變形이라 하는 理致로 歸結될 것이다. 未知의 領域이었던 中性子의 正體가 徐徐히 表面으로 浮上하고 알려지기 始作했다 할 것이다.

人間社會에서 漠然하게 放射能이나 原子로 呼稱되고 있는 中性子는 本質이 水素인 事實이 判明되고 있다. 中性子는 現在 太陽에서 進行되는 水素의 核融合 途上에 太陽이 發散하는 恒星에너지에 比例하여 水素가 傷處를 입으면서 量産되고 變質된 水素의 殘骸이고 缺格體이다 하는 것이다.

中性子는 水素가 自己의 組織因子이고 에너지源인 陰·陽의 電極素子를 恒性에너지로 發散시키면서 생긴 變身體로 半身不隨가 된 水素의 殘骸인 것이다. 中性子는 水素에 미치지

14

못한 水素의 殘骸이고 骸骨이다 表現될 成分인 것이다.

驚天動地의 놀라운 現象이 아닐 수 없을 것이다. 죽었던 中性子가 本是의 水素로 되살아나고 回歸한다는 事實인 것이다. 새로운 知識으로 우라늄元素의 核分裂에서 分解되고 分離되어 나오는 中性子가 旣往에 내보냈던 電極素子의 素粒子인 옷을 주워 입고 本是의 水素로 되살아난다는 것이다.

宇宙의 攝理에 따른 奧妙한 原理의 現象이 아닐 수 없을 것이다. 우라늄元素의 核分裂에서 分離되어 나오는 中性子가 太陽이 進行하는 水素의 核融合 途中 恒星에너지로 旣히 放出한 陰·陽의 電極素子인 素粒子를 주워 입고 本是의 水素로 迅速히 되살아 回歸한다는 것이다. 이 過程에 人命이 殺傷되고 恐怖의 癌이 誘發되고 發生하게 된다는 것이다.

中性子가 옷을 주워 입고 水素로 되살아나고 回歸하는 結果는 否認되지 않는 眞實로 確認되고 있다. 더욱 驚愕을 禁할 수 없는 일은 中性子가 水素로 回歸하는 途中에 人間을 爲始한 모든 生物을 無差別 殺傷하고 雪上加霜으로 恐怖의 癌을 誘發하고 發生시킨다는 可恐한 結果인 것이다.

中性子의 量이 많으면 人間을 爲始한 모든 生物은 그 場所에서 卽死하고 적은 경우일지라도 原子病이라는 可恐한 癌을 發生시켜 病者의 苦痛을 加重시킨다 하는 것이다. 人間社會는 中性子를 傍觀하고 等閑視할 일이 아닐 것이다.

中性子가 水素로 되살아나는 게 事實일까? 또 어떤 原因과 理由에서 中性子가 水素로 되살아 回歸하는 途中 人命을 殺傷하고 可恐한 癌을 誘發하며 發生시키는 것일까? 原因없는 結果는 없을 일이기에 分明한 原因과 理由가 있을 것이다. 그 原因과 理由가 白日下에 밝혀지고 公開되어야 할 것이다.

人間을 爲始한 地球上의 生物은 例外없이 太陽에너지를 依存하고 살아가는 太陽에너지 成分의 存在이다. 우라늄元素의 核分裂에서 分解되고 分離되어 나오는 中性子가 生物의 太陽에너지 要素를 瞬間的으로 奪取하여 陰·陽의 電極素子인 素粒子로 分解시켜 주워 입고 水素로 되살아나 回歸하는 理由와 原因 때문에 人間이 죽고 恐怖의 癌이 發生하게 된다 하는 것이다.

《宇宙 回歸論》의 글에 依해 이제 비로소 癌의 發生原因이 明確하게 糾明되고 克明하게 밝혀지고 있는 것이다. 人間社會는 眞實에 立脚한 이 새로운 知識에 귀를 기울이고 傾聽하면서 癌의 退治에 臨해야 할 것이다.

어찌하여 우라늄元素는 核分裂을 進行하며 그 過程에 水素의 骸骨인 中性子를 分離시켜 排出하는 것일까? 우라늄元素의 核分裂에서 水素의 殘骸인 中性子가 分離되어 나오고 排出되는 現象은 우라늄元素가 中性子의 結合으로 造成된 結果의 産物인 明白한 證據가 되며 그런 原因과 理由로 歸結될 것이다.

비단 우라늄元素 物質뿐만이 아니라 水素를 除外한 地球上의 모든 元素物質이 水素의 變質體인 中性子의 結合으로 造成되고 있다는 놀라운 事實이 《宇宙 回歸論》의 글에 依해 밝혀지고 있는 것이다. 否認될 수 없는 眞實이기에 사람들은 中性子에 對한 깊은 知識을 갖도록 해야 할 것이다.

믿지 못할 놀라운 事實이 아닐 수 없지만 地球上의 各種 元素物質이 中性子의 結合으로 造成된 結果의 産物인 事實이 《宇宙 回歸論》의 글에 依해 解明되기에 이르른 것이다. 水素를 除外한 地球上의 모든 元素物質이 우라늄元素와 똑같이 中性子의 累進된 結合으로 造成된 産物이라는 것이다.

水素가 行使하는 重力으로 水素가 集積되어 構成된 太陽은 水素의 核融合 途中 太陽에너지를 發散하는데 比例하여 反對給付로 水素는 電極素子의 素粒子를 잃고 中性子로 變하며, 이때의 中性子가 서로 結合하여 各種 元素物質을 造成한다는 것이다. 그런 理致라면 元素物質의 蓄積體인 地球도 진작에 水素의 核融合을 進行하고 終了시켰다는 結論에 到達하게 될 것이다.

例를 들면 가벼운 元素物質인 헬륨은 네 個의 中性子가 結合해서 造成된 物質이고 人間과 生物이 呼吸하고 살아가는 酸素는 16個의 中性子가 結合되어 造成된 結果의 産物이라는 것이다. 現在 核分裂을 進行하며 中性子를 排出시키는 우라늄 同位元素들은 230個 內外의 中性子가 結合되어 造成시킨 成分

인 것이다.

그러니까 各己 元素物質의 原子價가 그 物質이 갖는 中性子의 結合數가 될 것이다. 그런 原理일 때 하나의 우라늄元素가 核分裂되면 자그만치 230個 內外의 中性子가 排出되어 나온다는 理致가 될 것이다.

크게 憂慮되는 일이 아닐 수 없겠지만 그러나 多幸한 일은 우라늄元素는 一時에 核分裂을 進行하는 性質이 아니며 中性子 또한 한꺼번에 排出시키는 性格이 아닌 것이다. 數十億年에 걸쳐 조금씩 崩壞된다는 事實에 留意해야 할 것이다.

地球가 中性子의 結合으로 造成된 元素物質의 蓄積體이라면 地球는 名實共히 中性子星이라는 뜻이 될 것이다. 人間이 中性子의 방석 위에 올라 앉아 있다는 結果로 歸結되는 것이다. 事實인 結果로 確認되고 있는 만큼 아니라고 우긴다 해서 眞實이 歪曲되고 否認될 일이 아닐 것이다.

地球上의 元素物質이 中性子의 結合으로 造成된 産物이라니 새삼 놀라운 結果임에 틀림이 없을 것이다. 그러나 크게 걱정하지 않아도 될 일인 것이다. 어찌 그러느냐 하면 天理에 依해 定해진 자물쇠의 時效가 解止되지 않는 限 다른 元素物質이 우라늄元素처럼 核分裂을 進行하지 않기 때문이다.

다시 한 번 敷衍하면 이제까지 말한 狀況에서 癌의 發生原因이 무엇일까 하는 것이다. 우라늄元素의 核分裂로 分解되고

分離되어 나오는 中性子가 恐怖의 對象으로 戰慄을 禁할 수 없는 可恐한 癌을 誘發하고 發生시키는 根本이고 元兇이다 하는 것이다.

앞에서 말한 바 있지만 우라늄元素의 核分裂에서 分離되어 나오는 中性子는 곧바로 水素로 되살아나는 性格인 것이다. 不治病인 癌은 우라늄元素의 核分裂로 分解되어 나오는 中性子가 完全한 水素로 回生하지 못하고 엉거주춤한 狀態에서 人體의 弱한 部位나 患部에 吸着되고 寄食하여 癌細胞를 增殖시키는 原因으로 發生한다는 것이다. 正常細胞의 素粒子 成分이 奪取當하면서 癌細胞가 增加한다고 볼 수 있을 것이다.

現代醫學은 勿論이지만 人類社會는《宇宙 回歸論》의 글에 귀 기울이는 雅量을 가져야 할 것이다. 그 글의 內容이 어김없는 事實인가를 確認하고 對處하여 癌으로부터의 恐怖와 苦痛을 終熄시키도록 努力해야 할 일이기 때문이다.

孔子로부터 始作된 東洋의 物理思想을 集大成하여 起·承·轉·結의 終止符를 完成시키고 宇宙의 眞實을 公明正大하게 밝힌《宇宙 回歸論》의 글에서 中性子가 本是의 水素로 回生하는 原理가 昭詳히 解明되고 있다. 中性子가 水素로 되살아나는 途上에 人間을 爲始한 모든 生物을 無差別 殺傷하고 恐怖의 癌을 誘發시키고 있는 結果를 確認하면서 證明하고 있는 것이다.

　現代醫學이 밝히지 못한 癌의 發生原因을 宇宙의 眞實을 한 치의 誤差도 없이 公明正大하게 밝히고 있는《宇宙 回歸論》의 글이 明確하고 克明하게 糾明하여 밝히고 있는 것이다. 이 時點에서 癌의 發生原因이 바르게 밝혀졌다면 癌을 完治할 方法이 있으며, 癌의 完璧한 治療가 克服되고 可能할 것인가 하는 與否가 焦眉의 觀心事일 것이다.

　癌의 發生原因이 白日下에 露出되고 밝혀진 만큼 人間의 努力如何에 따라서 癌의 治療가 可能하고 完治될 未來도 展望되는 것이다. 癌의 恐怖와 苦痛으로부터 完全히 脫出할 수 있을 希望과 瑞光이 비치고 있다 斷定되는 것이다.

　도대체 癌의 發生原因조차 모르는 暗澹하고 暗愚한 現實에서 無辜의 無數한 人命이 苦痛받고 呻吟하면서 죽어간다는 現實이 있을 수 있을 일이며, 容認되고 容納될 일일까 하는 것이다. 言語 道斷의 있을 수 없는 일일 것이다. 이제 그런 悲劇은 終熄시켜야 하고 終焉을 告해야 마땅할 것이다. 終止符를 찍어야 옳을 것이다.

　그렇다면 癌이 完全無缺하게 治療되고 完治될 수 있을까? 退治될 수 있다면 그 方法이 도대체 무엇일까? 人類社會는 이에 注目해야 할 것이다. 癌을 治療하고 退治할 한 가지 唯一한 方法이 있을 것으로 確信되는 것이다.

　그 方法이란 다름이 아니라 太陽에너지인 光線을 本是의

原料인 陰과 陽의 電極素子로 分解시키는 技術을 開發하여 그 素粒子를 癌 部位에 集中 照射하고 癌細胞의 中性子를 水素로 疏生시켜 外部로 發散시키면 癌은 쉽게 治癒될 수 있을 것으로 展望되는 것이다. 原理的인 見地에서 볼 때 그런 可能性이 看過되지 않고 排除되지 않는 것이다.

어떤 原理에서 그런 可能性이 点知되고 看過되지 않는지 綿密히 考察해 보아야 할 것이다. 死活에 關係된 重大한 問題인만큼 無心히 看過되어서는 안 될 것이다.

熱 電氣를 包含한 太陽에너지로 불리는 光線은 水素의 核融合 過程에 水素 속의 電極素子가 나와 서로 結合하고 排列되어 秒速 30萬km의 빠른 速度로 宇宙空間을 疾走하는 增幅에너지인 事實이 《世上 萬物의 理致》, 《人類를 救할 無限에너지》, 《人間을 살릴 宇宙에너지》, 《宇宙 回歸論》의 책들에 依해 克明하게 밝혀지고 있다.

아직까지 實驗으로 確認되지 않은 原理的인 理論上의 發想임을 前提로 말해 볼 것이다. 太陽光線을 水素의 組織因子인 電極素子의 素粒子로 分解시키는 技術을 開發하여 그 素粒子를 癌細胞 部位에 集中 照射시켜서 癌細胞를 造成시키고 있는 中性子를 本是의 母體인 水素로 回生시켜 外部로 發散시키면 癌은 意外로 쉽고도 簡單하게 治癒될 수 있다는 理致가 될 것이다.

癌은 中性子의 侵入으로 생기는 疾患이기 때문에 癌細胞를 造成시키고 있는 中性子를 母體의 水素로 回生시켜 外部로 發散하면 쉽게 治癒될 수 있을 것으로 展望되는 것이다. 癌을 治療할 수 있을 唯一한 길은 中性子를 水素로 되살리는 方法의 選擇 以外 다른 餘地가 없는 것으로 判斷되는 것이다.

癌은 中性子라는 宇宙原理의 外的인 要因으로 생기는 疾患이기 때문에 一次的으로 癌細胞의 增殖이 抑制되기만 해도 生命에 何等의 支障이 없으며 살아가는 데 아무런 不便도 따르지 않는 것이다. 癌細胞가 直接 人體에 危害를 加해 오는 要素가 아니기 때문에 癌細胞의 增殖이 抑制되고 遮斷되기만 해도 그 때는 重病이 아니며 살아가는 데 何等 支障이 없는 것이다.

人類社會는 時急히 太陽光線을 原料인 電極素子의 素粒子로 分解시키는 技術 開發에 拍車를 加하고 總力을 기울여 人間을 癌의 恐怖와 苦痛으로부터 救濟하고 解放시켜야 할 것이다. 中性子가 原因이 되어 생기는 癌은 中性子를 母體의 水素로 回生시켜 發散하는 方法 以外 다른 治療의 길이 없을 것이다.

宇宙의 眞實을 바르게 밝히고 있는 《宇宙 回歸論》의 글이 提示하는 原理와 智慧에 귀를 기울일 必要가 있을 것이다. 새로운 知識에 立脚하고 根據하여 癌을 追放하고 克服하는 데 合心하고 奮發해야 할 일일 것이다.

우라늄元素의 核分裂이 進行되는 途中에 放射能으로 呼稱되는 中性子뿐만이 아니라 光線과 또 少量이기는 하지만 太陽에너지의 原料인 電極素子의 素粒子가 放出되는 것으로 보인다. α β γ 線으로 標示되고 있지만 이때 放出되는 電極素子의 素粒子를 利用하여 放射線 治療를 하고 있다. 若干의 效果가 있는 것으로 確認되고 있는 것이다.

그런 結果에서도 太陽에너지의 光線을 原料인 電極素子의 素粒子로 分解시키는 技術開發이야말로 癌의 治療를 促進하고 促求하며 完治도 可能하게 할 것이라는 希望과 期待를 갖게 할 것이다. 原理上으로 볼 때 試圖해 볼 充分한 價値가 있으며 意義가 있고 說得力이 있다 할 것이다.

물에 빠진 者 지푸라기인들 움켜잡지 않을 일이겠는가? 꺼져가는 불길을 疏生시킬 希望이 必要할 것이다.

水素의 變質體인 中性子가 癌을 誘發하고 發生시키는 根源이고 要因인 事實이 밝혀지고 있는 以上 太陽光線의 要素를 原料인 素粒子로 分解시키는 技術開發을 成功시켜 中性子를 水素로 되살려서 癌의 完治를 試圖하고 指向해야 할 것이다. 그 方法 以外 癌을 完治시킬 다른 道理가 없을 것이다.

太陽光線을 原料인 電極素子로 分解시키는 技術開發이야말로 癌을 治癒하고 癌의 恐怖와 苦痛으로부터 脫出하는 唯一한 指標가 되고 道標가 될 것이다. 癌은 病도 아니다 하는 밝은 未來를 創出해야 할 것이다.

餘談으로 東洋의 智慧로운 文字인 漢字의 癌字가 무슨 뜻을 內抱하고 있으며 무엇을 暗示하고 있는지 銳意 分析해 보기로 할 것이다. 神奇하게도 癌字의 分析으로 難治病인 癌이 어떤 原因에서 誘發되고 發生하는지의 動機를 窺知하게 되는 것이다.

癌字는 广병들-병, 品품성-품, 山뫼-산의 세 單語가 合成되어 만들어진 글 字이다. 뜻인 즉 "사람이 山으로 갔는데 全혀 보이지 않는 어떤 物件에 露出되고 照射되어 理由도 없이 病들어 가더라!" 하는 意味를 담고 있다.

理解를 돕기 爲하여 다시 한 번 解釋하고 되풀이 敷衍하면 "사람이 우라늄元素가 埋藏된 우라늄鑛山에 接近하고 우라늄元素의 核分裂로 分解되고 分離되어 나오는 放射能이라는 이름의 中性子에 露出되고 照射되어 病들어 가더라!" 하는 뜻이 되는 것이다. 癌字의 分析에서 癌이 中性子의 侵害로 일어나는 病임이 暗示되고 있다. 大端한 智慧의 發露라 할 것이다.

核分裂을 進行하며 中性子를 排出시키는 우라늄元素는 百餘年 前 불란서의 物理學者 퀴리 夫婦에 依해 처음으로 發見되었다. 퀴리 氏에 依해 核分裂을 進行하는 우라늄元素의 存在가 처음으로 發見되고 알려진 것이다.

東洋에서는 우라늄元素의 存在를 모르고 있었지만 그러나 아주 오래 前인 일찍부터 우라늄元素의 核分裂에서 分離되어 나오는 中性子로 因한 被害를 經驗으로 認識하고 있었던 것으로 보인다. 漢字의 智慧로운 文字인 癌字가 그런 事實을 雄辯으로 證明하고 示唆한다 할 것이다.

宇宙의 眞實을 한 치의 誤差없이 公明正大하게 밝혔음을 自負하는 《宇宙 回歸論》의 글을 參照하고 斯界의 專門分野에서 持續的인 研究가 進行되어 太陽光線의 素粒子 分解技術이 成功的으로 結實되어 癌이 治癒되고 人間이 癌의 苦痛과 恐怖로부터 벗어날 수 있다면 多幸한 일이 될 것이다.

그런 時代가 到來한다면 癌은 不治病이나 難治病이 아니며 何等 戰戰兢兢 애태우며 걱정할 必要가 없을 것이다. 癌은 病도 아니다 할 時代의 到來를 期待하고 展望해 볼 수 있을 것이다.

核崩壞의 末期現象을 보이고 있는 우라늄元素는 稀少物質이다. 그러나 到處에 殘留量이 潛伏되고 있어 地球는 中性子의 放射能帶로 表現됨이 옳을 것이다. 더구나 우라늄元素를 濃縮시켜 原子彈이라는 이름의 中性子 彈을 量産시키고 있으며, 다른 한편으로 核發電의 燃料로 利用되는 等의 여러 가지 事情으로 人間은 中性子의 危險에 露出되고 있다. 無防備 狀態로 保護가 되지 않는 것이다.

癌이 우라늄元素의 核分裂에서 分離되어 나오는 中性子가 侵入하고 寄食하는 間接的인 原因에서 發生하는 疾患이기 때문에 豫防으로 源泉 封鎖하고 遮斷하여 沮止시킬 수는 없는 것이다. 사람이 平素에 健康을 잘 維持하고 保存시키는 方法이 癌을 避할 最善策일 뿐, 달리 保護될 길은 없을 것이다.

그런 理由에서 癌은 治療에 力點을 두고 置重할 수밖에 달리 道理가 없는 것이다. 中性子를 水素로 되살려 外部로 發散시키는 길이 癌을 克服하고 退治할 最善의 方策이 될 것이다.

地球가 中性子의 放射能帶인 結果는 틀림없는 事實이겠으나 多幸인 일로 中性子는 옷을 주위 입고 곧바로 水素로 回歸하여 하늘 높이 올라가기 때문에 消滅되는 것이다.

目 次

第二部 巨視世界

宇宙 回歸論

序文

※ 陰·陽의 理致

陰·陽이 結合하는 理致에서 宇宙가 創始되고 있다. 東洋에서는 古代의 일찍부터 陰·陽의 理致를 重視해 왔다. 萬物의 造化는 陰과 陽이 結合하는 調和에서부터 始作된다는 理致를 깊이 認識하고 있었기 때문이다.

人間도 陰과 陽이 合線하면 不問曲直하고 우선 熱情으로 發展한다. 進一步하여 陰·陽의 結合이 調和를 이루면 곧바로 生産으로 進展되는 結實을 맺게 된다. 人間의 能力으로는 도저히 理解될 수 없는 奇蹟 같은 造化가 아닐 수 없지만 새 生命의 誕生으로 이어지는 것이다. 陰·陽의 結合이 生産으로 이어진다.

地球上의 動植物인 모든 生物도 例外가 아니어서 陰·陽이 結合하는 自然의 理致에서 造化가 이루어져 種族을 保存해 가고 있다.

陰·陽의 理致란 凡常한 일이 아님을 알 수 있다. 驚愕을 禁치 못할 일이 아닐 수 없지만 宇宙의 原理가 陰·陽이 結合하는 理致에서 萬物의 現象이 일어나고 있는 事實이 確認되고 있는 것이다.

地球上의 人間이나 다른 生物에 앞서 宇宙의 原理가 陰과 陽이 結合하는 理致에서 出發하여 活性이 始作되고 事物이 起源되는 造化가 일어나고 있는 것이다.

陰·陽의 結合이 없으면 生物이 種族을 保存할 수 없는 일은 勿論이지만 物質의 形成이나 森羅萬象의 그 어떠한 事物의 現象도 일어나지 않는다는 宇宙의 原理를 確認하게 되는 것이다.

物質이 어떻게 해서 생기는 것일까? 陰·陽의 結合으로 宇宙 最初의 基本物質이 造成되고 있는 事實을 確認하게 되는 것이다. 陰·陽의 結合으로 原子가 誕生되니 偉大한 陰·陽의 理致이고 造化가 아닐 수 없을 것이다.

도대체 陰·陽의 理致라는 造化와 原理가 무엇일까?

무엇보다도 먼저 宇宙의 根源이 무엇인지를 알아야 할 것이다. 東洋의 物理思想인 宇宙 回歸論이 銳意 窮究하고 糾明하여 밝힌 바에 依하면 宇宙의 根源은 陰과 陽의 兩極性을 띤 素粒子로 固有의 質量을 갖고 있지 않는 量子인 事實이 밝혀진 것이다.

宇宙의 根源인 量子는 物質 以前의 存在이지만 새로이 생겨나지도 않으며 그렇다고 消滅되는 일도 없는 宇宙 固有의 成分인 것이다. 이 量子가 原子의 物質도 造成시키고 太陽에너지로 生成시키지만 本質은 永遠不變의 性格이라는 事實을 東洋의 宇宙 回歸論이 밝히고 있는 것이다.

宇宙의 根源은 素粒子의 量子이지만 物質 以前의 存在로 에너지源의 性格인 것이다. 活性의 素粒子인 이 量子를 宇宙 回歸論의 글에서는 便宜上 "에너지源인 陰·陽의 電極素子"로 規定하고 있다.

에너지源인 陰·陽의 電極素子가 調和를 찾지 않고 合線하는 경우 그만 熱情으로 突變하면서 타 버리고 만다. 에너지源인 陰·陽의 電極素子는 高性能의 에너지 成分인 事實을 알게 되는 것이다.

그러나 서로의 結合이 調和를 이루어 合理的으로 結合하면 놀랍게도 生産으로 直結되는 奇蹟이 일어나는 것이다. 人間이나 다른 生物의 경우처럼 生産의 結實로 發展되는데 宇宙 最初의 基本物質인 原子를 生成시키는 造化가 일어나는 것이다.

宇宙의 根源으로 에너지源인 陰·陽의 電子가 結合하고 調和를 이루면 어떤 物質이 生成되는 것일까? 水素가 生成되는 것이다. 水素는 原子量 하나의 物質이다. 基本的인 元素物質인 것이다.

34

宇宙 最初의 基本的 元素物質인 水素는 이렇듯 에너지源인 陰·陽의 電子가 結合하여 造成시키고 있는 것이다. 에너지의 結晶으로 物質이 造成되고 있다는 理致가 될 것이다.

따라서 에너지源인 陰·陽의 電子로 結晶된 水素는 外觀上으로야 中性인 物質이지만 內容의 實體는 온통 에너지의 덩어리인 것이다. 水素의 核融合體인 太陽에서 無限의 莫大한 에너지가 噴出되고 放出되는 理由가 이제야 分明하게 밝혀진 것이다.

宇宙의 根源인 素粒子의 量子로 에너지源인 陰·陽의 電極素子가 結晶해서 만들어진 水素는 物質이지만 實은 에너지의 뭉치인 性格이다. 그러나 다른 한편으로는 陰·陽의 理致를 發揮시키는 完璧한 하나의 機關體이기도 한 것이다. 陰·陽의 調和로 水素가 生理的인 呼吸을 계속하면서 絶妙하게도 숨을 쉬고 있기 때문이다.

物質이 숨을 쉬다니 無機質인 水素가 어떻게 숨을 쉬겠는가 反問하면서 터무니없는 詭辯이라 하며 一言之下에 一蹴하고 拒否할지 모를 일이다. 水素는 分明히 숨을 쉬고 있으며, 그 餘波에서 物體가 作用하는 引力이 行使되는 것이다. 萬有引力이라는 重力의 原理가 밝혀질 것이다.

物質인 水素가 生理的인 呼吸을 계속하면서 숨을 쉬고 있다면 어떻게 숨을 쉬고 있다는 말일까? 生物도 아닌 無機質인 物質이 어떻게 숨을 쉰다는 말이냐 하는 것이다. 不可思議한 일이 아닐 수 없을 것이다.

物質인 水素의 構造는 陽子의 粒子가 中心에 벌집처럼 뭉쳐 있고 서로 反撥하는 陰·陽의 生理에서 陰電子의 粒子가 一定한 間隔을 사이에 두고 外廓을 둘러싸고 있을 것이라 推理되고 있다. 水素는 特別한 核을 갖고 있지 않으며 陰·陽의 理致에 따라 自律的으로 構成된 性格인 것으로 보인다.

水素의 呼吸은 陰電子의 誘引으로 陽子가 發進하여 서로 結合하는 熱情의 發露에서 産出되는 重力波를 끊임없이 내뱉고 들이마시는 循環을 되풀이하는 過程인 것이다. 水素가 내뱉는 重力波는 斥力으로 作用되겠지만 들이마시면서 分解하여 元位置로 補充시키는 重力波가 引力으로 作用되는 것이다.

水素의 이 呼吸으로 萬有引力이라는 物體가 作用하는 重力이 行使되고 있는 것이다. 이제까지 迷宮에 머문 채 밝혀지고 있지 않았던 重力의 原理가 이제 비로소 明確하게 밝혀지고 있는 것이다.

未知의 領域이었던 宇宙의 根源과 物質의 根本이 밝혀지기에 이르렀으며, 萬有引力이라는 重力의 原理가 克明하게 밝혀지고 있는 것이다. 宇宙의 根源과 物質의 根本이 밝혀졌으며 物體가 作用하는 重力의 原理가 明確하게 밝혀지고 있는 以上 宇宙의 眞實도 올바르게 解得될 수 있게 될 것이다.

陰·陽이 結合하는 造化로 物質이 結晶되고 陰·陽이 結合하

는 活性의 理致에서 宇宙가 起源되어 一絲不亂하게 經營되고 있는 것이다.

에너지源인 陰·陽의 電子가 調和를 이루는 結合으로 生成시킨 水素가 呼吸하면서 스스로 行使하는 重力作用으로 스스로를 結集시키면 둥그런 球體의 天體가 만들어진다. 이 現象이 銀河系 小宇宙와 같은 하나의 單位 小宇宙가 起源되는 嚆矢가 되지만 球體인 모든 天體는 水素가 行使하는 重力의 原理에서 만들어지고 있는 것이다.

水素가 行使하는 重力의 原理로 水素가 集合되어 만들어진 天體에서는 지금 太陽이 進行시키고 있는 水素의 核融合이 經營되기에 이르는 것이다. 水素의 核融合이 反應되는 原理는 宇宙 回歸論의 책 속에서 仔細하게 밝히고 있다. 水素의 核融合으로 水素에서 放出되어 나오는 陰·陽의 電子가 合理的인 結合과 排列로 調和가 이루어지면 活性으로 發展하면서 無條件 秒速 30萬km의 빠른 速度로 宇宙空間을 疾走하는 것이다. 超高性能의 太陽에너지는 水素 속의 電子가 發進하여 造成시키는 것이다. 活性의 熱情으로 發展하고 生産으로 이어지는 陰·陽의 造化와 理致가 그저 놀라울 따름인 것이다.

光線을 비롯하여 電磁波 電氣 熱 等의 各種 太陽에너지는 이렇듯 水素 속의 電子가 나와 結合하는 活性의 理致에서 造化가 이루어지며 造成되고 있는 것이다. 太陽에너지는 波長을 달리

하는 數많은 種類가 있지만 本質은 오직 한 가지 水素 속의 陰과 陽의 電子 單一性分인 것이다.

宇宙의 根源은 에너지源인 陰과 陽의 電子이지만 宇宙는 本質的으로 그들의 結晶으로 造成된 水素 밖에 存在하지 않은 것이다. 陰·陽의 電子인 素粒子의 量子는 單獨으로는 存在할 수 없는 性格으로 物質인 水素로 結晶되어 存在하기 때문이다.

太陽을 爲始해서 宇宙空間의 모든 恒星들이 오로지 水素의 單一性分으로 形成되고 있다. 이제까지는 어찌 해서 太陽을 비롯한 모든 恒星들이 水素로 形成되고 있는가 하는 理由와 原因을 모르고 있었다. 이제 비로소 그 原因과 理由가 밝혀지게 된 것이다.

宇宙는 水素로 充滿된 水素의 바다인 것이다. 따라서 水素는 原子이고 宇宙의 基本物質이 되는 것이다.

水素는 外觀上으로야 中性의 物質이지만 內容의 實은 에너지의 덩어리이다. 에너지의 結晶體인 水素가 숨을 쉬면서 重力을 行使하며 單獨으로 宇宙를 經營해 가고 있으며 森羅萬象의 모든 形狀과 造化를 일으키고 있는 것이다.

宇宙의 基本物質인 水素가 스스로 行使하는 引力을 作用시켜 스스로를 모아가면 둥그런 球體의 天體로 結集된다. 그 天體에서 現在 太陽이 進行하고 있는 核融合이 일어나면 恒星에너지인 太陽에너지가 發散되는 것이다.

水素의 核融合은 바로 水素의 破壞를 뜻한다. 水素가 破壞되면서 量子의 素粒子인 內部의 電子를 放出하고 太陽에너지를 造成시켜 外部로 發散하면 水素는 必然的으로 缺格이 생기면서 어떤 變化를 마지 할 수밖에 없을 것이다.

水素가 變化를 갖게 된다면 어떤 刑態로 變해 갈까? 中性子가 되는 것이다. 水素의 集成體인 太陽이 에너지를 發散하고 量産되는 結果의 産物이 다름 아닌 中性子인 것이다. 中性子는 太陽이 에너지를 發散하는데 比例하여 水素가 傷處를 입으면서 생기는 反對給付의 産物인 것이다.

結局 中性子는 水素가 一部의 電子를 내보내고 傷處를 입으면서 缺格이 생긴 殘骸이다. 表現될 수 있을 것이다. 中性子는 奇異한 性格의 所有者로 옷을 주위 입고 자꾸만 水素로 되살아나고 있으며 水素와 똑같이 生理的인 呼吸을 계속하면서 如前히 重力을 行使하고 있는 것이다.

奇異한 現象은 그에서 멈추지 않고 더욱 驚愕을 禁치 못하게 한다. 驚天動地의 새로운 知識이 아닐 수 없을 것이다. 水素의 核融合 過程에서 電子를 에너지化하여 放出하고 傷處를 입으면서 量産되는 中性子가 結合하여 地球上의 各種 元素物質을 造成하고 있기 때문이다.

地球는 오직 여러 가지 種類의 元素物質로 蓄積되어 形成된 天體이다. 水素를 除外한 地球上의 모든 元素物質이 陰·陽의

調和와 理致 따라 中性子로 結合되어 造成되고 있는 것이다.

水素를 除外한 地球上의 元素物質이 오로지 中性子로 結合되어 造成된 成分이라면 地球는 名實 共히 中性子 性格의 天體라는 뜻이 될 것이다. 中性子星인 것이다. 元素物質로 蓄積된 中性子星인 地球도 水素로 集成된 太陽과 마찬가지로 重力을 行使하고 있다. 引力을 作用시키고 있는 것이다.

이제 비로소 地球라는 天體가 引力을 作用시키는 理致와 原理가 明白히 밝혀진 것이다. 物體가 行使하는 重力의 原理가 밝혀진 것이다.

元素物質로 構成된 物體가 引力을 作用시키는 原因과 理由는 그 物體가 水素처럼 呼吸하며 重力을 行使하는 中性子로 結合되어 造成되고 있기 때문인 것이다. 地球上의 元素物質이 中性子로 結合되어 造成된 成分이라는 明白한 證據가 될 것이다.

水素를 除外한 地球上의 모든 元素物質이 이렇듯 中性子의 結合으로 造成된 成分이라는 事實이 確認되고 있다. 그게 무슨 잠자다가 封窓을 쥐어뜯는 아닌 밤중의 잠꼬대이고 헛소리이냐 하면서 도저히 믿어질 일이 아니라 우겨도 믿어야 할 事實인 것이다.

世上에 그런 일이 있을까 싶겠지만 水素를 除外한 地球上의 모든 元素物質이 中性子의 結合으로 造成되고 있는 結果는 秋毫도 疑問의 餘地가 없는 事實인 것이다.《宇宙 回歸論》의

40

이 책에서 確認해 보면 알게 되겠지만 모든 物證이 남김없이 具備되고 있어 地球의 起源이나 本質이 이제 明確하게 밝혀지게 된 것이다.

宇宙 回歸論의 글에서 사람들이 반드시 알아야 할 새로운 知識이 있다. 中性子가 元素物質에서 分離되어 나올 경우 電子인 옷을 주워 입고 本是의 水素로 되살아나는 要素라는 事實인 것이다. 問題는 中性子가 水素로 回生하는 過程에 人間을 爲始해서 모든 生物을 無差別 殺傷하는 可恐한 要素라는 事實인 것이다. 中性子는 人間에게 危害를 加해오는 可恐한 存在인 것이다.

에너지源인 電子의 結晶으로 造成된 水素는 宇宙의 基本物質인 原子로서 宇宙를 經營해 가야 할 立場에 있을 것이다. 水素를 除外하고는 宇宙를 經營할 다른 要素가 없기 때문이다. 果然 水素單獨으로 宇宙를 經營하는 일이 可能할 것인가? 설령 可能하다 해도 어떤 形態의 宇宙를 經營해 갈 일일까?

呼吸하며 重力을 行使하는 水素는 單獨으로 能히 宇宙를 經營해 갈 수 있는 能力의 所有者인 것이다. 果然 水素가 經營하는 宇宙가 現存하는 現況의 宇宙와 一致할 것인가의 與否와 歸趣가 궁금한 일이 아닐 수 없을 것이다.

現況의 宇宙는 太陽系 같은 恒星系로 體系化되고 構築된 銀河系 小宇宙와 같은 單位小宇宙의 連續된 世界이다. 單位 小宇宙는 一名 星雲으로 呼稱되고 있다. 宇宙는 이들 星雲으로

가득 차 있고 連續된 世界로 千篇一律的인 構造인 것이다.

아무리 水素가 重力을 行使하는 技能을 갖고 있고 卓越한 能力의 所有者라고 해도 그렇지 水素 單獨으로 果然 太陽系를 爲始해서 다른 恒星系와 나아가서 銀河系 小宇宙와 같은 單位 小宇宙를 體系化하고 構築하는 일이 可能한 일일까?

想像조차 할 수 없는 일이지만 水素 혼자서 天體를 만들고 太陽系를 비롯한 다른 恒星系와 銀河系 小宇宙를 體系化 하고 構築해서 經營하는 일이 充分히 可能한 것이다. 그런 結果를 宇宙 回歸論의 글에서 明瞭하게 確認되는 것이다.

進一步하여 水素가 經營하는 世界와 現況의 宇宙가 한 치의 誤差도 없이 一致하고 있음을 確認시켜 주고 있는 것이다. 이제 까지 未知의 領域으로 前人未踏의 世界인 宇宙의 眞實이 宇宙 回歸論의 글에 依하여 明確하고도 赤裸裸하게 糾明되고 窺知되 기에 이르렀다 할 것이다.

東洋의 物理思想에 根據한 宇宙 回歸論의 글에서 宇宙의 根源과 物質의 本質이 明確하게 分析되어 밝혀지고 있다. 뿐만 아니라 物體가 作用하는 重力이라는 萬有引力의 原理가 克明하 게 解明되고 있는 것이다.

地球의 根本과 本質이 다름 아닌 水素가 核融合의 過程에서 傷處를 입고 생긴 中性子인 事實도 밝히고 있는 것이다. 이 中性子가 水素로 되살아나는 過程도 解剖 分析되고 있으며 그

道程에 人間이 엄청난 危害를 입게 된다는 事實도 밝히고 있다.

그뿐만이 아니라 太陽系와 銀河系 小宇宙가 水素로부터 起源되는 過程과 道程도 說明하고 있다.

이제 東洋의 物理思想에 바탕한 宇宙 回歸論의 글에 依해 宇宙가 陰·陽이 結合하는 理致에서 起源되고 있는 事實을 克明하고도 明確하게 解明하고 있는 것이다. 眞實與否는 오직 이 民族이 確認해야 할 命題일 것이다. 《宇宙 回歸論》의 책에서 確認해야 하는 것이다.

※ 莊子의 哲人像

아무래도 傳說的인 이야기이어서 宇宙 回歸論의 글과는 直接的인 關係가 없다 싶지만 그래도 全혀 無關하지 않으며 一抹의 連關이 있는 것으로 보이는 莊子의 哲人像이 있다. 莊子의 傳說이 까마득하게 잊혀진 채 世人의 記憶에서 사라지고 있어 여기에 收錄하고 다시 한 번 사람들의 注意를 喚起시키고자 하는 것이다.

傳說에 依하면 莊子가 2200年 後에 東方에서 賢人이 나타나 宇宙의 根源이 무엇인가 하는 宇宙의 眞實을 밝힐 것이라 預言했다고 한다.

그건 어디까지나 傳說的인 이야기에 지나지 않을 것이다. 그러나 그런 傳說的인 이야기와는 相關없이 奇異하게도 西海의 仙遊島에는 仙遊 八景 가운데 第一景으로 꼽힐 莊子의 哲人像이 莊子島의 地名과 함께 지금까지도 保存되어 있다.

仙遊 八景의 莊子島에는 莊子가 宇宙의 眞理를 求하여 하늘로 門을 열고자 試圖했다는 巨大한 岩盤의 뾰족한 봉우리가 하늘을 찌를 듯이 높이 솟아 있다. 마치 天文의 돔을 連想케 하는 巨大한 바위 봉우리이다. 그 옆구리에 絶妙한 莊子의 哲人像이 孤高한 氣像을 드높인 채 자리하고 있는 것이다.

이 어찌된 일일까? 奇妙하기 짝이 없는 일이지만 中原의 莊子가 바다를 건너 먼 東方의 이곳까지 와서 2200年 後의 먼 將來에 일어날 일을 豫言했다는 것이다.

仙遊 八景에는 分明히 莊子島의 地名과 함께 莊子의 哲人像이 毅然한 姿勢로 자리하고 있다. 偶然의 一致라고 하기에는 무엇인가 釋然치 않은 自然의 造化가 아닐 수 없는 것이다. 정말로 莊子가 머나 먼 이곳까지 찾아 왔던 일이었을까?

東方에 賢者가 나타나 宇宙의 眞實을 밝히게 되리라 預言했다는 逸話는 아무래도 傳說的인 說話에 지나지 않는 것으로 보인다. 어찌 그러느냐 하면 2200年 前의 古代에 中原의 莊子가 바다를 건너 머나 먼 東方까지 오기는 쉽지 않은 일이었을 일이기 때문이다.

그러나 傳說로만 머물고 있지 않은 現實的인 일이 벌어지고

44

있는 것이다. 東方에 賢人이 出現하고 있는지 그 與否는 알 수 없지만 莊子로부터 2200年이 지난 지금 東洋의 物理思想에 바탕한 宇宙 回歸論의 글이 彗星처럼 登場하고 旣存의 宇宙思想과는 다른 次元의 視覺에서 宇宙의 眞實을 明快히 밝히고 있기 때문이다.

莊子는 누구인가? 莊子는 戰國時代의 中原 사람으로 老子의 無爲而化인 道家思想을 이어서 體系化시킨 老・莊 哲學의 巨人이다. 實存主義 哲學의 大家인 것이다.

그런 그가 어떻게 머나 먼 大陸을 가로 지르고 바다를 건너 東方까지 찾아와서 莊子島의 地名과 함께 毅然한 莊子의 哲人像을 後世까지 남기고 있는 일일까? 自然의 造化로 돌리기에는 너무도 奇異한 일이 아닐 수 없을 것이다.

傳說에 由來하면 허구한 날 싸움질만을 일삼는 中原의 亂世를 悲觀하고 그만 厭症을 느껴 莊子는 한때 東方에 遊於한 일이 있다고 한다. 마침 當到한 곳이 仙人들이 노닌다는 西海의 仙遊 八景으로 巨大한 岩盤의 뾰족한 봉우리 위였다고 한다. 莊子는 그곳에서 하늘로 門을 열고자 깊은 想念에 잠겨 있었다고 한다.

東方에 當到한 莊子는 그 岩盤의 뾰족한 봉우리 위에 앉아 森羅萬象의 形狀을 일으키는 根源이 무엇인가 하는 宇宙의 眞實을 探究했다는 것이다. 오랜 동안 思索에 잠기면서 窮理를 거듭했으나 아득하기만 할 뿐 길은 열리지 않았다고 한다.

　할 일 없이 仙遊 八景의 展望을 두루 살피면서 天理의 奧妙한 理致를 찾고자 努力했으나 無爲로 끝난 채 이렇다 할 進展이 없었다고 한다. 莊子는 2200年 後의 未來에 東方에서 賢人이 나타나 宇宙의 眞實을 밝히게 될 것이라는 預言을 남기고 忽然히 歸路에 나섰다고 한다.

　그냥 돌아가기가 못내 아쉬워 무엇인가 紀念될 만한 흔적을 남겼으면 했는데 天地의 어인 造化인지 내려오는 길목에 그 모습도 鮮明한 莊子의 哲人像이 우뚝 솟았다고 한다.

　後世 사람들이 그 섬을 莊子島로 命名하고 莊子의 哲人像을 所重히 保護하고 保存해 왔으나 2200年의 長久한 歲月이 흘러간 지금은 까마득히 잊혀진 채 사람들의 記憶에서 사라지고 있었다.

　莊子島라는 섬의 地名과 함께 하늘을 찌를 듯이 높이 솟아있는 巨大한 돔의 바위 봉우리와 그 옆에 坐定한 莊子의 哲人像은 依舊인 채 지금도 남아 있다. 그러나 어이 된 일인지 莊子의 哲人像이 오늘날에는 俗된 할매 바위로 둔갑되고 轉落한 채 할매 바위로 불리고 있었다. 無知의 所致이겠지만 巫俗으로 흐른 斷面을 엿볼 수 있을 것이다.

　一說에 依하면 老·莊 思想을 追從하던 竹林의 七賢이 東方의 莊子像을 찾았었다고 한다. 그러나 說로 머물고 있을 뿐 그들 竹林의 七賢이 실제로 東方의 莊子像을 찾아서 왔는지의 與否는 알 길이 없다. 竹林의 七賢이 東方의 莊子像을 찾아서 왔다는 證據를 찾을 수 없기 때문이다.

　世俗을 떠나 竹林에 파묻힌 채 談論을 일삼으며 술로 지새운 그들이 果然 東方의 莊子像을 찾아 먼 곳까지 왔을지는 亦是 疑問이 아닐 수 없을 것이다.

미 시 세 계
微視世界

※ 物質의 根源

　物質의 根源이 도대체 무엇일까? 地球上에는 數많은 種類의 物質이 있고 物體가 있다. 좀더 細分化해서 말한다면 많은 種類의 元素物質이 있는 것이다.

　物質이란 元素物質의 總稱이 되겠지만 物質의 根本이 도대체 무엇일까 하는 것이다. 地球는 하나의 天體이지만 物質로 蓄積된 하나의 物體이다.

　그런 地球上의 物質이 무엇인지 먼저 地球의 根本부터 알아보아야 할 것이다. 物質의 根本이나 宇宙의 眞實은 먼 곳에서 찾을 일이 아니라 가까운 地球에서부터 찾아보아야 할 일이기 때문이다.

　物質의 辭典的인 意味는 物件을 形成시키는 본 바탕이 된다. 또 空間 一部를 占據하고 있으면서 感覺으로 그 存在를 認識할 수 있는 모든 形狀을 말하고 있는 것이다.

　物質의 辭典的인 意味는 曖昧模糊한 表現으로 漠然한 槪念에 머물고 있을 뿐 物質의 正確한 根本과 本質의 뜻을 定立시키고 있지 않은 것이다. 따라서 物質이 어떻게 하여 存在하고 있는지 그 本質의 由來나 根源이 明確하게 밝혀지고 있지 않으며 全혀 모르고 있는 것이다.

　그러나 20世紀도 어언간 저물어 가려는 後半에 접어들면서

人類社會는 드디어 物質의 根本을 터득하기 始作했다. 物質의 根源과 本質을 理解하기에 이르른 것이다. 格物·致知에 바탕을 둔 東洋의 物理思想이 마침내 物質의 根本을 明確하게 밝히고 나왔기 때문이다.

東洋의 物理思想으로 規定할 性格이고 宇宙觀이라 할 수 있겠지만 四書의 大學에는 格物·致知라는 物質의 根本을 暗示하고 示唆하는 글이 올라 있다.

四書의 大學에 올라 2500年 동안 그 누구도 解得할 수 없었던 格物·致知의 뜻이 宇宙 回歸論으로 命名된 東洋의 物理思想에 依해 드디어 明白하게 糾明되고 物質의 根本이 解明되기에 이르른 것이다.

格物·致知의 뜻이 解得되면서 마침내 地球上에 있는 物質의 根本과 本質이 克明하고도 赤裸裸하게 解明되고 있는 것이다. 그동안 迷宮에 가려진 채 未知의 領域이었던 物質의 根源이 明白하게 밝혀지고 있는 것이다.

地球上에는 原子量 하나로 表記되는 가장 가벼운 物質인 水素에서부터 始作하여 原子量 230個 內外의 가장 무거운 物質인 우라늄元素에 이르기까지 數많은 種類의 元素物質이 있다. 異常한 現象으로 이들 元素物質은 原子量 하나인 水素의 累進的 結合으로 造成된 産物인 性格을 띠고 있는 것이다.

놀라운 發見이고 새로운 解釋이 아닐 수 없겠지만 水素가

地球上의 모든 元素物質을 차례로 造成하고 있다는 結果로 直結되고 있는 것이다. 理解가 쉽지 않고 納得되지 않을 要素인 것이다.

要는 地球上의 이들 元素物質의 根本과 本質이 무엇이고 그들 元素物質이 어떤 根源에서 出發하여 어떤 過程을 거쳤으며 어떻게 生成되고 造成되었을까 하는 點이 疑問이 아닐 수 없는 것이다. 바르게 糾明되어야 할 要素이고 課題인 것이다.

그런 理由에서 物質을 單純한 辭典的인 語意에 局限시켜 規定할 性格이 아닐 것이다. 物質의 根本과 本質이 좀더 明確하게 糾明되고 規定해서 知識으로 해야 할 일일 것이다.

人間은 物質의 根本으로 原子의 存在를 仮定하고 있다. 그 原子에서 실마리를 찾아 宇宙의 本質을 풀어가고자 애쓰고 있는 것이다. 그러나 宇宙空間에서 人間이 仮想한 別度의 原子를 찾을 수 없으며 存在를 確認할 수 없는 것이다. 別度의 原子는 存在하지 않는다는 結論에 到達하게 되는 것이다.

宇宙空間에 物質의 根本이 되는 原子가 存在하지 않는다면 그런 경우 무엇이 原子를 代身해서 存在한다는 말일까? 仮想의 原子는 存在하지 않지만 그 原子를 代身하여 物質의 根本으로 水素가 存在하고 있는 것이다. 水素가 바로 原子이고 原子의 役割을 하면서 物質을 造成시키고 있는 것이다.

水素가 原子이고 가장 적으면서 가벼운 原子量 하나의 物質

인 것이다. 水素는 原子이면서 하나의 元素物質이기도 한 것이다. 元素物質인 水素가 原子의 役割을 하면서 地球上의 모든 物質, 즉 무거운 元素物質을 차례차례 累進的으로 造成시키고 있는 것이다. 그런 理由에서 水素가 原子의 性格을 띠고 있다 할 것이다.

元素物質인 水素가 原子의 口實과 役割을 하면서 어떻게 다음 段階의 무거운 元素物質을 차례로 만들어가는지 그런 過程과 狀況에 對해서는 가면서 具體的이고도 合理的인 說明이 加해질 것이다.

먼저 알아두어야 할 知識이 된다 하겠지만 無限空間인 宇宙는 本質的으로 原子量 하나로 表記되는 水素로 充滿된 空間이라는 事實인 것이다. 地球 같은 物體가 存在하지 않는 것도 아니지만 宇宙는 本質的으로 水素밖에 存在하지 않으며 水素로 連續되고 가득 차 있는 空間인 것이다.

어찌 宇宙는 水素밖에 存在하지 않으며 水素로 充滿되고 있는 것일까? 그 理由는 次次 밝혀지고 알게 될 것이다.

먼저 巨大한 太陽이 오로지 水素의 單一成分으로 集成되어 있다는 事實을 알아야 할 것이다. 그뿐만이 아니라 宇宙空間에서 太陽처럼 스스로 빛을 發散하고 빛나는 별인 모든 恒星들이 例外없이 水素가 모여서 된 水素의 單一成分인 것이다.

사람들이 잘 모르고 있는 知識이지만 太陽을 爲始해서 모든 빛나는 별인 恒星들이 빠짐없이 水素의 單一成分으로 形成되고 있는 事實은 科學的인 觀測과 分析으로 確認되고 있다. 太陽이 水素의 集成體라는 事實은 이미 證明되고 있는 結果이니 만큼 疑問의 餘地가 없는 것이다. 太陽은 오로지 水素의 덩어리로 核融合을 經營하고 있는 것이다.

一定한 密度로 制限되어 있기는 하지만 宇宙空間이 온통 水素로 充滿되어 있다는 結果는 결국 水素가 宇宙의 物質的 本質로 基本的인 物質이 된다는 理致가 될 것이다.

水素가 宇宙의 物質的 本質이라는 뜻은 水素가 바로 原子이고 宇宙가 된다는 結果로 歸着될 것이다. 水素가 單獨으로 萬物의 造化와 形象을 일으키면서 宇宙를 經營해 가는 本質이라는 뜻이 되며 오로지 水素 혼자서 宇宙의 모든 造化를 일으키고 있다는 理致가 될 것이다.

아무리 水素가 宇宙의 物質的 本質이 되고 原子가 된다 해도 그렇지 어떻게 水素 單獨으로 森羅萬象의 모든 造化를 일으키면서 宇宙를 經營해 간다는 말인지 疑問이 아닐 수 없을 것이다. 事實이 그러하고 納得될 일인지 確認해 보아야 할 것이다.

그러기 앞서 水素가 어떤 成分인지 먼저 알아볼 必要가 있을 것이다.

※ 에너지源인 電子의 結晶體가 水素

水素는 原子量 하나의 元素物質로 잘 알려진 物質이다. 그토록 平凡한 水素가 常識을 뛰어넘는 破格的인 存在로 浮上하여 宇宙의 物質的 本質로 登場하고 있는 것이다. 뿐만 아니라 무거운 元素物質을 차례로 造成해가는 根本의 原子로 確認되고 있는 것이다.

驚天動地의 奇想天外한 發見이 아닐 수 없을 것이다. 水素가 萬物을 만들어가는 根本의 原子라 할 때 이번에는 水素를 造成해 가는 根源이 무엇이고 어떤 成分의 存在일까 하는 疑問이 提起되지 않을 수 없을 것이다. 物質인 水素의 根源부터 먼저 알아야 할 일일 것이다.

既히 出刊된《世上 萬物의 理致》와《人類를 救할 無限에너지》의 책에서 著者는 太陽에너지의 根源과 本質이 오직 水素 속의 電極素子 한 가지 成分이라는 事實을 分析하여 밝히고 있다. 밖으로 表出되는 太陽에너지의 種類는 數없이 많고 多樣해도 根源과 本質은 오직 水素 속의 陰과 陽의 電子 한 가지 成分이라는 것이다.

水素 속의 電子가 나와 結合하고 排列되면 秒速 30萬㎞로 달리는 莫强한 에너지가 된다는 것이다. 太陽에너시는 그런 原理

에서 造成되고 있다는 事實을 밝힌 것이다.

여기에서 말하는 電子는 一般的으로 通用되고 있는 電子와는 性格이 判異한 것이다. 水素 속의 素粒子인 陰과 陽의 電極素子를 指稱하고 있는 것이다. 人類社會는 太陽에너지를 造成시키는 電子에 對한 많은 知識을 갖고 있다. 陰과 陽의 電子는 太陽에너지의 根源이지만 그들이 結合하고 排列되면 結合하는 數와 順序에 따라 增幅된 高에너지로 變하는 것이다.

따라서 水素 속에서 나와 太陽에너지를 造成시키는 電極素子는 에너지源인 性格이라 할 것이다.

무엇보다도 重要한 일은 太陽에너지를 造成시키는 에너지源인 電子가 物質을 造成시키고 있다는 事實인 것이다.

좀더 具體的인 說明을 加한다면 에너지源인 電子의 結晶으로 物質인 水素가 造成되고 있다는 事實인 것이다. 水素는 元素物質이지만 에너지源인 電子의 結晶體로 에너지의 덩어리라는 理致가 될 것이다. 物質은 에너지가 만들고 있는 것이다.

이제까지 全혀 알려진 일이 없지만 原子量 하나의 元素物質인 水素는 에너지源인 陰과 陽의 電子가 結合해서 造成시킨 結果의 産物이 되는 것이다.. 에너지의 結晶體가 物質인 것이다.

東洋의 物理思想에 依해 物質의 根源이 조금씩 밝혀지고 있는 것이다.

陰과 陽의 電子는 物質 以前의 에너지源이다. 이들이 結合하고 排列되는 數와 順序에 따라 光線 電磁力 電氣 等 여러 種類의 太陽에너지를 造成시킨다. 그러나 基本的으로는 이들 에너지源인 電子들은 天理에서 定해진 原理에 따라 結晶되어 物質인 水素를 만들고 있는 것이다. 그런 理致에서 物質의 根源과 本質은 에너지源인 陰·陽의 電極素子가 된다 할 것이다.

에너지源인 陰·陽의 電子가 結晶되어 物質인 水素를 만들고 있는가 하면 다른 한편으로 太陽에너지도 造成시키고 있다는 結果로 이어지고 있는 것이다. 그런 因果關係에서 物質인 水素는 에너지源인 電子의 집으로 表現될 수 있을 것이다. 그런가 하면 電子의 結晶體인 水素가 또 電子를 내보내 太陽에너지를 造成하고 있다는 理致가 될 것이다.

宇宙의 根源과 本質은 物質 以前의 에너지源인 電子라 할 수 있을 것이다. 그러나 電子는 홀로 存在하지 못하는 性格인 것이다. 陰·陽의 電子가 調和를 이루면서 結晶되어 存在하게 되는데 이 結晶體가 바로 物質인 水素가 되는 것이다. 宇宙의 基本物質인 水素는 이렇게 해서 誕生된 것이다.

이 水素는 太陽이 進行하고 있는 核融合의 過程에서 電子를 내보내 光線 電磁波 磁力 電氣 熱 等 各己 性能을 달리 하는 恒性에너지로 結合되어 發散하고 있는 것이다.

宇宙의 根源이고 本質인 에너지源의 電子는 結晶되어 物質인 水素를 造成시키고 있는가 하면 다른 한편으로 太陽에너지도

造成시키고 있는 것이다. 宇宙의 根源과 本質답게 에너지源인 電子는 多樣한 技能을 發揮하고 있는 것이다. 그러나 本質은 變하지 않으며 새로이 생기지도 않고 없어지지도 않는 固有成分의 性格인 것이다.

에너지源의 電子는 物質을 만들고 太陽에너지로 發散되는 等 여러 가지 造化를 일으키면서 宇宙를 經營해 가는 根本이요, 源泉이라 할 것이다. 그러나 電子는 陰과 陽의 性質을 띤 固有의 粒子로 새로이 생기지도 않으며 消滅되지도 않는 永遠不滅의 存在인 것이다. 그런 理由에서 宇宙의 造化를 일으키는 根源이 된다 할 것이다.

그런 原理에서 본다면 에너지源인 陰과 陽의 電極素子는 그 自體가 宇宙이다 表現될 수 있을 것이다. 그런 側面에서 宇宙의 根源과 本質은 物質인 水素에 앞선 에너지源인 電子로 規定될 수 있을 것이다.

여기에서 宇宙의 根源과 本質이 무엇인가에 對한 是非가 分明하게 가려져야 할 것이다. 宇宙는 水素가 經營한다. 그러나 이제까지의 分析과 論理에서 본다면 物質인 水素는 에너지源인 電子의 結晶體로 그의 집일 뿐 宇宙의 森羅萬象은 에너지源인 電子의 造化에 依해서 形成되는 結果의 産物이 된다 할 것이다.

宇宙는 外觀上으로야 水素가 經營하는 것 같지만 本質的으로는 에너지源인 電子가 經營하며 以外의 다른 어떠한 要素도

存在하지 않는 것이다. 宇宙는 오직 에너지源인 電子의 造化에 依해서 經營되고 있는 性格인 것이다.

앞에서도 敷衍된 일이 있지만 에너지源의 電子는 固有의 素粒子로 單獨으로는 存在할 수 없는 性格의 所有者인 것이다. 宇宙의 根源은 에너지源인 電子가 分明하다 하겠지만 그러나 單獨으로 存在할 수 없는 性格에서 電子는 本能的인 自律로 結晶되어 物質인 水素로 造成되면서 安定을 維持하고 存在하게 되는 것이다.

그런 原理에서 宇宙는 本質的으로 水素밖에 存在하지 않으며 水素로 充滿된 空間이 되는 性格인 것이다. 物質인 水素는 오직 電子의 自律에 依한 結集體일 뿐 核이라는 다른 機關의 存在나 要素는 發見되고 있지 않은 것이다.

따라서 水素는 오직 에너지源인 電子의 自律的 結晶으로 造成된 에너지의 덩어리이고 뭉치라는 理致가 된다 할 것이다. 그럼에도 外觀上으로는 全혀 性能과 機能을 달리 하고 있는 物質의 性質을 띠고 있는 것이다.

實質的으로 宇宙의 根源과 本質은 에너지源인 電子임에도 不拘하고 그러나 表面의 外觀上으로는 宇宙는 오직 水素밖에 存在하지 않는 것이다. 宇宙는 水素로 充滿된 空間이고 바다인 것이다.

그런 理致에서 水素가 宇宙의 物質的인 本質이 되며

宇宙空間은 水素 以外의 어떠한 다른 要素도 없는 것이다. 結局 에너지源의 結集體인 水素가 單獨으로 宇宙를 經營하면서 森羅萬象의 萬物을 만들어 가고 있다는 理致의 結果가 되는 것이다.

森羅萬象의 모든 造化는 核融合이라는 水素의 活動으로 나타나는 太陽에너지와 元素物質의 出現에 다름 아닐 것이다. 도저히 믿어질 일이 아니라 하겠지만 太陽에너지와 모든 元素物質을 水素가 혼자서 만들어 가고 있기 때문이다.

에너지源인 電子의 結晶으로 造成된 物質인 水素가 原子가 되어 地球上에 있는 모든 元素物質을 차례차례 累進的으로 造成시키고 있으며, 太陽에너지도 生成시키고 있는 結果를 確認하게 되는 것이다. 東洋의 物理思想인 宇宙 回歸論이 宇宙의 眞實을 새로운 角度에서 밝히고 있는 것이다. 宇宙의 眞實과 一致하는가의 與否가 確認되어야 하고 糾明되어야 할 것이다.

神奇한 일이 아닐 수 없지만 元素週期 率表에 地球上의 모든 元素物質이 例外 없이 水素를 原子量 하나로 定하고 그를 基準한 原子量으로 質量이 表記되고 있다. 모든 元素物質의 構成이 水素를 基準으로 해서 出發되고 있음을 알게 되는 것이다.

그런 表記가 무엇을 뜻하고 있느냐 하면 水素를 除外한 地球上의 모든 元素物質이 水素가 累進的으로 結合하여 造成시킨 産物이다 하는 結果로 歸着되는 것이다. 그러니까 地球上의 모든 元素物質이 水素가 結合되어 만들어진 成分이며 水素의 復合體라는 事實을 是認하고 있는 것이다. 元素物質이 水素의 結合으로 造成된 結果의 産物인 明白한 證據가 되는 것이다.

去頭截尾하고 結果부터 말한다면 地球는 진작에 水素의 核融合을 끝마치고 죽어 굳어있는 殘骸라는 뜻이 되는 것이다. 結局 地球上의 모든 元素物質은 水素가 經營하는 核融合의 過程에서 水素의 結合으로 造成된 結果의 産物이라 하는 理致가 되는 것이다. 元素物質을 만드는 原子는 水素이고 元素物質은 水素가 基本이 되어 만들어진다는 結果로 歸着되는 것이다.

모든 元素物質의 根本과 本質이 水素이라면 元素物質로 蓄積된 地球는 本質이 水素로 만들어진 天體이다 하는 理致가 될 것이다. 조금씩 地球의 根源을 알아가는 途程에 接近하면서 到達하고 있지만 事實인가 確認되어야 할 性質일 것이다.

앞에서도 屢次 擧論한 바 있지만 物質인 水素는 에너지源인 電極素子의 結晶으로 造成된 成分이다. 元素物質을 차례로 만들고 있는 水素가 에너지源인 電子의 結晶體일 때 本質이 水素成分인 地球는 에너지의 덩어리인 경우가 될 것이다.

物質인 水素가 에너지源인 電子의 結晶으로 造成된 成分이고 地球上의 모든 元素物質이 또한 水素의 累進된 結合體인 것이다. 地球의 生成이 에너지源인 電子의 結晶으로 造成된 水素로부터 始作하여 만들어진 結果의 産物이고 에너지의 덩어리이다 하는 말이 조금도 誇張된 虛構의 主張이 아닌 것이다. 充分한 說得力을 간직하고 있는 根據있는 말인 것이다.

그렇다 해도 理解할 수 없는 釋然치 않는 斷面이 있다 할 것이다.

모든 元素物質이 水素가 結合하여 造成된 成分이라면 各己 元素物質의 質量은 水素가 結合된 原子量의 合算된 質量과 一致해야 옳을 것이다. 그러나 奇異하게도 各 元素物質의 質量이 原子數의 合算된 質量과 一致하지 않고 조금씩 모자라면서 未達되고 있는 것이다. 質量이 모자라는 理由가 무엇일까? 필경 原因이 있을 것이다.

그러니까 水素인 原子가 230個 結合되어 造成된 우라늄元素이라면 當然히 質量도 230이 되어야 옳을 것이다. 그러나 어인 일인지 230에 조금씩 未達되고 있는 것이다. 어찌 質量이 조금씩 모자라는 것일까? 그런 結果가 무엇을 뜻하고 있겠는가 하는 것이다.

이 疑問에 對한 解答이야말로 地球의 正確한 成分을 알게 되는 지름길이 되는 것이다. 뿐만 아니라 에너지源인 電子가 質量을 갖고 있느냐의 與否를 窺知할 수 있는 重要한 열쇠가 되는 것이다.

元素物質의 質量이 조금씩 未達되고 있다는 事實은 모든 元素物質이 水素의 累進的 結合體이기는 해도 그러나 完全한

水素가 結合해서 造成시킨 成分은 아니라는 뜻이 되는 것이다. 完全한 水素가 아니라면 도대체 元素物質이 어떤 成分으로 造成되고 있다는 말일까?

水素가 지금 太陽에서 進行하고 있는 核融合이라던가 어떤 特殊한 環境에서 傷處를 입고 身體의 一部를 내보내면서 缺損이 생긴 不完全한 成分이 結合해서 地球上의 元素物質을 造成하고 있다는 理致가 되는 것이다. 介入될 다른 어떠한 餘地도 없으며 必然的으로 그런 結論에 到達하게 되는 것이다.

도대체 水素가 어떤 環境에서 어떻게 傷處를 입었다는 말일까? 水素가 傷處를 입고 身體에 缺損이 생긴 成分이 도대체 무엇이고 어떤 存在일까 하는 것이다. 놀라운 結果이지만 그것은 다름 아닌 中性子인 것이다. 水素가 組織因子인 素粒子의 電子를 내보내게 되면 傷處를 입게 되고 缺損이 생겨 中性子가 되는 것이다.

먼저 알아두어야 할 일은 原子인 水素는 하나의 機關體인 技能을 行使하고 있기는 해도 오직 에너지源인 陰과 陽의 電子로만 結合된 結晶體라는 事實인 것이다. 物質인 水素는 오직 電子의 純粹한 結晶體인 것이다.

에너지源인 電子의 結晶으로 造成된 水素가 傷處를 입고 身體에 缺損이 생겼다면 素粒子 成分의 一部 電子가 빠져나가고 不具가 되었다는 뜻이 될 것이다.

그게 事實이라면 에너지源의 電子는 素粒子 成分으로 固有의 粒子이고 質量을 갖고 있다는 理致가 되는 것이다. 結局 電子의 結合體인 太陽에너지도 質量을 갖고 있다는 結果로 이어지는 것이다. 理致야 어디까지나 그렇지만 그러나 太陽에너지나 陰陽의 電極素子가 質量을 行使한다는 證候는 나타나고 있지 않은 것이다.

그러면 水素가 傷處를 입고 缺損이 생겨 不具가 된 成分이 도대체 무엇일까?

놀라운 結果가 아닐 수 없을 것이다. 東洋의 物理思想인 宇宙回歸論이 2500年의 窮究를 繼承하여 銳意 分析하고 糾明해서 밝힌 바에 依하면 完全한 水素가 傷處를 입고 身體에 缺損이 생긴 不具는 다름 아닌 中性子라는 結果를 確認했으며 그런 事實이 判明된 것이다.

이 中性子가 어느 곳의 어떤 環境에서 생기는가 그 下回가 궁금한 일이 아닐 수 없을 것이다. 中性子는 太陽과 같은 水素의 核融合 途上에서만 생기는 性格인 것이다.

우선 알아두어야 할 일은 中性子는 人間을 爲始한 모든 生物한테 危害를 加해 오는 可恐한 存在라는 事實인 것이다. 無差別 殺傷을 敢行하는 致命的인 存在인 것이다. 그토록 危險한 中性子가 水素의 核融合 道程에서 서로 結合하여 地球上에 있는 各種 元素物質을 造成시키고 있는 것이다. 새로운 知識으로 놀라운 現象이 아닐 수 없을 것이다.

　水素를 除外한 地球上의 모든 元素物質이 오로지 中性子의 結合으로 造成된 結果의 産物인 事實이 明白하게 밝혀지고 있는 것이다. 어떤 場所의 어떤 環境에서 水素가 傷處를 입고 中性子로 變했는가를 먼저 알아야 하겠지만 中性子는 水素가 組織因子인 一部의 電子를 내보내고 傷處를 입은 殘骸인 것이다.

　그런 原因과 理由에서 中性子의 結合으로 造成된 地球上의 各種 元素物質은 水素가 電子를 喪失한 量만큼씩 質量이 모자라면서 未達되고 있는 것이다. 그런 結果에서 類推해 볼 때 에너지源인 電子는 固有의 質量을 갖고 있는 素粒子라는 事實을 알게 되는 것이다. 當然한 理致에서 電子成分인 太陽에너지도 質量을 갖고 있을 수밖에 없을 것이다.

　그러나 重要한 結果는 그들이 質量을 갖고 重力을 行使하는 證候를 보이고 있지 않은 事實인 것이다.

　水素는 에너지의 덩어리이지만 基本元素로 物質이면서 原子의 役割을 하고 있는 것이다. 그런만큼 大端히 安定된 世界이다. 人間이 에너지를 얻기 爲하여 水素의 內部世界를 破壞하고자 온갖 努力을 기우려 試圖해 보았으나 水素는 끝내 破壞되지 않았다. 電子인 素粒子를 밖으로 脫出시키는데 失敗한 것이다. 水素는 그토록 安定되고 堅固한 組織世界인 것이다.

　그토록 安定되고 堅固하기 이를 데 없는 水素가 어떻게 傷處

64

를 입고 缺損이 생기게 되며 中性子로 變할 수 있을까? 뿐만 아니라 그 中性子가 어떤 方法으로 結合해서 地球上의 各種 元素物質을 造成하고 있는가 하는 것이다. 宇宙의 攝理란 奧妙하기 그지없지만 참으로 不可思議한 일이 아닐 수 없을 것이다.

水素를 除外한 地球上의 모든 元素物質은 水素가 一部의 電子를 내보내면서 傷處를 입고 不具가 된 中性子의 結合으로 造成된 結果의 産物인 事實이 明白하게 確認되고 있으며 克明하게 밝혀지고 있는 것이다. 따라서 地球라는 天體는 中性子의 結合으로 造成된 元素物質의 蓄積體로 中性子星이라는 結果가 될 것이다. 地球는 中性子별인 것이다.

그게 事實일 때 그렇다면 地球라는 天體는 어떤 生成過程의 어떤 環境에서 誕生하게 되었을까? 地球의 生成過程이 궁금하면서 疑問이 아닐 수 없을 것이다.

사람들이 너무도 잘 알고 있는 知識이지만 빛나는 太陽은 水素로 集成된 天體이다. 그 太陽은 水素의 덩어리인 것이다. 그 太陽이 지금 한창 核融合을 經營하는 途上에 있는 것이다. 太陽은 水素의 核融合體인 것이다.

우선 알아두어야 할 일은 元素物質을 造成시키는 中性子는 太陽과 같은 水素의 核融合 過程에서만 만들어지는 性格이고 그 結果의 産物이라는 事實인 것이다. 中性子는 水素의 核融合 過程이 아니고서는 絶對로 만들어지지 않는다는 事實을 認識해야 하는 것이다.

※ 原子인 水素의 內部構造

　모든 元素物質을 累進的으로 造成하고 있는 中性子의 根本이고 原子의 性格을 띠고 있는 水素의 內部構造가 어떻게 생겼을까? 에너지源인 陰과 陽의 電子가 結合하고 組織되어 生成된 水素는 物質이지만 本質은 에너지의 덩어리인 것이다. 安定이 維持될 수 없어 破壞되면 想像할 수 없는 莫强한 에너지가 噴出될 要素인 것이다.

　에너지源인 電子의 結晶으로 生成된 水素는 物質이기는 해도 워낙 들여다보기 어려운 微視世界이기 때문에 內部構造가 어떻게 생겼는지 斷定하기는 어려운 것이다. 그러나 다음과 같은 仮定은 해볼 수 있을 것이다.

　먼저 陽 電子를 陽子로 呼稱하고 빨간 粒子로 仮定해 보기로 할 것이다. 이번에는 陰의 電子를 相對的인 靑色의 粒子로 表示할 수 있을 것이다. 에너지源인 電子는 陰과 陽의 兩極性인 性格이기 때문에 類類相從의 경우가 되어 陰電子群과 陽子群이 서로 分離된 채 一定한 사이를 두고 둥그렇게 連結된 構造가 아닐까 생각해 볼 수 있을 것이다.

　陰과 陽의 電子群이 한 곳으로 모이고 合쳐지면 相剋인 性格

에서 타버리고 말 것이다. 서로 反撥하는 生理에서 미루어 볼 때 아무래도 赤色의 陽子群이 中心領域의 核을 이루고 陰電子群이 一定空間의 間隔을 사이에 두고 外廓을 둥그렇게 에워싸고 있는 構造가 아닐까 類推해 볼 수 있을 것이다.

사람들이 생각하고 있는 지금의 仮想된 原子構圖도 비슷하기는 하지만 陽子가 中心을 占有하여 核을 이루고 陰電子가 빠른 速度로 外廓을 돌고 있는 것으로 仮定되고 있다. 그럴지도 모르지만 陰電子가 外廓을 빨리 돌기에는 에너지의 덩어린 水素 속의 電子濃度는 密度가 너무 높은 것이다. 사람들이 생각하고 있는 것보다 水素 속의 電子는 그 數가 어마어마하게 많은 것이다.

지금으로서는 近似値일 뿐 水素의 內部構造가 어떻게 생겼을 것인가는 斷定하기 어려운 時機尚早의 일일 것이다.

※ 中性子

人間은 中性子에 對한 많은 知識을 갖고 있기는 하다. 그러나 中性子의 正體가 무엇이고 本質이 무엇인가에 對한 知識은 깊지 않으며 잘 모르고 있는 것으로 보인다. 그 原因은 이제까지의 既存 宇宙論이 잘못 設定 定着되고 倒錯된 데 있지 않았을까 생각되는 것이다.

사람들이 絕對的으로 알아야 할 知識이기 때문에 먼저 中性子

의 實體부터 알아보기로 할 것이다.

우라늄元素는 地球上에서 가장 무거운 物質이다. 그 우라늄 元素가 지금 한창 核分裂을 進行시키는 過程에 있으며 可恐한 中性子를 發生시키고 排出시키고 있는 것이다. 元素物質의 核分裂이란 지금 太陽에서 進行하고 있는 核融合의 反應語로 그 物質이 부서져 없어진다는 뜻이 된다. 物質이 崩壞되는 現象 인 것이다.

中性子는 이 우라늄元素의 核分裂 過程에서 分解되고 分離되 어 나오고 있다. 自然現象이지만 大端히 危險한 存在이고 要素 인 것이다. 中性子는 人間을 爲始해서 모든 生物들을 無差別 殺傷하는 실로 戰慄을 禁할 수 없는 可恐한 存在이기 때문이다. 우라늄元素에서 分離되어 나오는 中性子는 致命的인 要素인 것 이다.

中性子를 分離시켜 排出하는 우라늄元素는 여러 가지 種類의 同位元素가 있다. 中性子를 排出시키는 우라늄元素는 한 가지에 局限되고 있지 않은 것이다.

大量 殺傷武器인 原子彈이나 요즈음 말썽이 되고 있는 劣化 우라늄 砲彈이라는 小型 核彈은 核分裂을 進行하는 우라늄 同位元素를 利用해서 만들고 있는 것이다. 그뿐만이 아니라 電氣를 生産하는 原子力 核發電도 核分裂 物質인 우라늄元素를 使用하고 있다.

不幸한 일이지만 原子力 核發電의 事故나 原子彈의 投下에서 人類社會는 中性子로 해서 입게 된 엄청난 被害를 經驗하고 있다. 그뿐만이 아니라 劣化 우라늄 砲彈이라는 小型 原子彈의 使用으로 原子病이나 癌이 誘發되는 等 많은 危害를 經驗하고 있는 것이다. 中性子는 凡然히 보아 넘길 要素가 아닌 것이다.

中性子가 그토록 危險하고 可恐한 存在이지만 中性子로 해서 생기는 被害를 豫防하고 防備할 뾰족한 對策이나 方法이 없다는데 人類社會의 苦悶이 있고 悲哀와 不幸이 따르고 있는 것이다. 地球上에는 남을 除外하고는 中性子의 向路를 가로막고 遮斷할 物質이 없다는 것이다.

中性子의 向路를 가로막고 遮斷할 物質이 없다는 結果는 中性子로 해서 생길 被害를 막을 方法이 없다는 뜻이 되는 것이다. 그런 理由에서 사람들은 中性子에 對한 知識을 반드시 涉歷해야 하는 것이다.

이제까지 사람들한테 全혀 알려지고 있지 않은 새로운 知識이 있다. 不幸中 多幸한 일로 中性子는 電子인 옷을 주워 입으면 迅速히 水素로 살아나는 것이다. 우라늄元素에서 分離되어 나오는 中性子가 電子인 옷을 주워 입으면 아무런 害도 입히지 않는 水素로 回生하는 것이다. 東洋의 宇宙 回歸論이 中性子가 本是의 水素로 回生하는 事實을 밝히고 있는 것이다.

中性子가 生物한테 可恐한 危害를 加해 오는 致命的인 要素

이고 사람들이 엄청난 被害를 입고 있으면서도 그러나 中性子가 어떤 存在인지 그 實體를 잘 모르고 있었다. 人間은 中性子에 對한 知識이 너무도 없으며 薄弱한 것이다.

많은 被害를 입고 있으면서도 어찌 中性子에 對한 知識을 사람들이 갖고 있지 않는 것일까? 사람들이 中性子에 對한 깊은 知識을 갖지 못한 理由는 中性子의 原理를 利用하여 大量 殺傷武器로 惡用하고 있었기 때문에 中性子의 露出을 꺼리고 있었기 때문인 것으로 보인다. 正當하게 알아야 할 知識이 隱匿되고 있었다 할 수 있을 것이다.

사람들이 優先的으로 알아두어야 할 일은 人類社會의 敵이요 恐怖의 對象인 癌을 誘發시키는 根源의 하나가 中性子라는 事實일 것이다. 반드시 中性子만이 癌을 誘發시킨다는 뜻은 아니지만 中性子가 癌을 誘發시키는 根源인 것이다. 새롭게 警覺心을 必要로 할 要素가 아닐 수 없을 것이다.

그렇다면 그토록 두렵고 危害로운 存在인 中性子의 實體가 무엇이고 根本이 무엇인지 먼저 알아야 할 것이다. 中性子는 原子彈이나 原子力 核發電의 原料로 쓰이는 우라늄元素의 核分裂에서 分解되고 分離되어 나오는 存在인 것이다. 元素物質이 中性子로 形成되고 있음을 알게 되는 것이다.

우라늄元素는 地球上에서 가장 무거운 物質이지만 여러 가지 同位元素가 있다. 그 우라늄同位元素들이 지금 한창 核分裂되면서 中性子로 分解되고 있는 것이다. 核分裂되는 우라늄元素는 消滅되어 없어지지만 그 代身 한 個의 우라늄元素에서 230個 內外의 可恐한 中性子가 分解되고 分離되어 나오는 것이다.

알아두어야 할 일은 이때의 中性子가 電子인 옷을 주워 입고 水素로 되살아난다는 事實인 것이다.

去頭截尾하고 結論부터 말한다면 中性子는 우라늄元素의 核分裂 過程에서 分解되고 分離되어 나오는 成分인 것이다. 根本이 水素이며 水素가 傷處를 입고 缺損이 생겨 半身不隨가 된 骸骨이라는 事實을 알게 되는 것이다.

水素한테 缺損이 생겼다는 말이 무엇을 뜻하고 있는 것일까? 水素한테 缺損이 생겼다는 뜻은 에너지源인 電子의 結晶으로 造成된 水素가 一部의 電子를 喪失하고 傷處를 입게 되었다는 結果로 이어지는 것이다.

놀라운 일이지만 水素를 除外한 地球上의 모든 元素物質이 中性子의 結合으로 造成되고 있다는 事實인 것이다. 그러니까 岩石이나 土壤 等의 모든 物質이 中性子의 結合物이라는 뜻이 되는 것이다. 地球가 中性子 星이라는 말을 理解하게 될 것이다.

무엇보다도 이 時點에서 알아야 할 일은 水素가 어떤 環境에 서 傷處를 입고 缺損이 생겨 中性子로 量産되었는가 하는 過程 을 알아가는 일이 重要한 課題가 아닐 수 없을 것이다. 뿐만 아 니라 中性子는 홀로 存在할 수 없는 性質의 所有者인 것이다.

宇宙의 原理에 따른 일이겠지만 에너지源인 電子가 單獨으로 存在하지 못하는 性質과 마찬가지로 中性子도 홀로 自立할 수 없는 存在인 것이다. 元素物質에서 分離되는 中性子가 獨立해서 홀로 있게 되면 그냥 있지를 못하고 곧바로 電子인 옷을 주워 입고 原狀의 水素로 되살아나기 때문이다.

그런 理由에서 사람들은 中性子를 볼 수 없으며 그의 存在를 確認할 수 없게 된다. 分離되는 中性子는 旣往에 내보낸 電子를 곧바로 찾아 입고 水素로 回生하기 때문에 그의 存在를 確認할 수 없게 되는 것이다.

地球上에서 가장 무거운 物質인 우라늄元素는 目下 核分裂을 進行하는 過程에 있다. 中性子는 우라늄元素의 核分裂時 分離되어 나오지만 分離되는 瞬間 遲滯하지 않고 直席에서 電子를 奪取하여 주워 입고 本是의 水素로 回生하는 것이다.

그 옛날 自己의 前身이었던 水素가 에너지化하면서 내보냈던 電子를 주워 입고 中性子는 水素로 되살아나는 것이다. 可恐한 일은 中性子가 에너지源인 電子를 찾아 입고 完全한 水素로 回生될 때까지는 어느 곳이던 相關하지 않고 突進을 계속한다는 事實인 것이다. 그런 過程에 人間을 비롯한 모든 生物이 致命的인 危害를 입게 되는 것이다.

中性子가 電子인 옷을 주워 입고 原狀의 水素로 回生하는 原理는 이제까지 밝혀진 일이 없는 前人未踏의 새로운 知識이다. 드디어 東洋의 奧妙한 物理思想이 2500年의 刻苦 끝에 定立시킨 宇宙回歸論이 밝혀낸 새로운 宇宙의 眞實인 것이다.

中性子가 電子인 옷을 주워 입고 水素로 되살아난다는 데 人間을 爲始한 모든 生物이 致命的인 危害를 입게 된다는 말이 무엇을 意味하고 있는 일일까? 地球上의 生物은 太陽에너지에 依存해서 살아가는 存在이다. 生物은 太陽에너지의 要素이고 太陽에너지는 電子의 結合으로 造成된 成分인 것이다.

中性子가 本是의 水素로 되살아나기 爲해서 生物의 太陽에너지 要素를 奪取하여 이를 個個의 電子인 素粒子로 分解시켜 주워 입고 水素로 回生한다는 結果가 되는 것이다.

中性子가 太陽에너지 要素를 닥치는 대로 奪取하여 이를 電子인 素粒子로 分解시켜 주워 입는다면 太陽에너지의 要素인 生物은 無事할 일이 아닐 것이다. 細胞가 破壞되고 身體의 모든 組織이 散散이 瓦解될 수밖에 없을 것이다.

中性子의 量이 많으면 그 자리에서 直死하게 되는 것이다. 中性子의 量이 極히 적으면 無事할 수도 있겠지만 조금만 많아도 癌이나 原子病에 걸려 呻吟하면서 苦痛받게 되는 것이다.

그런 原理와 理致로 우라늄元素의 核分裂에서 分離되어 나오는 中性子는 生物을 無差別 殺傷시키는 실로 戰慄을 禁할 수 없는 可恐한 存在인 것이다. 警覺心이 要求되는 일이 아닐 수 없을 것이다.

　에너지源인 電子의 結晶으로 造成되는 水素는 宇宙의 基本物質로 物質的 本質이 된다 할 것이다. 宇宙는 本質的으로 水素밖에 存在하지 않으며 그 水素가 一部의 電子를 내보내고 傷處를 입으면 各가지 中性子가 되는 것이다.

　그런 性質의 中性子가 永遠히 죽지 않고 때를 찾아 또 다시 水素로 回生하는 것이다. 中性子가 本是의 水素로 되살아나는 性格이라면 宇宙는 한 번의 삶으로 끝나지 않고 生과 死를 되풀이하면서 永續하게 된다는 理致가 될 것이다.

　宇宙가 永續한다면 어떤 形態로 永續한다는 말일까? 銀河系 小宇宙와 같은 小宇宙 單位로 死活을 되풀이하게 될 것이다. 宇宙는 小宇宙 單位의 部分的인 經營을 하고 있는 性格이기 때문이다.

　地球는 여러 가지 元素物質로 蓄積된 天體이다. 먼저 地球가 어떤 生成의 途程을 더듬어 오늘에 이르렀는가를 밝혀가는 게 무엇보다도 重要한 일이 될 것이다. 놀라운 結果가 아닐 수 없지만 水素를 除外한 地球上의 모든 元素物質이 例外없이 中性子 單一成分으로 結合되어 造成되고 있다는 事實인 것이다.

　그러니까 水素를 除外한 地球上의 모든 元素物質이 오로지 中性子로만 結合되어 造成되고 있는 中性子 成分이라는 結果로 歸着되는 것이다. 地球는 結局 中性子 星이라는 뜻이 되는 것이

74

다. 그저 驚愕이 있을 뿐 도저히 믿어질 일이 아니라 否定되기 쉽겠지만 모든 證據가 歷歷하고 빠짐없이 具備되고 있는 만큼 믿어야 할 事實인 것이다.

理致上으로 볼 때 人間은 可恐한 中性子의 방석 위에 올라앉아 있다는 格이 될 것이다. 설마 그럴 수 있겠는가 싶겠지만 事實이 그와 다름이 없으며 모든 證據物이 具備되어 歷歷한 만큼 아니라고 一方的으로 우기기만 할 일이 아닐 것이다. 否認한다고 해서 眞實이 가려지고 뒤바뀔 일이 아니기 때문이다.

"中性子가 生物들을 닥치는 대로 無差別 殺傷시키는 그토록 危害롭고 可恐한 要素의 存在라 하지 않았는가? 地球가 오로지 그런 危險한 存在인 中性子로 結合되어 蓄積되어 있다면 도대체 사람들이 어떻게 살아남을 수 있었겠는가?"하면서 反問하고 疑問을 提起하게 될 것이다.

모든 元素物質이 中性子로 結合되어 造成되고 있는 만큼 地球라는 天體가 中性子로 蓄積된 結果의 産物인 事實은 否認되지 않는 것이다. 秋毫도 疑問을 提起할 餘地가 없는 事實이지만 그러나 크게 걱정하고 念慮할 일은 아닐 것이다.

어찌 그러느냐 하면 中性子로 結合되어 造成된 元素物質은 天理에 依해서 단단한 자물쇠가 채워진 채 가두어져 있기 때문이다. 囹圄의 몸이 되어 있는 것이다. 元素物質은 中性子의 무덤이며 무덤으로 가두어 둔 자물쇠는 一定期間의 時效가 있기는 하나 자물쇠가 채워져 있는 그 期間은 中性子가 分離되지 않는 것이다. 그렇기 때문에 그동안은 安全하며 無事한 것이다.

그러나 安全하지 못하고 無事하지 못한 경우가 있다. 宇宙의 攝理라 어찌할 수 없는 일이지만 그래도 不幸한 일로 地球上에서 가장 무거운 物質인 우라늄元素는 天理에 依해서 가두어진 자물쇠의 時效가 끝나 核分裂이 進行되고 있는 것이다. 物質이 崩壞되는 過程에 있다. 그 過程에서 우라늄元素는 消滅되어 가지만 代身 中性子가 分離되어 나오고 있다.

우라늄元素의 核分裂 過程에서 放射能 또는 放射線이라 불리는 많은 種類의 에너지가 放出되지만 看過되어서는 안 될 重要한 要素는 이때 多量의 中性子가 排出된다는 事實인 것이다. 凡然히 보아 넘길 일이 아닌 것이다.

邪惡한 人間들은 재빨리 奸智를 發揮해서 우라늄元素가 進行하는 核分裂의 原理를 惡用하여 大量 殺傷武器인 原子彈과 劣化 우라늄彈을 만들고 있다. 人類의 生存을 威脅하고 있는 것이다. 그런가 하면 다른 한편으로는 우라늄元素가 進行하는 核分裂의 原理를 利用하여 原子力 核發電所를 地球上의 到處에 세워서 電氣를 生産하고 있다. 不足한 에너지를 充足하기 爲해 어찌할 수 없다 하지만 그러나 우라늄元素의 核分裂을 利用한 原子力 核發電은 苦肉策일뿐 에너지의 窮極的인 解決策이 될 수 없는 것이다. 大局的 見地에서는 오히려 큰 災殃의 根源이 되는 것이다.

地球가 元素物質로 蓄積되어 形成되고 있는 天體인 것은 否認될 수 없는 分明한 事實이지만 그러나 元素物質이 中性子로 結合되어 造成된 確實한 證據가 있느냐 反問할 것이다. 歷歷한 證據가 있느냐 反問할 것이다. 歷歷한 證據物이 遺漏없이 모두 具備되어 提示되고 있으며 現在 우라늄元素의 核分裂이 또한 進行되고 있는 것이다. 中性子의 排出을 綿密히 確認해 보아야 할 것이다.

地球는 分明히 여러 가지 元素物質로 蓄積되어 있는 天體이다. 地球를 形成시키고 있는 元素物質이 틀림없이 中性子로 結合되어 造成된 結果의 産物이라 할 때 元素物質의 復合體인 地球는 根本的으로 中性子의 蓄積體에 틀림이 없으며 中性子의 무덤이 되는 것이다. 이름하여 中性子星인 것이다.

地球가 中性子의 무덤으로 中性子星인 것은 틀림없는 事實이다. 그러나 天理에 依해서 元素物質이 자물쇠로 단단하게 채워져 있기 때문에 그다지 걱정하지 않아도 되는 것이다. 現在物質의 核分裂이 進行되면서 中性子가 分離되어 나오는 것은 事實이지만 우라늄元素에 局限되고 있기 때문에 크게 念慮하지 않아도 되는 것이다. 또 크게 걱정하지 않아도 될 理由가 여러 가지 있는 것이다.

元素物質이 中性子로 分解되는 現象을 核分裂이라고 한다.

元素物質의 核分裂은 現在 太陽에서 進行되고 있는 水素의 核融合하고는 對照되는 反對現象인 것이다.

核融合은 水素가 에너지를 放出하면서 中性子가 되고 結合하여 元素物質을 만들어가는 過程이라 할 수 있을 것이다. 反對로 核分裂은 水素의 核融合에서 만들어진 元素物質이 崩壞되면서 中性子로 分離되는 反對 現象을 말하는 것이다.

奧妙한 理致에서 天理로 定해진 順序라 하겠지만 中性子가 많이 結合되어 造成된 무거운 元素物質일수록 核分裂이 빨리 進行되는 傾向인 것으로 보인다. 무덤으로 가두어 둔 자물쇠의 時效가 빨리 解除된다고 보아야 할 것이다.

地球上에서 가장 무거운 物質은 우라늄同位元素이다. 物質이 무겁다는 뜻은 原子量으로 表記되고 있지만 呼吸을 하며 重力을 行使하는 中性子의 結合數가 많다는 結果가 되는 것이다. 根源的으로는 宇宙의 物質的本質인 水素가 숨을 쉬지만 水素의 殘骸인 中性子도 如前히 呼吸을 계속하며 重力을 行使하고 있는 것이다.

우라늄同位元素들의 中性子 結合數는 230個 內外가 된다. 숨을 쉬며 重力을 行使하는 中性子가 많이 結合되면 무거울 일이야 當然한 理致일 것이다. 가면서 具體的인 說明이 있겠지만 宇宙空間에서 呼吸하며 重力을 行使하는 要素는 水素와 中性子뿐인 것이다.

地球上에서 가장 무거운 이들 우라늄同位元素들이 天理에서 定해진 자물쇠의 時效가 끝나고 무덤에서 깨어나 지금 한창 核分裂을 進行하는 過程에 있는 것이다. 그러니까 무거운 物質인 우라늄同位元素들이 核分裂을 進行하면서 分解되어 中性子로 分離되고 있는 것이다.

※ 中性子의 回生과 半減期

驚愕스러운 일로 사람들이 반드시 알아야만 할 새로운 知識이 아닐 수 없을 것이다. 物質의 核分裂에서 分離되어 나오는 中性子가 놀랍게도 生物의 太陽에너지 要素를 奪取해서 個個의 電子粒子로 分解시켜 주워 입고 本是의 水素로 回生하는 것이다. 이게 原因이 되어 사람은 現場에서 直死하거나 原子病 等 癌에 걸려 苦生하고 呻吟하게 되는 것이다.

中性子가 水素로 回生하는 原理라 할 것이다. 事實인가의 眞實與否가 먼저 確認되어야 할 것이다. 이 글의 內容이 事實임을 證明하고 뒷받침 할 證據가 到處에 있는 것이다.

邪惡하기 그지없는 人間들이 우라늄元素가 進行하는 核分裂이라는 宇宙의 原理를 惡用하여 사람들을 大量 殺傷시키는 原子彈을 만들고 있는 것이다. 近來에 들어서서는 더욱 邪惡한 奸智를 動員하여 劣化라는 美名으로 扮裝시킨 小型 우라늄

核砲彈까지 만들어 使用하면서 人類의 災殃과 破滅을 재촉하고 있는 것이다. 반드시 禁忌되어야 할 일일 것이다.

한편 核分裂 物質인 우라늄元素는 電氣를 生産하는 原子力 核發電의 燃料로도 使用되고 있어 그만큼 人類社會의 災殃과 禍를 加重시키면서 재촉하고 있다 할 것이다. 우라늄元素를 燃料로 使用하는 原子力 核發電도 人類의 生存을 威脅하는 要因으로 危險과 災殃을 隨伴하고 增幅시킬 뿐 人間社會가 必要로 하는 에너지를 充足시킬 窮極的 解決策이 될 수 없는 것이다.

에너지의 枯渴에 허덕이는 人間社會가 뾰족한 解決方策이 있는 것도 아닌데 어떻게 하겠느냐 反問하겠지만 代替에너지를 찾아야 하고 核發電은 반드시 中止되어야 할 性質인 것이다.

地球上에는 希望的인 에너지 要素가 있다. 이 時點에서 開發되어 實用化될지의 與否는 確實하지 않고 未知의 일이기는 하지만 希望的인 要素로 地球上에는 人類가 依存해서 살아가기에 充分한 無公害의 無限에너지가 潛伏되어 存在하고 있는 事實이 確認되고 있는 것이다.

既刊인 《世上 萬物의 理致》와 《人類를 救할 無限에너지》의 책에서 著者는 無限에너지의 存在와 原理를 소상히 紹介하고 있다. 公害가 따르지 않으며 無償으로 얻어질 아주 希望的인 에너지 要素인 것이다. 人類社會은 그 無限에너지의 存在를 檢討

하고 開發해서 次世代에너지를 充足시켜야 할 것이다.

地球上의 元素物質은 中性子가 많이 結合되어 있는 무거운 元素부터 차례로 核分裂이 進行되는 것으로 確認되고 있다. 物質의 崩壞는 漸次的으로 進行되는 性格인 것이다. 元素物質은 一時에 中性子로 崩壞되면서 消滅해 가는 性格이 아닌 것이다. 數十億年이라는 長久한 歲月에 걸쳐 조금씩 아주 느리게 부서지고 있는 것이다.

우라늄同位元素의 核分裂도 種類에 따라서 다르지만 原來의 量이 半으로 줄어가는 期間이 자그만치 七億年에서부터 五十億年 가까이 되는 것이다. 이런 性質을 半減期라 부르지만 아주 느리고 조금씩 더디게 부서지고 있음을 알게 되는 것이다.

中性子가 人間을 爲始해서 모든 生物을 無差別 殺傷하는 可恐한 存在이기는 하다. 그러나 不幸中 多幸한 일이라고 할까. 被害를 最小限으로 줄이고 있는 것이다.

그 理由는 半減期가 示唆하고 있듯이 우라늄元素의 核崩壞가 아주 더디게 進行되는 性格과 中性子가 迅速히 水素로 回生하는 原理 때문인 것이다.

中性子가 電子인 옷을 찾아 입고 原狀의 水素로 되살아나는 原理는 이제까지 人間들이 認知하고 있지 않은 未知의 知識이다. 水素로 回生한 中性子는 더 以上 中性子가 아니며 人間이나

生物한테 아무런 害도 입히지 않는 것이다.

※ 重力(萬有引力의 原理)

宇宙의 根源은 物質 以前의 에너지源인 電極素子이라 할 수 있을 것이다. 에너지의 源泉으로 規定될 수 있는 陰·陽의 電子가 結晶해서 有機的인 技能을 갖는 하나의 機關體가 되고 그 結果의 産物이 物質인 水素가 되는 것이다. 에너지가 物質을 만들고 있으니 物質의 根源은 에너지인 것이다.

에너지源인 電子의 結晶으로 造成된 物質인 水素가 一部의 電子를 放出하고 中性子로 變하며 이 中性子가 電子인 옷을 주워 입고 또 다시 水素로 回生하는 原理에서 볼 때 水素는 어떤 경우이던 個個의 電子로 分解되는 일은 없는 것으로 보인다. 그렇다면 水素는 하나의 機關體라 規定할 수 있는데 水素라는 機關의 生命體는 宇宙와 더불어 永遠히 이어질 不滅의 存在라 할 것이다.

人間이 物質인 水素를 에너지化하기 爲해 破壞할 能力은 갖고 있지 않았지만 水素가 에너지의 덩어리라는 事實은 經驗을 通하여 알고 있었다. 太陽에너지와 恒星에너지가 水素에서 나오고 있는 結果를 確認하고 있었기 때문이다. 水素를 破壞하여 에너지를 얻고자 갖은 努力으로 애를 써 보았으나 그러나 成功하

82

지 못했다.

　太陽에너지의 源泉인 太陽과 더불어 宇宙空間의 모든 恒星들은 例外없이 水素가 모여서 된 水素의 凝集體이다. 水素의 뭉치인 것이다. 水素밖에 없는 天體에서 太陽에너지가 發散되고 있는 것이다. 어떤 原理에서 尨大한 太陽에너지가 放出되고 있는 것일까?

　水素의 結集으로 生成된 太陽이 水素의 核融合을 營爲하면서 水素 속의 電子를 發進시켜 各種 에너지로 結合해서 四方으로 發散하고 있는 것이다. 太陽의 核融合은 水素의 破壞를 뜻하는 것이다. 다른 恒星도 例外가 아닐 것이다. 水素의 核融合으로 發散되는 太陽에너지가 地球上의 生物을 誕生시키고 살아가도록 하고 있는 것이다. 太陽에너지에 依해 地球上의 生物이 살아가고 있는 事實은 익히 알고 있는 知識이다.

　에너지源인 電子가 結晶되어 物質인 水素를 造成시키고 있는 結果는 承服되는 일이라 해도 그러나 萬一 水素가 서로 끌어당기는 重力이 作用되지 않는다면 宇宙는 成立될 수 있었을까 하는 것이다.

　物體는 萬有引力이라는 引力을 作用시키고 있다. 重力이라는 引力이 作用되지 않는다면 物體의 運動은 일어나지 않으며 天體는 形成될 수 없고 宇宙의 經營은 營爲되지 않을 것이다.

　萬一 重力이라는 引力作用이 없다면 物質은 움직일 수 없고

宇宙는 水素만이 있을 뿐 暗黑世界로 머문 채 經營될 수 없을 것이다. 重力이라는 要素가 있었기에 하늘에 별이 있고 宇宙는 經營될 수 있었을 것이다. 도대체 物體를 움직이게 하는 重力의 根源이 무엇일까? 重力이 어떻게 해서 일어나느냐 하는 것이다.

그러니까 萬有引力의 原理라 할 수 있는 物體가 作用하는 重力이 어떤 原理의 原因에서 作用되는 것일까 하는 것이다.

人間은 어떤 理由에서 物體를 움직이게 하는 運動이 일어나며 무게를 갖도록 하고 있는지 重力의 原理를 理解하고 있지 않으며 모르고 있다. 宇宙를 起源시키는 嚆矢로 動力의 根源이며 物體가 무게를 갖게 되는 重力이 어떤 原理에서 作用되고 있는가를 모르고 있는 것이다.

萬有引力의 原理하고는 다른 次元이지만 뉴턴이 發見한 萬有引力의 法則이 있다. 萬有引力의 法則대로 物體는 質量에 比例하고 距離의 自乘에 反比例하는 引力이 作用한다. 物體는 質量이 많으면 많을수록 引力이 커지고 距離가 멀수록 引力은 더욱 弱해진다는 것이다.

뉴턴이 提唱한 萬有引力의 法則은 物體가 잡아당기는 引力의 作用에 對해서만 말하고 있다. 物體가 作用하는 引力이 어떤 根源에서 行使되는지 重力의 原因이나 原理는 밝히고 있지 않은 것이다. 重力의 原理가 밝혀지지 않고서는 宇宙를 論할 수 없는 것이다. 도대체 어떤 原理와 原因에서 重力이 行使되는 것

84

일까?

水素를 비롯한 宇宙空間의 모든 物體는 例外없이 重力이 行使된다. 引力을 作用하는 것이다. 物體가 行使하는 重力作用으로 重量이라는 무게를 갖게 되고 또 引力이 作用되면서 物體의 運動이 始作된다. 物體의 空間移動이 可能해지는 것이다. 物質과 더불어 物體가 重力을 行使할 수 있기 때문에 引力이 作用되어 天體가 形成되고 天體運動이 可能해지면서 宇宙는 經營될 수 있는 것이다.

物體가 作用하는 重力으로 별이라는 天體가 形成되고 天體運動을 일으키면서 宇宙가 經營된다. 宇宙가 經營되는데 가장 基本的인 役割을 하는 重力이라는 物體가 作用하는 引力이 도대체 어떤 要因에서 생기는 것일까? 萬有引力을 作用시키는 要素가 무엇이며 어떤 原理와 原因에서 重力이 行使되는 것인가 하는 것이다.

뉴턴이 發見한 萬有引力의 法則은 重要한 原理는 除外된 채 오직 物體가 行使하는 重力의 作用에 對해서만 말하고 있는 것이다. 重力이 어떤 要因에 依해서 行使되어 物體의 引力이 作用되고 있는지 重力의 原理는 糾明되고 있지 않으며 解明되고 있지 않은 것이다.

物體가 行使하는 重力, 즉 萬有引力의 原理가 解得되지 않는 限 宇宙의 眞實이 糾明될 수 없는 것이다.

뉴턴이 萬有引力의 法則을 發見한지도 어언간 數世紀의 歲月이 흘러갔다. 그럼에도 不拘하고 物體가 行使하는 萬有引力이라는 重力의 原理는 如前히 解得되고 있지 않았다. 앞으로도 쉽게 解明될 氣色을 보이고 있지 않았던 것이다.

萬有引力이 行使되는 原理가 解明되지 않는 限 宇宙의 眞實이 바르게 窺知될 수 있을 일은 아니었던 것이다. 遙遠한 일일 수밖에 없었다.

그러나 20世紀도 어언간 저물어 갔고 21世紀의 章이 열리면서 重力의 理致가 解得되는 瑞光이 빛이기 始作했다.

宇宙 回歸論으로 이름지어진 東洋의 物理思想이 四書의 大學에 올라 있는 格物의 理致를 糾明하고 物體가 作用하는 重力의 原理를 明確하게 解明하기에 이르른 것이다. 드디어 迷宮에 가려졌던 重力의 原理가 克明하게 解得되고 物體가 갖는 重量의 理致가 明白하게 解明되기에 이르른 것이다.

物質이 行使하는 重力이 도대체 어떤 原因에서 作用되는 것일까? 宇宙의 理致란 참으로 奧妙하기만 해서 人間의 想像을 超越하는 領域이었던 것이다. 重力의 原理는 人間의 智慧나 知識이 도저히 미칠 수 없고 全혀 알고 있지 않았던 世界이었던 것이다. 絕妙한 世界이어서 그저 歎服이 있을 따름인 것이다.

物質이 숨을 쉬고 있었다. 物質도 人間이나 生物처럼 呼吸을 계속하고 있었다. 基本的으로는 宇宙의 物質的 本質인 水素가 숨을 쉬고 있었던 것이다. 에너지源인 電子의 結晶體인 水素가 陰과 陽의 電子를 發進시켜 結合하고 太陽에너지와는 다른 特殊한 重力波를 만들어 내보내고 들이마시면서 끊임없는 呼吸을 계속하고 있었다. 生理的인 呼吸을 間斷없이 계속하고 있는 것이다.

좀더 具體的인 說明을 敷衍한다면 水素가 陰陽의 電子를 結合시킨 重力波를 내보내고 있는 것이다. 그런가 하면 다른 한편으로 내보낸 量만큼의 重力波를 들이마셔 이를 陰陽의 電子로 分解시켜 元位置에 補充시키면서 間斷없는 呼吸을 繼續하고 있으며 지금도 계속하고 있는 것이다.

水素가 숨을 쉴 때 내보내는 重力波는 陰陽의 電子가 結合해서 生成시키지만 들이마시는 相對方의 重力波는 各己陰陽의 電子로 解體되며 元位置로 復歸시키는 循環을 되풀이하고 있는 것이다.

"地球上의 物體는 水素가 아니다. 基本的으로 水素가 숨을 쉰다고 말했는데 水素가 아닌 地球上의 다른 物體도 引力을 作用하며 무게를 갖고 있다. 어찌된 일이고 理由가 무엇이며 이런 現象을 어떻게 說明할 것인가" 물을 것이다.

그 理由야말로 事物의 理致를 밝혀가는 重要한 열쇠가 되고 要點이 될 것이다. 앞으로 가면서 具體的인 說明과 解明이 加해

지겠지만 水素가 아닌 다른 物體가 重力을 行使하고 있는 理由
는 物體의 根本이 水素로 이루어졌기 때문인 것이다. 物體의
根本이 水素로 이루어졌음을 뜻하고 있는 것이다.

不可思議한 일이라 할 것이다. 믿기 어려운 일이라 하겠지만
物質이나 物體는 오직 水素가 혼자 만들고 있는 것이다. 실제로
森羅萬象의 萬物은 水素가 單獨으로 만들고 있는 것이다.

基本的으로 水素가 呼吸을 하고 있는 것이지만 水素가 아닌
다른 어떤 要素가 또 呼吸을 할 能力을 갖고 있는 것일까?
水素 以外 呼吸을 할 수 있는 能力의 所有者는 다름 아닌 水素
의 變形인 中性子인 것이다. 잘 알지도 못하는 中性子가 무슨
숨을 쉬겠는가 하면서 拒否感을 가질 수도 있을 것이다. 그러나
宇宙空間에서 無機質인 物質이 呼吸할 수 있는 要素는 水素와
中性子가 唯一한 存在이며 그 外 다른 要素는 없는 것이다.

여기에서 알아두어야 할 일은 中性子의 成分일 것이다.
中性子는 水素의 核融合 過程에서만 만들어지며 水素가 傷處를
입고 제 口實을 할 수 없는 水素의 殘骸이라는 事實인 것이다.
中性子의 本質이 水素이기 때문에 中性子도 水素와 마찬가지로
呼吸을 하는 것이다. 따라서 水素와 中性子만이 呼吸을 할 수
있고 唯一하게 重力을 行使할 수 있는 能力의 所有者인 것이다.

水素와 水素의 變形인 中性子만이 呼吸을 하면서 重力을
行使하게 된다는 理致인데 水素가 아닌 地球上의 物體가

萬有引力을 行使하는 現象은 地球上의 物體가 中性子로 만들어지고 있다는 뜻인가 물을 것이다. 地球上의 物體가 外觀上으로 水素나 中性子가 아닌 것은 事實이다. 그러나 모든 物體의 本質이 中性子로 結合되어 造成되고 있는 것이다.

　地球上에는 많은 種類의 元素物質이 있다. 地球는 元素物質의 蓄積體인 天體이지만 하나의 物體이다. 그 物體는 元素物質의 合性體인 것이다.

　우라늄元素의 核分裂에서 中性子가 排出되고 있는데 그게 바로 元素物質이 中性子로 結合되어 있다는 산 證據인 것이다. 地球上의 元素物質이 中性子의 結合으로 造成되고 있는 事實이 確認되고 있는 것이다. 地球上의 元素物質이 行使하는 重力은 中性子가 重力波를 들이마시는 生理的인 呼吸의 結果에서 作用되는 것이다.

　地球上의 모든 元素物質이 中性子의 結合으로 造成된 結果의 産物이기 때문에 呼吸을 하며 重力을 行使할 수 있고 質量에 比例한 引力을 作用시키고 있는 것이다.

　水素는 에너지源인 電子의 結晶으로 造成된 成分이다. 元素物質은 그 水素가 만들고 있다. 水素의 累進的 結合體인 것이다. 그러나 元素物質이 水素의 累進的 結合體라고 一方的으로 強要하고 主張하는 일은 矛盾이고 語弊가 따를 것이다.

　元素物質은 完全한 水素가 만드는 性質이 아닌 것이다. 水素

가 傷處를 입고 變한 中性子가 만들고 있는 것이다.

水素가 어떻게 傷處를 입었다는 말일까? 完全한 水素가 어떤 場所의 어떤 環境에서 傷處를 입고 中性子로 變하는가를 알아야 할 것이다. 中性子는 오직 水素의 核融合爐에서만 生成되는 것이다. 元素物質은 그곳에서 水素가 傷處를 입고 變하여 된 中性子의 結合으로 造成되는 性質인 것이다.

基本的으로 水素가 숨을 쉬지만 水素가 變해서 된 中性子도 水素와 마찬가지로 숨을 쉬며 重力을 行使하는 것이다. 物體가 重力을 行使하는 理由는 物體가 中性子로 造成된 成分이기 때문이다. 水素와 水素의 變質인 中性子가 共히 呼吸한다 할 때 中性子의 結合體인 모든 物質이 呼吸하며 重力을 行使하게 될 結果는 當然한 理致가 아닐 수 없을 것이다.

宇宙는 本質的으로 에너지源인 電子의 結晶으로 造成된 水素밖에 存在하고 있지 않지만 水素가 傷處를 입으면 中性子가 된다. 이 中性子가 結合해서 元素物質을 造成하고 있는 것이다.

水素와 水素의 變質된 中性子가 呼吸하는 原理에서 모든 物體가 重力을 行使하게 되고 引力을 作用시키고 있다. 宇宙는 水素와 더불어 中性子의 重力行使로 經營된다 할 것이다.

뉴턴이 밝힌 萬有引力의 法則대로 物體는 質量에 比例한 引力을 作用시키고 있다. 그동안 未知의 領域이었던 物體가 作用시키고 있는 引力이 어떤 原因에서 行使되는가 하는 重力의 原理

가 2003年의 早春에 出刊된 바 있는 本人의 著書인《人類를 救할 無限에너지》라는 책에서 旣히 發表된 일이 있다. 鄕里에서 北路의 山을 거닐면서 劇的으로 考察된 原理이었다.

生物인 人間은 空氣中의 酸素를 들이마시고 뱉으면서 呼吸을 한다. 그렇다면 無機質인 物體는 어떻게 숨을 쉬는 것일까? 物體가 呼吸한다는 表現만으로는 漠然한 概念에 머무는 일에 지나지 않을 것이다. 根源的으로는 宇宙의 物質的 本質인 水素가 重力波를 들이마시고 뱉으면서 숨을 쉬고 있는 것이다. 이 水素와 더불어 水素가 傷處를 입고 變質된 中性子도 함께 숨을 쉬는 것이다.

水素를 除外한 地球上의 모든 元素物質은 오로지 中性子의 結合으로 造成된 成分이고 要素이다. 그런 結果에서 모든 物質과 物體가 숨을 쉬고 있는 것이다. 그러니까 모든 元素物質이 電子의 結合成分인 重力波를 끊임없이 내보내고 들이마시면서 呼吸을 계속하고 있는 것이다.

水素와 中性子가 媒介로 해서 呼吸하는 重力波는 어떤 原理에서 만들어지는 것일까? 重力波는 水素가 破壞되면서 만들어지는 太陽에너지와는 全的으로 生理的 構造를 달리 하고 있는 것으로 보인다. 水素와 中性子는 中心部位에 자리잡고 있는 陽子를 拔進시켜 外郭部位를 둘러싸고 있는 電子와 結合해서 重力波를 만들고 끊임없이 發散시키는 것으로 보인다.

그런 理致에서 水素와 中性子는 固有의 生理器管을 갖고 있다 할 수 있을 것이다.

水素와 中性子는 다른 한편으로 外郭의 다른 重力體로부터 들어오는 重力波를 吸引하여 이를 陰陽의 電子로 分解시켜 元位置로 補完하는 循環을 되풀이하면서 均衡을 維持하는 것으로 생각되는 것이다. 내뱉은 呼吸은 斥力으로 作用되겠지만 相對方의 이 斥力을 들이마시는 숨이 物體의 引力으로 作用된다 할 것이다. 따라서 相對方에서 내뱉는 重力波를 吸引하는 重力波가 實質的인 重力의 役割을 한다 할 것이다.

地球上의 人間은 太陽에서 오고 있는 太陽에너지에 依支해서 살아가고 있다. 人間이 依存해서 살아가는 太陽에너지의 本質이 무엇일까? 人間은 太陽에너지에 依해서 살아가고 있음에도 不拘하고 太陽에너지의 本質을 잘 모르고 있는 것이다.

旣히 出刊된 《世上 萬物의 理致》와 《人類를 救할 無限에너지》의 책에서 地球上의 人間과 生物이 依存해서 살아가는 太陽에너지의 本質이 다음과 같은 成分인 것으로 分析되고 있다.

外部로 表出되는 太陽에너지는 光線을 비롯하여 電磁波 磁力 電氣 熱 等 數많은 種類가 있다. 그러나 本質은 오직 水素 속의 陰陽電子 한 가지 成分이라는 것이다. 水素의 世界가 破壞될 때 水素 속의 陰과 陽의 電子粒子가 나와 結合해서 造成되는데 排列되는 順序와 數에 따라 各己 性能을 달리 表出하는 太陽에너지가 産出된다는 것이다.

太陽은 오로지 水素의 한 가지 成分만으로 集積된 天體이다. 水素의 單一成分인 것이다.

太陽에너지는 水素가 經營하는 核融合으로 水素 속의 電子가 發進해서 結合하고 排列되어 造成되는 結果의 産物인 事實이 《世上 萬物의 理致》와 《人類를 救할 無限에너지》의 책에서 明瞭하게 밝혀지고 있다.

太陽에너지의 種類는 多樣하고 異質的인 要素로 表出되고 있어도 太陽에너지를 造成시키는 本質은 오직 水素 속의 電子 한 가지 成分이라는 것이다.

物體의 引力을 作用시키는 重力波도 水素와 中性子 속의 電子가 行使하는 事實이 밝혀졌다. 重力으로 作用하는 重力波도 太陽에너지와 똑같은 水素 속의 電子가 行使하지만 그러나 만들어지는 原理는 全然 다른 것으로 나타나고 있다. 다르다면 어떻게 다른가 알아보아야 할 것이다.

太陽에너지는 核融合의 結果 水素의 內部世界가 破壞되면서 放出되는 陰·陽의 電子가 結合하고 排列되어 生成시키는 産物인 것이다. 恒星에너지로 일컬어지는 太陽에너지는 오직 水素의 內部世界가 破壞될 때에 局限되어 만들어지는 性質의 成分인 것이다.

이와는 달리 物體가 行使하는 重力은 水素와 中性子가 呼吸

하는 固有의 生理現象에서 作用되고 있는 것이다. 水素와 中性子는 어떤 環境이나 狀態의 變化에도 拘碍받지 않고 重力波를 내보내고 들이마시면서 規則的인 呼吸을 계속하고 있는 것이다. 그런 理由에서 에너지源인 電子의 結晶으로 生成된 水素는 固有의 感覺器官을 具備하고 있는 하나의 獨立된 生理的 技能體가 된다 할 것이다.

感覺器官의 技能體인 水素는 어떻게 變해가던지 그와는 相關없이 基本的으로 重力波를 내보내고 들이마시는 生理的 呼吸을 계속하고 있는 것이다.

그런 原理로 水素가 變해서 된 中性子도 水素와 마찬가지로 呼吸을 계속하고 있는 것이다. 當然한 理致이겠지만 中性子가 結合해서 造成된 地球上의 모든 元素物質도 重力波를 發進시키고 吸入하는 呼吸을 계속하면서 重力을 作用시키고 있다 할 것이다.

宇宙空間에서 숨을 쉬며 重力을 行使할 수 있는 要素는 水素와 中性子밖에 없다. 그 外 重力을 行使하는 다른 어떤 要因도 없는 것이다. 呼吸하는 生理的 能力으로 水素가 中性子로 죽었다가도 또 다시 水素로 原狀 回復되어 살아나는 것으로 보인다. 中性子가 呼吸하는 能力으로 宇宙가 한 번의 經營으로 끝나지 않고 單位 小宇別로 生成과 回歸를 되풀이 하며 永續된다 할 수 있을 것이다.

94

　　그와 같은 理致에서 宇宙는 하나로 經營될 수 없고 部分的 經營을 하며 小宇宙 單位로 죽었다 살아났다를 되풀이 한다 할 것이다.

　　宇宙의 物質的 本質이고 原子인 水素와 水素가 죽어서 된 中性子는 生死에 關係없이 重力波를 내보내고 들이마시면서 生理的인 呼吸의 循環을 되풀이 하고 있는 것이다. 그 結果 重力이라는 物體의 引力이 作用되고 있다.

　　物質도 生物처럼 間斷없는 呼吸을 계속하고 있다. 水素와 中性子가 重力波를 내보내고 들이마시는 呼吸의 結果에서 物體가 갖는 萬有引力이 作用되고 있다는 重力의 原理가 드디어 克明하게 解得되고 赤裸裸하게 糾明되기에 이르른 것이다.

　　東洋의 物理思想인 宇宙回歸論에 依해 有史以來 처음으로 物質의 內面인 微視世界가 克明하게 解明되고 窺知되기에 이르렀다 할 것이다.

　　物質이 숨을 쉰다는 表現만으로는 漠然한 槪念에 머물 뿐 具體的인 解明이 되지 못할 것이다. 物體가 行使하는 重力이 水素와 中性子가 呼吸하는 어떤 要因에 依해서 作用되는가를 알아야 하기도 하지만 水素와 中性子의 關係도 알아야 하는 것이다.

　　宇宙의 物質的 本質인 水素는 物質 以前의 에너지源인 電子

의 結晶體라는 事實은 確認되고 있다. 水素는 無機質로 分類되지만 사실은 感覺技能을 行使하는 電子의 有機的인 組織體라고 表現되어야 옳을 것이다.

그러한 性能의 水素가 숨을 쉬는 것이다. 水素가 陰과 陽의 電子를 規則的으로 내보내 結合시켜 固有의 重力波를 만들어 外部로 發散시키면서 숨을 내뱉고 있는 것이다. 一方的으로 내보내기만 한다면 缺損이 생겨 無事할 일이 아닐 것이다. 反射的으로 虛空에 있는 重力波를 吸收하고 吸引하여 이를 또 다시 陰·陽의 電子로 分解시켜 原位置로 補完하면서 均衡을 維持하고 있는 것이다.

宇宙의 物質的 本質인 水素는 그와 같은 生理的인 循環의 呼吸을 되풀이하면서 끊임없는 活動을 계속하고 있다. 物體가 作用하는 引力은 重力波의 吸引에서 起因되고 있으며 作用되고 있는 것이다. 萬一 水素만이 呼吸을 계속하고 있다면 水素가 아닌 다른 物體들은 어떻게 될 것인가?

水素가 아닌 다른 物體들도 重力을 行使한다. 萬物은 무게를 갖고 있는 것이다. 水素가 아닌 다른 物體 즉 元素物質이 重力을 行使한다는 結果는 어떻게 說明될 일이며 무엇을 뜻하고 있는 일일까? 그들이 水素나 中性子의 結合으로 이루어진 成分이며 그런 理致로 歸結되는 것이다.

完全한 水素는 元素物質로 結合될 수 없는 性質이다. 그렇다면 水素가 아닌 다른 元素物質은 中性子의 結合으로 造成된 成分이라는 理致가 되는 것이다.

　理致上으로 뿐만이 아니라 元素物質이 中性子의 結合으로 造成된 産物이라는 結果가 現實的으로도 充分히 確認되고 있는 事實이다. 우라늄元素가 進行하는 核分裂의 現象에서 그런 事實이 證明되고 있는 것이다.

　人間의 身體構造가 絶妙한 調和를 이루고 있다 하지만 宇宙의 造化처럼 奧妙하면서도 調和로운 世界는 없을 것이다. 에너지源인 電子가 感覺技能을 發揮하고 指示하며 經營하는 宇宙의 造化는 奧妙하기 그지없으며 어느 것 하나 理致에 어그러진 경우가 없는 것이다.

　地球上의 人間이나 生物은 한 번 죽으면 呼吸을 멈추면서 끝나게 된다. 來世를 云云하지만 그것은 人間의 헛된 꿈일 뿐 來世라는 未來世界는 없는 것이다. 그러나 宇宙의 경우는 다르다. 水素와 水素가 죽어서 된 中性子는 如何한 경우에도 呼吸을 멈추는 일이 없는 것이다.

　宇宙는 銀河系 小宇宙와 같은 小宇宙 單位로 經營되고 있다. 小宇宙가 죽었다가도 水素와 中性子의 持續的인 呼吸作用으로 또 다시 살아나 새로운 小宇宙를 經營하게 되는 것이다.

　죽은 單位 小宇宙가 되살아 날 수 있는 動機가 무엇일까? 水素가 죽으면 中性子가 된다. 이 中性子가 結合해서 元素物質

을 造成하고 있는 것이다. 中性子가 元素物質로 結合되어 죽어 있는 동안에도 呼吸을 계속하고 있던 德 즉 技能으로 中性子가 元素物質에서 分解되고 分離될 경우 水素로 되살아날 수 있는 것이다.

地球上에서 가장 무거운 物質인 우라늄元素는 現在 核分裂을 進行하는 途上에 있다. 이때 우라늄元素의 核分裂에서 分離되어 나오는 中性子가 呼吸을 계속하고 있었던 技能으로 電子인 옷을 주워 입고 本是의 水素로 되살아나게 되는 것이다. 그런 原理로 宇宙는 되살아날 수 있는 것이다.

呼吸을 계속하고 있던 中性子가 水素로 되살아나는 性格이기 때문에 中性子는 瞬間的으로 存在할 뿐 獨立體로는 存在하지 않는 것이다. 그런 理由로 사람들은 中性子의 存在를 確認할 수 없으며 中性子의 實體에 對해서 잘 모르고 있다.

中性子는 水素의 核融合에서 만들어진다. 太陽이나 恒星에서 發散되는 에너지에 比例해서 中性子가 量産되는 것이다. 中性子는 홀로 있지 못하는 性格上 서로 結合하여 地球上에 있는 元素物質과 같은 物質을 造成시키고 있는 것이다. 中性子는 元素物質로 結合되어 갇혀 있게 되는 것이다.

此際에 사람들은 水素를 除外한 모든 元素物質이 中性子의 結合으로 造成되고 있다는 事實을 認識할 必要가 있을 것이다. 반드시 알아야 할 새로운 知識이 아닐 수 없을 것이다.

人間이 발을 디디고 살아가는 地球에는 數많은 種類의 元素物質이 있다. 地球는 元素物質로 蓄積된 天體인 것이다. 水素를 除外한 모든 元素物質이 中性子의 結合으로 造成되고 있다 할 때 地球는 中性子 星이 될 수밖에 없을 것이다. 사실 地球는 完璧한 하나의 中性子 별인 것이다. 아니라고 우기고 否認한다 해서 中性子 星이 안 되는 일은 아닐 것이다.

水素와 水素가 죽어서 된 中性子가 共히 重力波를 내보내고 들이마시면서 呼吸을 계속하고 있는 것이다. 地球上의 物體가 무게인 重力을 行使하는 理由는 地球가 中性子의 結合으로 造成된 元素物質로 蓄積되어 있기 때문인 것이다.

萬一 物質이 呼吸하는 技能과 能力을 갖고 있지 않고 重力이 行使될 수 없었다면 宇宙는 經營될 수 없고 存在하지 않을 것이다. 天體가 形成될 수 없고 天體運動이 이루어지지 않기 때문이다. 이제 비로소 萬有引力의 原理가 解明되어 宇宙의 眞實이 바르게 糾明될 수 있게 된 것이다.

※ 水素의 核融合

地球上에는 原子量 하나의 가장 가벼운 物質인 水素에서부터 始作하여 原子量 230個 內外에 이르는 가장 무거운 物質인 우라늄元素에 이르기까지 多樣한 種類의 數많은 元素物質이 있다.

水素를 除外한 이를 元素物質이 例外없이 모두 中性子의 結合으로 造成되고 있는 놀라운 事實이 밝혀지고 있는 것이다.

中性子와 現存하는 이를 元素物質이 어떻게 생겨났을까 疑問이 아닐 수 없을 것이다. 元素物質이 中性子의 結合으로 造成된 事實이 明瞭하게 確認되어야 할 것이다.

地球上에서 가장 무거운 物質인 우라늄元素가 지금 한창 核分裂을 進行하는 途上에 있다.

우라늄元素의 核分裂 過程에서 에너지와 함께 많은 中性子가 分離되어 나오고 있는 것이다.

水素를 除外한 地球上의 모든 元素物質이 例外없이 中性子의 結合으로 造成되고 있다는 明白한 證據가 될 것이다. 어떤 原因에서인지 元素物質은 오로지 中性子로 結合되어 造成되고 있는 것이다.

그리고 보면 人間을 爲始해서 모든 生物들이 숨을 쉬면서 살아가는 酸素라는 媒介體도 中性子의 結合으로 만들어진 産物이라는 論理가 될 것이다. 어떤 根據에서 그런 結果를 確認할 수 있으며 그런 事實을 證明할 수 있겠느냐 反問할 것이다. 當然히 分明한 根據와 原理가 提示되어야 할 것이다.

物質은 무거운 元素物質일수록 核分裂을 빨리 進行하는 傾向인 것으로 分析되고 있다. 무거운 元素物質부터 무덤으로 가두어 둔 자물쇠의 時效가 빨리 解除된다는 理致가 될 것이다. 物質이

100

무겁다는 뜻은 中性子의 結合數가 많다는 結果인 것이다.

　헬륨元素는 4個의 中性子가 結合되어 만들어진 物質로 가볍지만 우라늄元素는 230個 內外의 中性子가 結合되어 造成된 物質이기 때문에 무거운 것이다. 우라늄元素는 헬륨元素보다 70倍 以上으로 무겁다는 理致가 되는 것이다.

　따지고 보면 物質의 根源은 에너지源인 電子가 된다 할 것이다. 物質이 質量을 갖고 있다는 結果는 電子가 質量을 갖고 있다는 理致가 되는 것이다. 그런 原理에서 太陽에너지도 質量을 갖고 있어야 할 것이다. 理致야 어디까지나 그렇지만 그러나 電子나 太陽에너지가 質量을 갖고 重力을 行使하는 證候는 보이지 않고 있는 것이다. 水素와 元素物質부터 비로소 質量을 갖고 重力을 行使하고 있는 것이다. 이제 質量에 따른 重量의 理致가 白日下에 들어나면서 明確하게 밝혀지게 된 것이다.

　元素物質의 核分裂이란 지금 太陽에서 進行하고 있는 核融合의 反對現象으로 物質의 崩壞를 뜻한다. 元素物質이 分解되며 消滅하면서 그 代身 中性子가 量産되는 것이다. 이때 分離되는 中性子가 電子인 옷을 주워 입고 本是의 水素로 되살아난다. 中性子가 水素로 되살아나는 過程에서 人間은 致命的인 危害를 입게 되고 엄청난 災殃의 禍를 當하게 되는 것이다.

　地球上에서 가장 무거운 物質인 우라늄同位元素들이 지금 한창 核分裂을 進行시키는 過程에 있다. 무덤으로 가두어 둔 자물쇠의 時效가 끝났기 때문일 것이다. 우라늄元素는 점점 消滅되면서 減少하고 그 代身 分離되는 中性子가 水素로 回生되면서 水素의 量이 增加하고 있는 것이다.

地球上에는 現存하는 우라늄元素보다 무거운 元素物質이 여러 種類 形成되어 있었던 것으로 보인다. 그런 形跡이 남아 있는 것이다. 무거운 物質일수록 核分裂이 빨리 進行되는 原理에 따라 이들 무거운 元素物質들은 진작에 核分裂을 모두 끝마치고 消滅되어 없어진 것이다. 그 무거운 物質들은 中性子로 分解되고 水素로 되살아 남았을 것이다.

그런 形跡이 겨우 남아 있을 뿐 지금은 우라늄同位元素들만이 唯一하게 核分裂을 進行시키는 過程에 있다. 우라늄元素가 中性子로 分解되면서 이때의 中性子가 電子인 옷을 주워 입고 水素로 回生하고 있는 것이다.

우라늄元素의 核分裂은 地球上에서 지금 한창 進行하는 道程에 있으니까 쉽게 確認될 수 있는 일이다.

大量 殺傷 武器인 原子彈이나 劣化우라늄彈이 核分裂 物質인 우라늄元素를 原料로 해서 만들어지고 있는 事實은 周知의 일일 것이다. 그뿐만이 아니라 電氣를 生産하는 原子力 核發電도 우라늄元素를 燃料로 使用하고 있다.

物質의 核分裂은 宇宙次元에서야 回歸하고 새로 誕生시키는 慶事스러운 일이 될 것이다. 그러나 生物인 人間한테는 不幸하게도 可恐한 災殃의 根源이 되는 것이다. 실로 戰慄을 禁할 수 없는 可恐한 要素인 것이다.

어찌 그러느냐 하면 中性子가 生物을 無慈悲하면서도 無差別 殺傷시키는 可恐한 存在이기 때문이다. 그런 理由에서 核分裂 物質인 우라늄元素의 武器化나 核發電의 利用은 大端히 큰 危險을 自招하고 同伴하는 要素로 禁忌의 對象이 아닐 수 없는 것이다.

그렇다면 우라늄元素의 核分裂이란 正確히 무슨 뜻이며 어떤 原理에서 일어나는 現象일까? 物質의 核分裂이란 結合하여 元素物質을 造成시키고 있던 中性子가 分解되어 서로 分離되는 過程을 말하는 것이다. 이때 中性子 속의 一部 電子가 發進되어 結合하고 에너지를 造成하기 때문에 많은 에너지가 放出되지만 分解되는 中性子가 水素로 回生하고 있는 것이다.

結局 地球上의 元素物質이 核分裂을 進行하면서 무거운 物質 부터 한 가지씩 차례로 부서져 없어지고 있다는 結果로 歸着될 것이다. 그런 結果는 地球의 崩壞를 뜻하며 그 代身 水素의 量을 增加시키고 있다는 뜻이 될 것이다.

이제까지는 增加되는 水素가 植物이 排出시키고 또 酸化物質 에서 分離되는 酸素와 化合하여 물을 만들고 大洋의 水位를 높여 갔을 것이라 判斷되지만 앞으로의 歸趣가 어떻게 進展될지 는 豫測할 수 없을 것이다. 그렇다고 當場 크게 걱정할 일은 아닐 것이다.

어찌 그러느냐 하면 七億年에서 五十億年까지 걸리는 우라늄 同位元素의 半減期가 示唆하고 있듯이 우라늄元素의 核分裂은 아주 더디고 천천히 進行되는 性質이기 때문이다.

地球의 生態는 一定하지 않으며 隨時로 變해가는 可變性의 性格일 것이다. 그렇다면 人類의 存續이 언제까지 이어질 수 있을 것인가 하는 앞으로의 展望이 몹시 궁금한 일이 아닐 수 없을 것이다.

餘談의 性格으로 諧謔的인 寓話라 하겠지만 東洋에는 "三千甲子 東方朔"의 逸話가 傳해져 오고 있다. 東方朔이 三千甲子를 살고자 고갯길을 데굴데굴 굴렀다는 것이다.

그가 3000번을 굴렀는지의 與否는 確認할 수 없지만 一甲子는 60年이니까 三千甲子는 18萬年이 된다. 그가 18萬年을 살고자 고갯길을 뒹굴었다는 것이다.

杜甫의 詩에 人生七十 古來稀라는 句節이 있다. 옛날 일이기는 해도 七十도 살기 어렵다는 人間이 설마 해서 三千甲子인 18萬年을 살고자 念願했을 일은 아니었을 것이다. 過慾도 분수가 있을 일이지 그가 그토록 오래 살고자 念願했다면 터무니없는 所望으로 도저히 이루어질 일이 아닐 것이다.

東方朔은 높은 知識의 所有者였다. 그가 반드시 18萬年을 살고자 念願했던 일이 아니라 아마도 地球上의 人間들이 잘만 가

꾸어 간다면 三千甲子인 18萬年 程度 存續될 수 있을 일이 아닐까 豫言했던 것으로 보인다. 三千甲子인 18萬年은 짧은 歲月이 아니지만 그의 豫言이 的中될 지의 與否는 이 時點에서 判斷될 수 있을 일이 아닐 것이다.

그러나 地球의 生態的 條件이나 氣候와 環境이 隨時로 變하는 可變性인 點에서 미루어 볼 때 東方朔의 말에도 一理가 있는 것으로 보인다. 全혀 虛荒된 着想이 아닌 것으로 생각되는 것이다. 人類의 存續은 永遠될 수 없을 일이기 때문이다.

要는 그의 豫言이 産業發達과 石油의 登場으로 環境汚染이라는 急激한 變化를 가져오게 한 오늘날의 極惡한 狀況을 모르는 時點에서 이루어진 것이다. 그런 狀態가 考慮되거나 前提하고 있지 않았기 때문에 人類의 存續이 三千甲子인 18萬年까지 이어질 수 있을 것인가는 疑問의 餘地가 많다 할 것이다.

石油産業의 發達과 人間의 無分別한 開發은 地球의 環境을 劣惡하게 惡化시키고 있다. 慾望이 지나쳐 汚染을 加重시키면서 生態界를 破壞하고 있는 것이다. 生物의 生存이 三千甲子인 18萬年은 姑捨하고 命이 頃刻으로 臨迫하고 있다 해도 過言이 아닐 것이다. 寸刻을 다툴 危機에 直面하고 있으며 存亡의 岐路에 逢着하고 있는 게 오늘의 現實이기 때문이다.

《世上 萬物의 理致》와 《人類를 救할 無限에너지》의 책에서 原理를 糾明하고 存在를 確認한 바 있는 無公害의 無限에너지가 開發되어 石油를 代替하지 않는 限 人類의 救援은 遙遠한 일이 되고 말 것이다. 滅亡을 재촉하고 있지 않다 斷言할 수 없는 現實인 것이다.

調和를 잃은 無分別한 慾求는 自滅을 促求하고 있는 일일 뿐 人類의 生存을 保障할 수 있는 일은 아닐 것이다. 良識이 發動되고 發揮되어 이에 對한 對備策이 講究되어야 할 時點일 것이다.

却說하고 要點은 오로지 中性子로 結合되어 造成되고 있는 地球上의 모든 元素物質이 도대체 어떻게 해서 생겨났을까 하는 것이다. 地球가 어떻게 해서 起源되었을까 하는 것이다.

潮汐說 等 地球의 起源에 對한 몇 가지 說이 없는 것은 아니지만 모두가 虛荒된 發想의 虛構일 뿐 그 어느 것 하나 正鵠을 的中시킨 正論이 없는 것이다. 眞實을 뒷받침 할 合理的인 當爲性을 具備하고 있지 않은 것이다.

어찌 地球上의 元素物質이 한결같이 中性子로 結合되어 造成되고 있는 것일까? 그에 對한 疑問이 合理的으로 解明되지 않는 限 地球의 起源이나 生成의 秘密은 解得될 수 없을 것이다. 地球上의 모든 元素物質이 中性子로 結合되어 造成되고 있는 일은 事實이며 그 結果는 우라늄元素의 核分裂에서 如實히 確認되고 있는 것이다.

水素를 除外한 地球上의 모든 元素物質이 例外없이 中性子의 結合成分일 때 地球는 오로지 中性子의 蓄積體라는 結果로

歸着되는 것이다. 믿고 싶지 않겠지만 믿어야 할 事實인 것이다. 地球는 中性子星에 다름 아니며 人間이 中性子의 방석 위에 올라앉아 있다는 말에 異論의 餘地가 없는 것이다.

要는 이들 中性子가 어떤 環境의 어떤 條件에서 造成된 性質인가를 糾明하는 일이 地球의 起源이나 生成의 秘密을 풀어갈 수 있는 唯一한 열쇠가 될 것이다. 地球의 誕生을 窺知할 수 있는 捷徑은 먼저 中性子의 生成부터 알아야 할 것이다. 도대체 水素의 殘骸인 中性子는 어디에서 만들어지고 있는 것일까 어떤 環境의 어떤 條件에서 만들어지는 것이냐 하는 것이다.

그러면 지금부터 元素物質을 造成시키고 있는 中性子가 어느 곳에서 만들어지는 成分인지 中性子가 造成되는 過程을 더듬어 보기로 할 것이다.

太陽系에는 地球와 같은 元素物質로 蓄積되어 形成된 天體가 木星 等 數없이 많이 存在한다. 太陽系의 모든 系列들이 한결같이 元素物質로 蓄積되어 形成하고 있는 것이다.

이들 元素物質로 蓄積된 天體는 비단 太陽系에 局限되어 存在하는 性格은 아닐 것이다. 發光體가 아닌 暗黑體의 그들이 人間의 視野에 들어오지 않아서 그렇지 모든 恒星들이 各己 系列들을 거느리고 있다고 볼 때 中性子星은 宇宙空間의 到處에 存在할 일인 것이다. 中性子가 어떻게 생겨나서 元素物質을 造成시키는가의 過程을 알아야 할 것이다.

먼저 念頭에 새겨두어야 할 일은 宇宙空間에서 元素物質을 造成시키는 中性子를 産出시킬 條件이나 環境은 오직 지금 太陽에서 進行시키고 있는 水素의 核融合 以外의 다른 어떠한 方法도 없다는 事實인 것이다. 中性子는 唯一하게 水素의 核融合 過程에서만 生成되는 性格인 것이다.

太陽은 밤하늘에 빛나는 無數한 恒星 가운데의 하나이다. 太陽이나 恒星은 모두 水素가 經營하는 水素의 核融合體인 것이다. 水素의 單一成分인 太陽이나 恒星들이 에너지를 發散하면서 스스로 빛나는 天體가 水素의 核融合體이다.

水素는 에너지源인 電子의 結晶體로 에너지의 덩어리이다. 그러나 外觀上으로는 物質이다. 物質인 水素가 自己의 組織因子인 電子를 放出시켜 이들을 結合하고 太陽에너지化하여 發散시키는 過程을 水素의 核融合이라 하는 것이다. 中性子는 水素의 核融合 過程에서 만들어진다.

太陽과 밤하늘에 빛나는 恒星들은 水素의 核融合體로 에너지를 四方空間으로 發散하면서 恒時 빛나고 있다. 水素 속의 電子를 내보내고 있는 것이다. 元素物質을 造成시키는 中性子는 水素의 核融合 過程에서 放出되는 에너지에 比例하여 水素가 電子를 잃고 傷處를 입으면서 量産되는 것이다.

中性子는 水素가 自己의 素粒子인 電子를 내보내면서 傷處를 입는 結果의 産物인 것이다. 元素物質은 이 中性子가 結合되면서 만들어진다. 따라서 모든 元素物質은 中性子 以外의 다른 어떤 要素나 成分도 包含하고 있지 않다는 理致가 되는 것이다.

애당초 宇宙空間의 到處에는 에너지源인 電子의 結晶으로 造成된 水素가 散在되어 있었을 것이다. 宇宙密度에 따라 一定比率의 水素가 分佈되어 있었을 일인 것이다. 스스로 呼吸하며 行使하는 重力作用으로 空間의 到處에서 水素의 凝集이 始作될 것이다. 水素의 凝集이란 스스로의 引力作用으로 스스로를 集合시키는 現象을 말한다.

水素의 凝集은 天體가 만들어지는 嚆矢가 될 것이다. 모든 天體는 水素의 凝集으로부터 生成되고 있기 때문이다. 水素가 行使하는 重力의 原理에서 모든 天體가 形成되고 있는 것이다. 따라서 水素가 行使하는 重力은 天體가 만들어지는 原動力이 된다 할 것이다.

水素는 流動性의 氣體이다. 空間을 占有하고 散在되어 있던 水素가 스스로 行使하는 引力으로 서로를 모으면 둥그런 球體로 뭉쳐지게 될 것이다. 彼此間 옥죄며 壓縮시킬 일이기 때문이다.

宇宙空間의 모든 天體가 例外없이 둥그런 球體로 形成되어 있는 理由가 무엇일까? 그 理由는 天體의 本質이 水素이고 水素가 行使하는 重力作用으로 天體가 形成되고 起源되었기 때문인 것이다.

氣體인 水素가 行使하는 重力의 原理는 天體를 둥그런 球體

로 만들 수밖에 없는 것이다. 모든 天體가 例外없이 둥그런 球體로 形成되어 發達하고 있는 理由가 그와 같은 原理에서 起因하고 있는 것이다.

天體는 現在의 結果에 相關없이 根本은 水素가 모여서 形成시킨 水素의 結集體였다. 水素가 作用하는 스스로의 引力으로 形成되고 發達한 天體는 周邊의 水素를 모아 質量이 점점 肥大해지면서 더욱 큰 重力體로 成長하게 된 것이다. 이렇게 成長한 큰 天體는 드디어 水素의 核融合을 始作하게 되는 것이다.

이렇게 始作된 水素의 核融合에서 恒星에너지인 太陽에너지가 放出되고 그에 比例한 中性子가 量産되는 것이다. 前人未踏의 새로운 知識이 되겠지만 이렇듯 水素의 核融合 過程에서 産出되는 中性子가 結合해서 地球上의 各種 元素物質을 造成시킨 것이다.

水素의 核融合이 어떤 原因에서 進行되느냐 하는 原理를 理解하는 일이 무엇보다도 重要한 課題가 될 것이다. 그러나 먼저 水素의 核融合에서 發散되는 恒星에너지라는 太陽에너지의 本質이 무엇인가부터 알아야 할 것이다. 앞에서도 말한바 있지만 太陽에너지의 種類는 光線을 비롯하여 電磁波 磁力 電氣 熱 等 數없이 많고 多樣해도 本質은 오직 水素 속의 電子 單一成分인 것이다.

太陽에너지가 水素 속의 電子 單一成分인 事實은 《世上 萬物

의 理致》와《人類를 救할 無限에너지》의 책에서 細細하고 具體的으로 分析되어 克明하게 밝히고 있다.

그렇다면 太陽이나 恒星이 四方空間으로 끊임없이 에너지를 發散하면서 빛나게 하는 水素의 核融合은 어떤 原理에서 經營되고 進行하는 現象인가 알아보기로 할 것이다. 核融合의 原理를 考察하고 追跡해서 太陽과 天體의 起源을 糾明해 보기로 할 것이다.

※ -273℃의 絶對溫度

에너지源인 電子의 結晶으로 造成된 物質인 水素는 原子의 性格에서인지 大端히 堅固하고 安定된 世界이다. 누구도 侵犯할 수 없는 不可侵의 領域인 것이다. 宇宙의 原理에서 生成된 水素는 어찌도 堅固하고 安定되어 있는 世界인지 絶對로 破壞되지 않는 것이다.

水素는 宇宙의 物質的 本質답게 安定을 維持하고 있는 原子이며 大端히 堅固한 元素物質인 것이다. 人間이 에너지를 얻고자 온갖 手段과 方法을 動員해서 水素의 內部世界를 破壞하고자 試圖해 보았으나 끝내 水素의 安定을 깰 수 없었다. 심지어 原子彈을 집어넣고 爆破시켜 破壞하고자 했으나 水素의 內部世界는 破壞되지 않았다.

原子의 性格이고 모든 元素物質을 차례로 造成시키는 基本 元素가 되는 만큼 그에 相應할 堅固性과 安定을 維持하고 있을 일은 오히려 當然한 理致가 아닐 수 없을 것이다.

그러나 어찌된 영문인지 人間의 能力으로도 도저히 侵犯할 수 없었으며 破壞되지 않던 그토록 安定되고 堅固한 水素의 內部世界가 奇妙하게도 宇宙空間에서는 그만 힘없이 무너지고 마는 것이다. 不可侵의 領域이 쉽게 破壞되는 것이다. 奇異하고도 不可思議한 일이 아닐 수 없지만 水素의 核融合은 宇宙空間의 到處에서 아주 쉽고도 茶飯事로 일어나는 普遍的인 現象인 것이다.

水素가 모여서 된 天體라면 地球나 달처럼 적은 天體에서조차 核融合은 容易하게 進行되고 營爲되는 性格인 것이다. 그토록 安定되고 堅固하기 이를 데 없는 水素의 內部世界가 어찌 宇宙空間에서는 그리도 쉽게 破壞되며 核融合이 흔하게 進行되는 性質일까? 그 理由가 무엇일까 하는 것이다.

智慧가 高度로 發達한 人間의 能力으로도 破壞할 수 없었던 水素의 世界가 어찌 宇宙空間에서는 그토록 쉽게 破壞되고 무너지면서 核融合이 일어날 수 있느냐 하는 것이다. 疑問이고 理解하기 힘든 不可思議한 일이 아닐 수 없을 것이다.

도대체 原因이 무엇이고 어떤 理由에서 水素의 核融合이 宇宙空間의 到處마다 그토록 쉽고도 茶飯事로 일어날 수 있는

現象일까 하는 것이다. 水素의 核融合을 일으키는 原理가 도대체 무엇일까 하는 것이다. 반드시 必有曲折의 理由가 있고 原理가 있을 것이다.

우선 一次的으로 考慮해 볼 수 있는 原因은 天體의 表面 四方에서 서로 잡아당기는 引力의 壓縮 作用일 것이다. 水素가 모여서 둥그런 球體의 큰 天體가 形成되면 그 天體의 表面 四圍에서는 反對方向에서 서로 옥죄고 잡아당기는 引力이 强하게 作用될 것이다. 重力의 原理에서 天體의 表面은 어디 가릴 것 없이 큰 壓迫을 받게 될 일인 것이다. 氣體인 水素는 울렁거릴 것이다.

理致야 어디까지나 그렇지만 그렇다고 無謀한 人間이 原子彈을 속에 집어넣고 터트려도 이렇다 할 反應을 보이지 않던 水素의 內部世界가 서로 옥죄는 壓迫만으로 破壞되어 核融合이 進行될 것이다. 斷定할 수 있는 일은 아닐 것이다. 그렇다면 水素의 核融合을 誘發할 別度의 決定的인 要因이 있다는 論理가 될 것이다. 必時 다른 原因이 있는 것으로 보인다.

宇宙空間에서 水素의 世界를 破壞하고 核反應을 쉽게 일으킬 또 다른 要因이 있다면 도대체 그게 무엇일까? 그것은 다름 아닌 -273℃의 絶對溫度下에 놓여 있는 宇宙空間의 冷酷한 狀況인 것으로 보인다.

宇宙空間은 -273℃의 絶對溫度下에 놓여 있다. 水素의 核融合

은 天體의 表面에서 서로 옥죄고 잡아당기는 壓迫에 -273℃의 絕對溫度下인 苛酷한 環境의 狀況이 加勢되어 相乘作用에서 反應되는 것으로 보이는 것이다.

-273℃의 絕對溫度는 무슨 뜻일까? 絕對溫度란 그 以下로는 내려가지 않는 零下의 마지막 溫度를 말하는 것이다. 零下의 溫度는 -273℃ 以下는 없는 것이다.

零下의 溫度는 -273℃ 以下로는 내려가지 않으며 宇宙空間은 -273℃의 絕對溫度下에 놓여 있다.

먼저 사람들이 理解해야 되고 認識하고 있어야 할 知識이겠지만 -273℃의 絕對溫度下인 宇宙空間에서는 쉽게 理解될 수 없는 奇異하고도 奇妙한 現象이 일어나고 있는 것이다. 電氣가 傳導體없이 虛空인 空間을 그냥 흐르고 傳達되는 것이다. 電氣가 銅線의 媒介없이 空間을 그냥 흐른다.

-273℃의 絕對溫度下에 놓여 있는 宇宙空間은 그 自體가 그냥 電氣가 흐르는 傳導場이라 하는 理致가 될 것이다. 즉 宇宙空間은 電氣의 傳導場이며 -273℃의 絕對溫度下인 空間은 電氣가 統制되지 않는 放電場이라는 뜻이 되는 것이다.

水素로 形成된 天體의 表面壓力과 電氣가 제멋대로 흐르는 絕對溫度下의 그런 두 가지 要素가 相乘作用하여 宇宙空間의 到處에서 水素의 核融合이 容易하게 일어나는 動機가 된다 할 것이다. 宇宙空間의 到處에서 水素의 核融合이 아주 普遍的이고도 茶飯事로 일어날 수 있는 動機는 그런 要因이 아니고서는 다른 原因을 찾을 수 없는 것이다.

에너지의 根源인 電子가 直接 電氣는 아니다. 그러나 結合하여 電氣를 만드는 電氣의 原料인 것이다. 電子는 電氣를 만드는 原料이면서 電氣에 準한 活性의 成分인 것이다.

에너지源인 電子의 그와 같은 性格 때문에 -273℃의 絶對溫度下에 놓여있는 宇宙空間에서는 電子의 덩어리인 水素는 安定을 維持하기 어려울 것이다. 坐不安席의 困難한 狀態에 놓일 수밖에 없는 일이다. 그렇다고 그와 같은 要因만으로 安定된 水素가 當場 核融合을 進行할 것이라 判斷하기는 어려울 것이다. 時機尙早의 速斷이 아닐 수 없는 것이다.

※ 水素의 核融合이 反應될 條件

廣闊한 宇宙는 한꺼번에 또 하나로 經營될 수 있는 性格이 아닐 것이다. 無邊廣大의 끝없는 宇宙가 一時에 또 하나로 經營될 수는 없는 性格이며 그런 經營은 도저히 不可能한 일인 것이다.

水素가 行使하는 重力의 能力도 그렇지만 宇宙는 不得이 單位空間別로 分割되어 運營될 수밖에 없을 性格인 것이다.

宇宙가 單位別로 分割되어 經營될 수밖에 없는 性格이라면 어떻게 經營된다는 뜻일까? 現況의 宇宙가 提示하고 있는 小宇宙 單位로 分割되어 經營될 수밖에 없는 性質인 것이다. 銀河系 小宇宙와 같은 小宇宙單位로 經營되는 것이다.

單位 小宇宙는 一名 星雲이라고 일컬어지기도 한다. 하나의 獨立된 固有의 世界이고 體系인 것이다. 根本이 水素인 點은 같으나 經營하는 空間領域을 서로 달리 하고 있는 것이다.

애당초 에너지源인 電子의 結晶으로 生成된 水素는 宇宙密度에 따라 空間의 到處에 散在하고 있었을 것이다.

水素는 끊임없이 規則的인 重力波를 내보내고 들이마시는 生理的인 呼吸의 循環을 되풀이 하는 結果에서 重力을 行使한다. 水素는 物質이지만 모든 元素物質의 根源으로 原子이며 重力을 行使하는 原動力이기도 한 것이다.

太古에 上下 左右가 없는 宇宙空間에 散在하고 있던 水素는 彼此間의 引力作用으로 空間의 到處에서 凝集이 始作되고 뭉게뭉게 뭉쳐지게 되었을 것이다.

이런 形狀이 바로 太古에 天體가 만들어지는 嚆矢가 되는 것이다. 이렇듯 모든 天體는 水素로 만들어진 것이다.

小는 中食이요 中은 大食인 重力의 原理에서 空間의 到處에 散在하고 있던 水素는 뭉쳐져 球體를 形成하고 周邊의 다른 重力體를 끌어 모으며 여기저기에서 成長하고 있었을 것이다. 이렇게 形成된 水素의 球體가 점점 質量과 體積을 부풀려 가면서 各己 固有의 天體로 發達하게 된 것이다.

流動性의 氣體인 水素가 空間에서 둥그런 球體로 形成되는 理由는 水素가 作用하는 引力으로 彼此間에 옥죄기 때문이다. 모든 天體가 例外없이 둥그런 球體의 모양을 하고 있는 理由는 이렇듯 水素로부터 天體가 起源되었기 때문인 것이다.

어느 程度의 크기로 成長한 水素의 球體는 하나의 天體로 發達된다. 이 天體는 表面의 四圍에서 서로 옥죄는 壓力으로 天體의 모든 表面部位는 큰 壓迫을 받고 壓縮되는 것이다.

電氣가 제멋대로 흐르는 極限狀況인 -273℃의 絶對溫度下에 놓여 있는 苛酷한 空間에서 그렇지 않아도 水素는 安定을 威脅받고 戰戰兢兢 坐不安席인 狀態일 수밖에 없었을 것이다. 이런 狀態에 놓여 있던 水素 속의 電子世界는 加重되는 壓迫을 더 以上 견딜 수 없는 限界에 到達하게 될 것이다. 마침내 天體의 表面에서 시달리는 水素는 攪亂되어 破壞되는 運命에 直面하게 될 일인 것이다. 水素 속의 電子가 統制力을 잃고 外部로 放出되어 脫出하게 되는 것이다.

이 現象이 바로 지금 太陽에서 進行되고 있는 水素의 核融合인 것이다. 放出되는 電子가 結合되어 太陽에너지라는 各種 에너지를 造成시키고 있는 것이다. 宇宙空間에서 太陽처럼 스스로 빛을 發散하면서 빛나는 모든 恒星은 모두 水素의 核融合體인 것이다.

이제까지 사람들한테 重力에 對한 槪念이 잘못 認識되고 있었다. 倒錯된 思考方式으로 一貫하면서 큰 誤謬를 犯하고 있었던 것이다. 天體인 地球의 中心部位가 가장 큰 壓迫을 받고 있는 곳으로 잘못 認識되고 있었기 때문이다.

그러나 水素가 行使하는 重力의 原理에서 가장 큰 壓迫을 받게 되는 곳은 地球의 中心部가 아니라 地球를 비롯한 모든 天體의 表面部位가 되는 것이다.

그게 事物의 理致인 것이다. 地球의 中心部는 表面의 四圍에서 等距離의 位置에 있기 때문에 引力이 相殺되는 緩衝地帶로 오히려 無重力狀態의 곳이 될 수밖에 없는 것이다.

氣體인 水素가 彼此間에 行使하는 引力作用으로 모이게 되면서로 壓縮되는 球體로 形成되겠지만 中心部가 아닌 그 天體의 모든 表面部位가 가장 큰 壓力의 壓迫을 받게 되는 것이다. 이 壓迫이 加勢되어 水素의 核融合이 容易하게 反應된다고 보아야 할 것이다.

球體로 形成된 天體에서 表面部位의 水素는 서로 옥죄는 壓迫으로 甚하게 搖動치며 激烈한 運動을 일으키게 될 것이다. 甚한 刺戟을 받게 될 일인 것이다.

宇宙의 根源이고 에너지源인 電子의 結晶으로 造成된 水素는 電氣가 傳導體없이 제멋대로 흐르는 -273℃의 絶對溫度下인 空間에서 스스로의 安定을 威脅받는 極限狀況에 놓여 있었을 것이다. 그런 極限狀況에서 安定을 威脅받고 있던 水素는 天體의 表面部位에서 서로 옥죄는 壓迫과 相乘되는 效果의 作用으로 더 以上 安定을 維持할 수 없게 될 것이다.

드디어 水素의 內部世界가 攪亂되면서 破壞되기에 이르를 것이다. 水素가 破壞된다는 뜻은 水素가 正常的인 安定을 維持할 수 없다는 理致가 되는 것이다. 外觀上의 水素는 物質이지만 內面世界는 에너지源인 電子의 濃縮體이고 덩어리인 것이다.

水素의 破壞는 電子가 安定을 維持할 수 없어 組織을 逸脫해서 밖으로 뛰쳐나가 放出된다는 結果로 에너지의 湧出을 뜻하는 것이다. 앞에서도 말한 바 있지만 이 現象이 지금 한창 太陽이나 다른 恒星에서 進行하고 있는 水素의 核融合인 것이다.

에너지源인 電子는 物質인 水素를 造成시키고 있지만 다른 側面에서는 水素의 組織因子인 性格이기도 한 것이다. 달걀과 닭의 關係처럼 그런 側面을 無視할 수 없기 때문이다.

에너지源인 電子는 固有의 質量을 갖고 있는 素粒子인 量子로 認識될 수 있는 性格인 것이다. 그러나 重力을 行使하고 있지 않아 質量을 갖고 있지 않은 것이다. 電子는 物質 以前의 에너지 性格인 存在이지만 새로이 생겨나지도 않으며 그렇다고 消滅되지도 않는 固有의 量子로 宇宙의 本質인 것이다.

水素는 에너지源인 電子의 結晶으로 生成된 物質이지만 固有

의 核이 存在하는지 그 與否는 아직까지 確認되고 있지 않다. 陽電子인 陽子가 中心으로 集結되어 核의 役割을 擔當하고 있지만 陽子가 아닌 固有의 核이 存在하는 徵候는 찾아지지 않고 있다.

核이 發見되지 않는다고 해서 水素가 個別的인 電子로 完全히 分解되는 경우가 있느냐 하면 그런 경우는 없는 것이다. 오직 中性子로 變하는 경우밖에 없는 것이다.

水素가 電子를 放出하고 中性子로 變하기는 해도 어떤 경우에도 個個의 電子로 分解되어 完全히 瓦解되는 일은 없는 것으로 보인다. 水素는 다만 中性子로 죽었다 또 살아났다를 되풀이하고 있는 것이다.

이 時點에서는 物質인 水素가 에너지源인 電子의 結晶體로 에너지의 덩어리일 뿐 固有의 核은 存在하지 않는다는 結論을 내릴 수밖에 없다 할 것이다. 그런 結論에 到達하는 것이다. 그런 見地에서 考慮해 볼 때 비록 電子로 完全 分解되는 경우야 없지만 그래도 水素는 陰과 陽의 電子로 結合된 産物이어서 宇宙의 窮極的 根源은 亦是 에너지源인 量子性格의 電子가 된다 할 것이다.

一定空間에 散在되어 있던 水素가 呼吸하며 作用하게 되는 引力으로 서로 뭉치게 되면 둥그런 球體의 天體가 形成된다.

天體가 만들어지는 原理인 것이다.

電氣가 傳導體없이 함부로 흐르는 -273℃의 絶對溫度下인 苛酷한 環境과 天體의 表面部位에서 서로 옥죄며 끌어 잡아당기는 壓迫이 相乘作用의 效果가 되고 條件이 되어 水素는 極限狀況에 直面하게 될 것이다. 水素의 內部 世界는 安定을 維持할 수 없고 極限狀態에 到達하게 되면서 마침내 破壞되는 것이다.

水素가 破壞된다면 어떻게 破壞되는 것일까? 水素 속의 素粒子인 電子가 攪亂되어 이리 튀고 저리 튀면서 밖으로 뛰쳐나와 活動을 始作하고 結合하여 太陽에너지와 같은 에너지를 造成시키는 現象을 말하는 것이다. 核融合으로 일컬어지는 水素의 核融合이 稼動되는 것이다.

水素가 結集되어 形成된 하나의 天體에서 核融合이 始作되면 水素의 구름 속에서 몽롱한 불빛이 發散되고 빛날 것이다. 水素 속의 電子가 發進해서 結合하고 排列되면 恒星에너지인 太陽에너지가 造成되고 發散되기 때문이다. 電子의 結合體는 高性能의 에너지로 둔갑하고 秒速 30萬km의 速度로 宇宙空間을 無條件 疾走하는 것이다.

秒速 30萬km의 光速과 電波速度는 그와 같은 原理에서 생기는 것이다.

秒速 30萬km의 速度로 달리는 빛이 重力體 옆을 지날 때

曲線을 그릴 것인가에 對한 論難이 일고 있다. 빛이 重力의 影響을 받느냐 하는 것이다. 影響을 받는다는 쪽으로 意見이 기울고 있는 것으로 보이나 疑問일 것이다.

　빛이 量子의 結合體인 것은 事實이지만 重力波를 갖고 있지 않으며 重力에 影響받을 要素가 없는 것이다. 그뿐만이 아니라 秒速 30萬km의 빠른 速度로 달리는 빛이 큰 重力體에 이끌릴 것인가는 斷定할 수 없는 일인 것이다.

　原點으로 돌아가서 水素로 集成된 하나의 天體가 光輝를 發散하면서 몽롱하게 빛나기 始作한다면 그 現象은 하나의 天體에 局限될 性質은 아닐 것이다. 水素가 散在되어 있었던 그 空間의 到處에서 同時 多發的으로 일어나게 될 일인 것이다.

　마침내 하나의 單位 小宇宙가 呱呱의 소리를 울리면서 誕生하고 起源되는 嚆矢가 될 것이다. 銀河系 小宇宙 같은 單位 小宇宙의 하나가 誕生하려는 불빛인 것이다.

※ 太陽에너지의 本質

　이제까지 어찌해서 太陽이 水素의 單一成分으로 構成되어 形成하고 있는가 하는 理由를 사람들은 모르고 있었다. 原因을 全然 알고 있지 않았던 것이다.

　太陽과 더불어 宇宙空間의 빛나는 모든 恒星은 水素의

單一成分으로 集成되어 있다. 太陽이나 恒星이 오로지 水素의 單一成分으로 構成된 事實은 天體觀測의 結果에서 明白하게 確認되고 있었다. 그러나 어떤 理由에서 太陽과 恒星이 水素의 單一成分으로 造成되고 있는지 그 原因은 모르고 있었다. 理解가 되지 않았던 것이다.

東洋의 宇宙回歸論이 登場하여 宇宙의 根源은 에너지源인 電子이고 이 電子의 結晶으로 物質인 水素가 造成되고 있다는 格物의 理致를 밝히기 前까지는 어찌하여 太陽과 恒星이 水素의 單一成分으로 造成되고 있는가 하는 理由를 모르고 있었다. 이제 宇宙의 眞實이 바르게 밝혀지고 있는 것이다.

그뿐만이 아니라 太陽에서 發散되는 太陽에너지와 恒星에서 發散되는 恒星에너지의 本質이 무엇인가를 모르고 있었다. 太陽에너지의 根源을 모르고 있었던 것이다.

에너지源인 電子는 量子性格인 固有의 素粒子이다. 宇宙의 根源이지만 電子인 個體가 發光體도 아니며 直接 에너지로 行使되는 性格도 아닌 것이다. 結晶되어 物質인 水素를 만들고 있지만 다른 한편으로 서로 結合하고 排列되면 高性能의 에너지로 增幅되고 高度의 能力을 發揮하는 것이다. 에너지源인 電子는 物質을 만들고 에너지를 만드는 原料인 것이다.

그렇다면 太陽이나 다른 恒星이 어떻게 해서 스스로 빛날 수 있으며 尨大한 에너지를 宇宙空間에 發散하는가 하는 原理가 궁금한 일이 아닐 수 없을 것이다. 疑問인 것이다. 앞에서 잠간씩 擧論한 바 있지만 다시 한 번 整理해 보기로 한 것이다.

電氣가 傳導體없이 제멋대로 흐르는 苛酷한 環境인 -273℃의 絶對 溫度下에서 水素가 모여서 된 天體인 太陽은 스스로 옥죄는 表面의 壓迫이 加勢되어 더 以上 安定을 維持할 수 없는 切迫한 時點에 이르게 될 것이다. 極限狀態의 限界까지 到達한 水素 속의 電子는 攪亂되면서 破局을 맞고 그만 自己의 位置를 離脫하게 되는 것이다.

水素 속의 電子가 自己의 領域을 脫出한다고 表現될 수 있겠지만 一時에 脫出하는 性格이 아닌 것이다. 조금씩 放出되기 때문에 水素가 完全히 崩壞된다거나 破壞되지 않는 것이다. 水素는 어떤 경우에도 完全히 分解되는 일은 없으며 中性子로 變하는 것이다.

天理에 따른 일이겠지만 水素는 조금씩 素粒子인 電子를 내보내게 되며 그 結果 남게 되는 殘骸가 中性子인 것이다. 따라서 中性子는 數많은 種類가 있으며 水素의 骸骨로 表現될 수 있을 것이다. 太陽에너지는 水素 속을 뛰쳐나온 陰陽의 電子가 天理에 依해서 定해진 規格대로 結合하고 排列되면 排列되는 數와 順序에 따라 各己 波長과 性能을 달리 하는 固有의 에너지로 生成되는 것이다. 光線을 비롯하여 電磁波 磁力 熱 電氣 等의 多樣한 太陽에너지는 그런 原理로 造成되고 있는 것이다.

太陽에너지는 恒星에너지라고도 불린다. 水素 속의 電子가 나와 天理에 依해서 定해진 順序의 規格대로 結合하고 排列되면 各己 波長을 달리 하는 各種 에너지로 量産되어 無條件 秒速 30萬㎞의 빠른 速度로 宇宙空間을 疾走하는 것이다.

太陽에서 發散되는 에너지는 可視光線을 비롯해서 紫外線과 熱로 이어지는 赤外線 等 실로 多樣하다. 또 電磁波 磁力 電氣 等 種類도 不知其數로 많고 尨大한 量에 이르지만 모든 에너지는 波長을 달리 하고 있을 뿐, 太陽에너지의 本質과 根源은 오직 水素 속의 素粒子인 陰과 陽의 電子 한 가지 種類인 것이다. 水素 속의 電子가 나와 結合하고 排列되어 各種 太陽에너지와 恒星에너지를 造成시키고 있는 것이다.

이로 미루어 본다면 에너지源인 電子는 太初의 宇宙空間에서는 太陽에너지와 같은 種類의 에너지로 結合되지 않으며 오직 物質인 水素만을 結晶시키는 能力이 具備되고 있는 것으로 보인다. 그런 理致이라면 太陽에너지나 恒星에너지는 水素의 核融合 過程에서만 水素 속의 電子가 發進되어 結合하고 排列되면서 生成되는 原理이고 그런 結果의 産物이 된다 할 것이다.

※ 人類를 救할 無限에너지

磁石의 磁力이 電氣의 復合成分인 事實이《世上 萬物의

理致》와 《人類를 救할 無限에너지》의 책에서 銳意 分析되어 밝혀지고 있다. 磁石의 磁力을 技術的인 方法으로 破壞하고 分離해서 導出시키면 無限量의 電氣를 無動力의 無償으로 生産할 수 있게 되는 것이다. 이 電氣에너지는 場所에 拘碍받지 않고 生産이 可能하기 때문에 自動車가 代價를 支拂하는 燃料없이 無償으로 發電하면서 달릴 수 있게 된다는 理致가 되는 것이다.

磁石의 磁力이 人類가 依支하고 살아갈 수 있는 次世代에너지로 浮上되어 登場하고 있는 것이다. 어쩌면 磁石의 磁力이 石油를 代身하여 人類의 次期에너지 需要를 充足시키고 人類를 救濟하게 될지 모를 일이다. 그렇게 展望되는 要素인 것이다.

人類社會는 石油가 發掘되고 登場하여 利用되면서 自動車産業 等의 여러 가지 産業이 急速度로 發達하게 되었다.

石油를 利用해서 産業을 눈부시게 發達시켰으며 또 石油를 原料로 하여 여러 가지 物資를 生産하여 消費生活을 豊足하게 하면서 社會發展을 促進시키고 加速化시킨 것이다.

産業의 發達에 힘입어 人間의 生活도 比例해서 裕福하고 豊足해졌으며 便利해진 것이다. 바야흐로 前無後無의 好時節을 만나 幸福을 謳歌하게 된 것이다.

그러나 好事에 多魔라고나 할까? 石油로 해서 생긴 反對給付의 被害 또한 만만치 않은 것이다. 無視할 수 없게 된 것이다.

大端히 祥瑞롭지 못한 後遺症이 아닐 수 없지만 石油로 해서 생긴 被害의 反對給付가 人間의 生存을 威脅하고 나왔기 때문이다. 大氣와 河川에서 바다에 이르는 水質汚染으로 地球의 環境이 極惡스럽게 惡化되어 바야흐로 人類의 生存이 存亡의 岐路에 逢着하게 된 채 危殆롭게 된 것이다.

産業發達에 比例해서 人間의 生活도 奢侈와 豪奢의 極致를 다하고 있다. 그로 因한 反對給付의 餘波가 汚染을 誘發하고 深化시켜 地球의 大氣를 極惡스럽게 惡化시키고 있는 것이다 그뿐만이 아니라 工場의 廢水와 人間의 生活下水는 河川에서 바다에 이르는 水質의 汚染을 加重시키고 있다. 惡化一路를 치닫고 있는 汚染으로 生態界는 죽음의 一步 直前에 直面하고 있는 것이다.

環境汚染으로 人間을 비롯한 모든 生物이 살 수 없게 되었다. 바야흐로 人間을 爲始한 모든 生物의 生存이 侵害되어 存續이 危殆롭게 된 것이다. 原狀의 깨끗한 環境을 維持 保存하기 어렵게 되었고 이제 살 것인가? 죽을 것인가? 生態界는 存亡의 岐路에서 呻吟하고 있는 것이다.

그럼에도 人間은 이에 對한 應分한 防備策을 講究함이 없으며 安易한 發想으로 一貫하면서 束手無策인 것이다.

地球는 原狀으로 잘 保存되어 後代로 계속 이어져야 옳을 것이다. 나만 잘 살면 되지 後代야 어떻게 되던 相關할 바 아니라 할 일이 아닐 것이다. 나만 잘 살고자 追求할 일이 아니며 地球의 環境汚染을 彼岸의 火災를 구경하듯 袖手傍觀할 일이 아닌 것이다.

이대로 계속하여 石油가 파헤쳐져 쓰인다면 石油로 해서 생기는 環境汚染을 除去할 수 없어 地球의 原狀回復은 不可能한 것이다. 救濟할 方途가 없는 것이다. 人類의 存續은 三千甲子 東方朔이 豫言한 18萬年은 姑捨하고 命이 頃刻으로 臨迫하고 있다 해도 過言이 아닌 것이다.

逆說的인 일로 人間이 잘 산다 하고 마냥 幸福을 謳歌하면서 손뼉치고 있는 사이 地球의 環境汚染은 滿身瘡痍가 된 채 深化되면서 半身不隨의 몸이 된 것이다. 걷잡을 수 없이 惡化一路를 치달으면서 劣惡한 環境으로 轉落시켜 生物의 滅亡을 재촉하고 있다. 이대로 坐視하고만 있을 安易한 現實이 아닌 것이다.

地球를 救濟하고 生態界를 原狀으로 回復시킬 起死回生의 어떤 劃期的인 方策이 없을 것인가? 地球를 原狀의 快適한 環境으로 되살리고 人類를 救濟할 어떤 劃期的인 方策이 講究되지 않는 限 地球의 原狀回復은 不可能하고 生態界나 人類의 救濟는 遙遠한 일이 될 것이다.

그러나 汚染으로 呻吟하면서 惡化一路를 치닫고 있는 地球의 苛酷한 環境을 原狀으로 回復하고 蘇生시킬 一縷의 希望을 갖게 되었다. 地球를 송두리째 汚染시키면서 滅亡을 재촉하는

石油를 代替해서 人類社會가 必要로 하는 에너지를 充足시킬 無公害의 에너지 要素가 있음이 새롭게 發見되었기 때문이다. 이 새로운 에너지 要素의 登場으로 環境汚染이라는 人類가 맞고 있는 未曾有의 危難을 克服할 希望이 생긴 것이다. 瑞光이 비치고 있다 할 것이다.

《世上 萬物의 理致》와 《人類를 救할 無限에너지》의 책에서 이미 充分히 擧論하고 說明된 바 있는 內容이지만 太陽에너지의 한 要素 가운데 汚染의 根源인 石油를 代身해서 人類가 依存하고 살아가기에 不足함이 없으며 充分한 量의 無公害인 無限에너지 要素가 存在하고 있음이 確認되고 있는 것이다. 人間이 이 에너지를 無動力 發電의 電氣에너지로 轉換시키는 技術만 開發한다면 에너지 問題는 이제 걱정하지 않아도 되는 것이다.

前途暗澹한 人類를 絶望에서 救濟하게 될 그토록 貴重한 에너지란 도대체 어떤 要素일 것인가? 人類를 危機에서 救濟할 希望의 에너지 要素는 바로 磁力의 無限에너지인 것이다.

宇宙의 理致란 絶妙하면서도 奧妙하기 그지없다. 窮則通이라고나 할까? 石油의 過多한 使用으로 地球의 環境이 甚하게 汚染되어 半身不隨인 채 死境을 헤매고 呻吟하는 絶對絶命의 危機를 磁石의 磁力이 劇的으로 救濟할 可能性의 希望이 생긴 것이다.

石油로 해서 생기는 汚染을 除去하고 人類를 危機에서 救濟할 磁力이란 도대체 어떤 成分의 에너지 要素일까? 特別한 存在가 아닌 것이다. 地球上에 흔하게 潛伏되어 存在하는 磁石의 磁力을 말하는 것이다. 磁石의 磁力이 太陽에서 오는 電氣가 結合되어 貯藏된 電氣의 復合成分인 事實이 《世上 萬物의 理致》와 《人類를 救할 無限에너지》의 책에서 分析되고 밝혀진 것이다.

磁石의 磁力은 電氣에너지의 덩어리이다. 磁石의 磁力을 技術的인 間接 方法으로 破壞하고 粉碎시킬 수만 있다면 電氣는 無動力 發電으로 언제 어느 곳에서나 場所와 時間에 拘碍받지 않고 無限으로 生産이 可能해지는 것이다. 無限의 電氣에너지를 無償으로 얻을 수 있다.

去頭截尾하고 結果부터 말한다면 磁石의 磁力은 分離시키기만 하면 直席에서 使用이 可能한 電氣의 復合成分인 것이다. 磁石의 磁力을 强制로 粉碎시켜 破壞하면 電氣가 無限으로 生産되는 것이다.

磁石의 磁力이 電氣의 結合으로 된 電氣의 復合成分인 事實은 現在 電氣를 生産하고 있는 動力發電의 原理에서 쉽게 그 結果를 確認할 수 있다. 磁石의 磁場을 쇠칼로 上下 反復해서 치면 電氣가 發生한다. 動力發電의 原理이지만 磁力이 電氣의 結合體이고 復合成分인 事實을 確認할 수 있는 것이다.

그와 같은 原理에서 磁石의 磁力은 人間社會가 無動力 發電으로 生産해서 使用할 수 있는 要素의 無限電氣 에너지인 것이다.

磁石의 磁力을 旣存의 强制式 動力 發電이 아닌 無動力의 技術的인 分離方法으로 分離해서 電氣를 生産하는 無動力 發電만 實現시킬 수 있다면 人類社會가 必要로 하는 에너지 需要는 充足시킬 수 있고 完全히 解決이 되는 것이다. 無公害의 無限에너지를 無償으로 얻어 쓸 수 있게 되는 것이다.

物資를 얻기 爲해서라면 모를까 石油는 이제 더 以上 必要로 하지 않는 것이다. 더불어 地球의 環境汚染을 말끔히 除去시킬 수 있으며 快適한 原狀을 回復하게 될 것이다.

※ 磁石의 磁力

어떤 原理에서 地球上에 電氣의 復合成分인 磁力이 蓄積되어 無限量으로 存在하며 潛伏하고 있는지 磁力이 蓄積되는 過程을 分析하고 解剖해 보기로 할 것이다. 磁力의 原理를 解得하는 일이야말로 곧바로 太陽에너지의 本質을 理解하는 지름길이 되는 것이다.

太陽으로부터 오고 있는 에너지는 光線을 비롯하여 電磁波 磁力 熱 電氣 等 數많은 種類가 있다. 外部로 表出되는 太陽에너지의 種類는 數없이 많아도 本質은 오직 水素 속의 電子 한 가지 成分인 것이다. 다만 그들이 波長을 달리 하고 있을 뿐인 것이다.

本質이 오직 水素 속의 電子 한 가지 種類인 만큼 太陽에너지는 可變性의 性質을 띠고 있다 할 것이다. 다른 에너지 成分으로 變更될 수 있는 餘地를 內包하고 있을 수 있을 것이다.

電氣도 光線이나 電磁波와 마찬가지로 水素 속의 電子가 나와 結合하여 造成시킨 結果의 産物이다. 무엇보다도 重要한 要素는 磁石의 磁力이 純粹한 電氣의 結合體이고 復合成分이라는 事實인 것이다. 이 磁石의 磁力이 無限에너지의 性格으로 石油를 代身해서 人類社會의 次期에너지 需要를 充足시키고 解決해 줄 重要한 要素로 登場하고 있는 것이다.

人間社會는 이미 百餘年 前부터 磁石의 磁力을 强制式 動力을 加하는 方法으로 發電해서 電氣를 生産하여 利用하고 있다. 그러나 强制式 動力發電은 應分의 代價를 支拂해야 하는 것이다. 이제 그러한 動力發電이 아닌 無動力의 技術的인 發電으로 無限한 電氣에너지를 無償으로 얻을 수 있는 더 좀 有益하고 生産的인 方法이 考慮되어야 할 餘地가 생긴 것이다.

生産的이고 有益한 方法이란 磁石의 磁力을 旣存의 强制式 動力發電이 아닌 無動力 發電方法으로 代價를 支拂하지 않고 無償으로 電氣를 얻는데 着眼함이 있어야 한다는 뜻인 것이다. 에너지를 찾아 血眼이 되고 있는 時點에서 劃期的인 電氣에너지의 生産方法이 着眼되고 考慮되어야 할 것이다.

石油로 因한 汚染이 深化되어 더 以上 默過할 수 없는 深刻한 現實에 直面하고 있다. 그러한 石油마저 枯渴이 머지않을 將來로 臨迫하고 있는 時點인 것이다. 次期의 에너지를 무엇으로 充當할 것인가 큰 苦悶이 아닐 수 없을 것이다. 石油 다음의 次期에너지 問題야말로 발등에 떨어진 불과 같은 人類社會가 直面한 危急한 現實이 아닐 수 없을 것이다.

人類社會가 이에 對한 對備策을 時急히 마련하고 解決하지 않으면 안 될 切迫한 時點에서 磁力의 無動力 發電을 爲한 開發試圖야말로 次期에너지를 解決하고 充足시킬 唯一한 길이요 方策이 아닐 수 없을 것이다. 磁石의 磁力이야말로 石油 다음의 次期에너지를 充足시키고 解決해 줄 唯一한 希望이자 重要한 要素가 아닐 수 없는 것이다.

磁石에서는 磁力이 兩極으로 흐른다. 陰과 陽의 性質을 띠고 있는 것이다. 이 磁力이 도대체 어떻게 造成되는 어떤 成分일까? 磁力은 電氣의 結合으로 된 電氣의 復合成分인 것이다. 電氣의 덩어린 것이다. 表面上으로는 磁力이 電氣의 性能을 띠고 있지 않지만 電氣가 結合해서 中和되고 變質되어 磁力으로 表出되고 있는 成分인 것이다.

磁力이 電氣의 復合成分인 事實은 電氣를 生産하는 動力發電의 原理에서 그런 結果를 如實하게 確認할 수 있는 것이다. 잘

窮理해 보면 알겠지만 磁石의 磁力이야말로 石油 다음의 次世代 에너지를 充足시키고 解決해줄 唯一하고도 重要한 에너지 要素인 것이다.

多幸한 일이 될지의 結果야 모르지만 磁石의 磁力이 石油 다음의 未來에너지를 充足시키고 解決해줄 唯一한 要素로 登場하고 있다. 人類의 未來에너지를 充足시키고 解決해줄 唯一한 要素로 展望되는 磁力의 無限에너지가 地球上에 充滿되어 있는 것이다. 그러한 無限에너지 要素의 磁力이 地球上에 어떻게 蓄積해서 保存되고 있는지 銳意 追跡하고 分析해서 原理를 밝혀 보기로 할 것이다.

太陽에서는 다른 에너지와 함께 電氣도 地球를 向하여 間斷없이 쏟아지고 있다. 이들 多樣한 太陽에너지는 다름 아닌 水素 속의 電子가 나와 結合하고 排列되어 生成시키는 結果의 産物이라 하는 事實은 앞에서도 說明되었지만 다시 한 번 想起할 必要가 있을 것이다.

太陽에서 오는 에너지 가운데 電氣는 奇異하게도 地球의 表面에 到達하는 그 瞬間 어떤 媒介에 依하여 그만 磁力으로 둔갑되는 것이다. 電氣가 磁力으로 轉換되고 만다. 神奇한 일로 다른 에너지와는 달리 電氣는 地上에 當到하는 즉시 서로 結合하고 磁力으로 突變하면서 消滅되는 것이다.

天理에 따른 造化에 依해서 電氣가 磁力으로 變質되고 둔갑한다고 表現해야 옳을 것이다. 電氣가 어떻게 磁力으로 둔갑하고 潛伏되는지 分析하고 考察해 보아야 할 일일 것이다.

여름날 장마철이면 흔하게 目擊되는 現象이지만 장마철에 비가 올 때이면 하늘에서는 번개와 함께 요란한 천둥소리가 들린다. 秒速 30萬km인 光速과 秒速 340m인 音速의 差異에서 생기는 現象이지만 먼저 번개가 번쩍 빛나고 나서 한참 뒤에 요란한 천둥소리가 들린다. 陰과 陽의 電氣가 合線되면서 생기는 現象인 것이다.

想像을 超越할 高壓電氣가 作用하는 結果로 천둥소리는 귀로 듣고 번개빛은 눈으로 確認되는 現象이기 때문에 高壓電氣의 存在는 쉽게 認知되는 일이다. 실제로 벼락을 맞고 被害를 입는 경우도 許多하며 避雷針을 設置하여 禍를 未然에 豫防하고 있는 事實에서도 高壓電氣의 存在는 否認되지 않는 것이다.

참으로 奇妙한 일은 그때의 高壓電氣가 地上에 到達하는 瞬間 그만 흔적도 없이 사라지고 없어진다는 事實인 것이다. 자취를 감추고 行方이 杳然해지는 것이다. 그토록 高壓인 電氣가 어디로 사라지고 瞬息間에 없어지는 것일까? 에너지 不滅의 原則에서도 電氣가 없어질 性質은 아닐 것이다.

綿密히 分析하고 考察해서 窺知한 結果 이때의 高壓電氣는 없어지는 性質이 아닌 事實이 確認되었다. 太陽에서 오는

高壓電氣는 地表面에 到着하는 瞬間 보이지 않는 어떤 媒介體에 依해 서로 結合하고 全혀 性能을 달리 하는 磁力으로 轉換되어 變質하고 있었다. 無限에너지인 磁力으로 둔갑하고 蓄積되어 磁石 속으로 潛伏하고 있었던 것이다.

아무리 絶妙한 自然의 造化라고는 하지만 놀라운 奇巧가 아닐 수 없을 것이다.

그런데 여기에서 큰 疑問이 생기는 것이다. 도대체 電氣가 어떻게 磁力으로 變해갈 수 있는 것일까 하는 것이다. 電氣가 스스로 結合하고 磁力으로 轉換되는 것일까? 그렇지 않은 것으로 確認되었다. 電氣는 自力으로 結合하여 中性인 磁力으로 變해갈 性格이 아니었다.

太陽에서 오는 電氣가 보이지 않는 어떤 媒介體에 依해 造作되면서 통째로 結合하여 全혀 性質과 性能을 달리 하는 中性의 磁力으로 둔갑되고 있었던 것이다. 그 媒介體가 무엇일까? 그 媒介體는 다름 아닌 地球라는 큰 磁石이었다.

磁石의 磁力은 電氣를 통째로 고스란히 結合시킨 電氣의 複合體라는 理致가 되는 것이다. 電氣를 磁力으로 만들어 保管하고 있는 것이다. 그러니까 地球가 하나의 큰 磁石이 되어 계속 쏟아지는 高壓電氣로 해서 입을 禍를 未然에 豫防하고 있는 것이다. 地球는 그런 原理로 蓄積되는 電氣로 해서 當할 災殃을 謀免하고 無事할 수 있었으며 安全이 維持 保障되고 있었다.

※ 地球는 하나의 큰 磁石

電氣는 動力으로 利用되지만 熱로 變하기도 한다. 電氣가 合線되는 경우 에너지를 주체하지 못해 그만 타버리고 마는 것이다. 破壞로 이어지는 큰 에너지源이지만 잘 利用하는 경우 電氣만큼 有益하고 有用한 에너지도 없을 것이다.

그러나 電氣가 계속 蓄積되면 高壓의 에너지로 變한다. 統制가 되지 않을 경우 그만 타버리고 마는 것이다. 電氣는 蓄積이 되지 않고 貯藏이 되지 않는 性質인 것이다. 그러한 高壓電氣가 太陽으로부터 地球로 間斷없이 쏟아지고 있다.

萬一 그러한 高壓의 電氣에너지가 계속 地球에 쏟아져 蓄積만 된다면 地球는 어떻게 될까? 견딜 재간이 없어 그만 타버리고 말 것이다. 도저히 無事할 性質이 아닌 것이다.

高壓電氣는 地球에 계속 쏟아지고 있음에도 不拘하고 그러나 害를 입을 것이라는 豫想과는 달리 地球는 아무런 害도 입고 있지 않으며 無事한 것이다. 現實的으로 아무런 異常이 없으며 災殃을 입지 않고 安全하다.

어떤 理由에서 地球가 無事하며 安全이 維持되고 있는 것일까? 電氣場으로 變하여 慘禍를 避할 수 없었을 地球가 그런 慘禍를 免하고 安全이 維持되고 있는 것이다. 地球가 安全을 維持하고 있는 理由는 必時 太陽으로부터 오는 高壓電氣를

統制할 수 있는 絶妙한 安全裝置를 地球가 마련하고 있었기 때문일 것이다. 그렇지 않고서는 地球가 絶對로 無事할 性質이 아니었던 것이다.

地球를 無事하게 保障하고 있는 安全裝置가 무엇일까? 에너지源인 電子가 造作하고 作用시키고 있는 事物의 理致는 奧妙하면서도 참으로 絶妙하기만 하다. 어떤 絶妙한 裝置가 마련되고 있기에 地球의 安全이 保障되고 있는지 原理를 糾明해 보기로 할 것이다.

地球의 現況이 明示하고 있듯이 地球는 各種 元素物質로 蓄積되어 있는 天體이다. 앞에서도 說明된 일이지만 水素를 除外한 다른 元素物質은 水素가 變해서 된 中性子가 結合해서 造成시킨 成分이다. 水素가 에너지源인 電子의 덩어리일 때 水素의 變形인 中性子도 當然히 水素에 準한 成分일 것이다.

그런 相關關係에서 類推한다면 太陽과 地球는 外貌의 形態야 判異하게 다르지만 根本과 本質은 똑같은 水素라는 理致가 될 것이다. 根本의 本質이 서로 같은 水素成分일 때 彼此 交感하는 能力도 具備하고 있을 일일 것이다. 실제로 그런 交感이 進行되고 있는 證據가 있는 것이다.

地球는 巨大한 하나의 磁石이 되어 太陽으로부터 쏟아지는 高壓電氣를 서로 結合시켜 아무런 害도 입히지 않을 중성의 磁力으로 轉換하고 變質시켜 스스로의 安全을 圖謀하고 있는 것이다. 참으로 絶妙한 宇宙의 理致이고 自然의 攝理가 아닐 수 없다 할 것이다.

그러나 磁力도 電氣의 復合體로 에너지인 以上 계속하여 蓄積만 된다면 이 또한 無事할 性質이 아닐 것이다. 神通한 妙策이 아닐 수 없지만 地球는 하나의 큰 磁石이 되어 南北의 兩極을 通해서 자꾸만 蓄積되는 磁力을 虛空으로 發散시키면서 스스로를 保護하고 있는 것이다. 人間의 智慧를 凌駕하는 絶妙한 自然의 造化이며 能力이요 事物의 理致가 아닐 수 없다.

이 모두가 宇宙의 根源이요 에너지源인 電子의 能力이고 智慧가 아닐 수 없을 것이다. 그런 原理의 巧妙한 造作에서 地球는 太陽으로부터 쏟아지는 高壓의 電氣로 해서 입게 될 被害를 謀免하고 自身의 安全을 維持하고 있었던 것이다.

하나의 巨大한 磁石인 地球는 細分化시킨 작은 磁石을 人間 앞에 提供하고 있다. 이미 磁石의 磁場에 動力을 加하여 磁力을 粉碎시켜 電氣를 生産해서 有用하게 利用하고 있다. 磁石은 또한 여러 方面에서 活用되고 있어 人間은 磁石에 對한 많은 知識을 갖고 있는 것이다.

磁石의 磁力이 電氣의 復合 成分이요 結合體인 事實은 磁力에서 電氣가 生産되는 原理에서 쉽게 確認될 수 있을 것이다.

이 磁石의 磁力이 人類가 必要로 할 未來 에너지를 充足시켜 줄 無公害의 無限에너지로 浮上해서 登場하고 있다. 이제까지는

磁石의 磁力場에 人爲的인 動力을 强制로 加하여 電氣를 生産하고 있었다. 周知하는 바 그게 바로 動力發電인 것이다.

그러나 動力發電은 燃料를 所要로 하고 있으며 代價를 支拂해야만 生産이 可能한 것이다. 代價를 支拂해야만 生産할 수 있는 이제까지의 動力發電이 아닌 無動力으로 電氣를 生産할 方法이 없을까 하는 것이다. 代價를 支拂하지 않고 無償으로 그러니까 無動力 發電을 實現시켜 電氣를 生産할 方法이 없겠는가 하는 것이다.

磁石의 磁力이 電氣의 結合으로 變質된 電氣의 復合成分인 事實이 밝혀진 만큼 磁石의 磁力을 動力을 加하지 않고 技術的인 間接 方法으로 原狀의 電氣로 分解시켜 電氣를 生産할 수 있는 可能性이 엿보인다 하는 것이다. 공짜로 電氣를 얻겠다는 着想이 어찌 보면 얌체 같은 發想이라 할 수도 있겠지만 充分히 可能한 일인 것이다.

無動力 發電方式으로 電氣가 生産된다면 無限한 電氣가 代價를 支拂하지 않고 無償으로 얻어지는 것이다. 場所와 時間에 拘碍받지 않고 언제 어느 곳에서나 必要한 量의 電氣生産이 可能해지는 것이다.

磁力의 無動力 發電은 새로운 技術을 必要로 한다. 이제까지 發達시킨 集積回路의 電子技術을 代身한 分解回路라는 새로운

領域의 電子技術을 開發하고 發展시킨다면 無動力으로 電氣를 生産하게 되는 것이다. 無限量의 電氣를 無償으로 얻을 수 있다.

새로운 希望의 要素이지만 人類社會가 智慧를 發揮하여 磁石의 磁力을 原狀의 電氣로 分解시키는 無動力 發電의 새로운 技術을 開發하고 成功시킨다면 無限한 에너지를 無償으로 얻게 되는 것이다. 石油를 代替해서 人類社會가 必要로 하는 次世代 에너지를 充足시킬 수 있는 것이다. 人類의 苦悶이었던 未來에 너지는 遺憾없이 解決되고 새로운 産業이 開拓되고 育成되면서 人類社會는 큰 變化를 맞게 될 것이다.

그렇게 된다면 石油로 해서 생긴 汚染을 말끔히 除去하고 地球를 原狀의 快適한 環境으로 回復해서 起死回生시킬 수 있을 것이다. 人類社會의 苦悶이었던 次世代에너지도 거뜬하게 解決될 것이다. 未來에너지를 解決하고 地球를 汚染으로부터 救濟할 唯一한 길은 오직 無動力 發電을 實現시켜 無公害의 無限에너지를 얻는 方法 以外의 다른 解決策이 없을 것이다.

人類社會는 智慧를 發揮하고 온갖 能力을 動員하여 磁石의 磁力을 分解回路라는 技術的인 方法으로 分解시켜 電氣를 無償으로 生産하는 無動力 發電의 開發에 나서야 할 것이다. 石油를 代替할 다른 마땅한 에너지源이 發見되고 있지 않은 時點에서 人類는 그 安危가 오직 無動力 發電의 開發如何에 달려 있다 해도 過言이 아닐 것이다.

앞으로 無動力 發電으로 電氣를 生産하는 경우 人間社會는 全的으로 그 電氣에너지에 依存해서 生活하고 살아가게 될 것이다. 自動車는 勿論이고 汽車와 또 바다를 航海하는 船泊이나 하늘을 날아가는 飛行體가 燃料없이 現場에서 直接 無動力으로 發電되는 電氣로 달리고 날아다니게 되는 것이다. 想像할 수 없었던 새로운 世界가 展開될 것으로 展望되는 것이다.

바야흐로 새로운 世上과 새로운 産業時代의 到來가 豫告되고 있다 할 것이다. 未久에 無動力 發電의 無限에너지 時代가 到來할 것으로 展望되는 것이다.

그 無限에너지는 太陽에너지의 一種이기 때문에 太陽의 存續과 더불어 永遠히 이어질 資源인 것이다. 無動力 發電의 無限에너지는 代價를 支拂할 燃料를 必要로 하지 않을 뿐더러 如何한 公害도 따르지 않을 人類의 永遠한 에너지源이 될 것이다.

※ 새로운 産業時代의 到來

60億에 達하는 地球上의 人類가 直面한 焦眉의 危急之事는 枯渴되어 가는 石油 다음의 次期에너지 需要를 무엇으로 代替하고 어떻게 充當해서 살아갈 것인가 하는 問題일 것이다. 어떻게 되겠지 하는 漠然한 期待뿐 前途가 暗澹하기만 한 現實인 것이다.

사람들은 石油의 本質부터 알아야 할 것이다. 石油는 더 以上 人類가 依存해서 살아갈 수 없는 有害成分이기 때문이다. 나중에야 三水甲山을 갈망정 當場 急하니 우선 쓰고 보자던 石油는 本質이 그 옛날 地球의 表面을 濃度짙게 뒤덮고 있었던 有毒成分의 가스體였다. 그런 事實이 東洋의 物理思想을 集大成시킨 宇宙回歸論이 登場하면서 克明하게 밝히고 있는 것이다.

石油의 本質은 지금의 金星이나 木星의 表面을 가득히 뒤덮고 있는 有毒한 氣體와 同一한 成分인 것이다. 水素가 進行하는 核融合의 結果에서 만들어진 氣體인 것이다. 그러한 有毒性의 氣體가 適當한 距離에서 太陽에너지와의 同化作用으로 石油化되어 地下에 埋藏된 成分이 石油인 것이다.

그런 有毒成分의 石油를 人間은 無知하고도 無分別하게 파헤쳐 쓰고 있다. 石油의 過多한 使用으로 汚染이 深化되어 地球는 窒息 一步 前에서 死境을 헤매고 있는 것이다. 地球의 大氣汚染과 水質惡化는 極에 達하고 있으며 環境汚染이 加重되고 加速化되면서 危險이 絶頂의 限界에 다다르고 있는 것이다. 이제 죽느냐 사느냐의 切迫한 時點에서 人類의 生存이 存亡의 岐路에 서 있는 것이다.

石油가 地球를 汚染시키는 根源이지만 그런 石油마저 이제는 枯渴이 目前으로 臨迫하고 있는 것이다. 이제 人類社會가 依支하고 살아갈 後續에너지가 杜絶될 展望인 채 앞으로 어떤 에너지에 依存해서 살아갈 것인지 人類의 未來가 暗澹하고 漠漠하게 된 것이다.

動力發電의 電氣가 있기는 하지만 그 電氣조차 石油를 燃料로 한 火力發電이 아니면 大部分 絶對로 利用해서는 안 될 核分裂 物質인 우라늄元素를 使用한 危險하기 이를 데 없는 核發電에 依存하고 있는 것이다. 그런 理由에서 動力發電의 電氣에너지는 期待할 만한 未來에너지가 될 수 없는 것이다.

그뿐만이 아니라 그 電氣에너지는 電線으로 連結해야만 使用이 可能하기 때문에 움직이는 自動車 船泊 等은 利用할 수 없는 短點과 不便이 따르는 것이다. 그런 저런 여러 가지 理由에서 次期의 에너지 問題는 人類社會가 直面한 多急하면서도 焦眉의 危急之事가 아닐 수 없는 것이다.

그러한 暗澹하고 切迫한 때에 彗星처럼 登場하여 一縷의 希望을 期待할 수 있게 한 要素가 無動力 發電의 無限에너지인 磁力인 것이다. 東洋의 宇宙回歸論이 登場하고 宇宙의 眞實을 한 치의 誤差도 없이 바르게 밝히면서 人間이 依支하고 살아갈 수 있을 無限에너지의 存在를 克明하게 確認하고 原理를 밝히고 있는 것이다.

앞으로 人間이 智慧를 發揮하여 磁力의 無動力 發電을 硏究開發하고 實現시켜 無限電氣를 生産할 수 있게 되다면 人類社會는 앞으로 永久히 에너지에 對한 걱정은 하지 않아도 될 것이다. 太陽이 存在하는 限 無限에너지는 永遠히 存續될 性質이고 따라서 에너지의 걱정은 解消될 展望이기 때문이다.

 現代社會는 自動車의 洪水時代를 맞고 있다. 地球의 大氣를 極惡스럽게 汚染시키는 主犯이기도 한 自動車가 石油燃料를 代身하여 無償인 自家發電의 無動力 電氣에너지로 시원스럽게 달리는 時代의 到來가 展望되고 있는 것이다. 정말로 그런 꿈 같은 時代의 到來를 期待해 볼 수 있을까?

 太陽에너지 가운데의 한 要素인 電氣가 結合하고 蓄積되는 磁力의 實體가 赤裸裸하게 밝혀지고 있는 以上 人間의 研究開發의 努力如何에 따라서 磁力의 無動力 發電은 實現이 머지않은 將來로 臨迫하고 있다 할 수 있을 것이다. 操急하게 서둔다고 쉽게 實現될 性質은 아니겠지만 原理上으로 볼 때 磁力의 無動力 發電은 實現化가 可能한 領域인 것이다.

 磁力의 無動力 發電이 實現되는 날 陸路를 縱橫으로 누비며 달리는 自動車와 氣車 또 바다를 航海하는 船泊이나 하늘을 나 는 飛行體가 모두 石油가 아닌 無動力 發電으로 自家生産하는 電氣에너지에 依해서 달리고 날게 될 것이다. 그들이 自家發電 하면서 陸地와 바다를 오가고 하늘을 날게 될 趨勢이니 人間生活에 一大 變革이 찾아오지 않을 수 없을 것이다.

 當然한 理致이겠지만 人類社會는 새로운 構造의 産業社會에 進入하게 될 것이다. 明若觀火한 事實로 登場하겠지만 새로운

産業時代의 到來가 豫告되는 것이다.

一般 家庭에서는 勿論이고 모든 生産 施設이나 産業現場에서도 磁力의 無動力 發電으로 自家生産되는 電氣에너지가 石油를 代替해서 使用되고 生活하게 될 性質이기 때문에 더 以上 汚染을 隨伴하는 石油는 必要하지 않게 되는 것이다. 人類의 가장 큰 苦悶이었던 汚染의 主犯인 石油가 必要하지 않으며 에너지를 代價도 支拂하지 않고 無償으로 얻어 쓸 수 있는 世上이 다가올 展望인 것이다.

地球上의 어떤 궁벽한 곳이나 奧地에서도 人間이 살아가는데 아무런 支障이 없고 便利해질 것이다.

地上에서는 勿論이고 하늘을 나는 交通手段까지도 色다른 發展을 同伴하게 될 展望이다. 都市로만 集中된 人口가 四方으로 分散되어 餘裕로운 生活을 하게 될 것이다.

磁力의 無限에너지는 人類가 必要로 하는 에너지 需要를 不足함이 없이 充足시켜 줄 것이다. 그뿐만이 아니라 大氣汚染을 除去하고 劣惡하게 惡化시킨 水質을 改善하여 地球를 原狀의 快適한 環境으로 回復하고 蘇生시켜 줄 것이다. 磁力의 無限에너지는 太陽이 存續하는 限 永久히 持續될 性質로 人類를 새로운 希望으로 跳躍하게 할 要素인 것이다.

磁力의 無限에너지를 無動力 發電의 電氣에너지로 開發해서 生産할 原理와 그에 따른 知識이 旣刊인 《世上 萬物의 理致》

와《人類를 救할 無限에너지》의 책에서 좀더 具體的이고도 詳細히 紹介된 바 있다.

※ 中性子의 生成

地球는 오로지 元素物質만으로 蓄積되어 形成되고 있는 天體이다. 地球를 形成하고 있는 元素物質의 根源과 本質이 무엇이고 어떻게 만들어진 것일까?

水素가 宇宙의 物質的 本質일 때 天體는 當然히 水素로부터 起源되었을 것이다. 그런데 地球는 水素가 아닌 元素物質로 蓄積되어 있는 것이다. 더욱 놀라운 일은 水素를 除外한 地球上의 모든 元素物質이 例外없이 中性子의 結合으로 造成되고 있다는 事實인 것이다. 元素物質이 中性子의 結合으로 造成된 結果의 産物인 事實이 克明하게 確認되고 있으며 明白하게 밝혀지고 있는 것이다.

元素物質은 中性子로만 結合되어 造成되고 있지만 한 가지 種類로 局限되지 않고 數많은 種類가 있는 것이다. 元素物質을 만들고 있는 中性子의 前身은 水素이다. 根本이 水素인 것이다. 水素가 自己의 構成因子인 電子를 내보내고 傷處를 입거나 죽어서 된 成分이 中性子인 것이다. 따라서 中性子는 水素의 殘骸로 表現될 性質일 것이다.

어찌된 까닭인지 水素를 除外한 地球上의 모든 元素物質은 例外없이 中性子로 結合되어 造成되고 있다. 種類의 如何를 莫論하고 元素物質은 中性子의 單一成分으로 結合되어 造成되고 있는 것이다. 勿論 中性子는 電子의 缺損에 따른 數많은 種類가 있을 것이다.

그런 理致에서이라면 宇宙空間의 모든 元素物質은 水素가 變해서 된 中性子의 結合物이라는 結果로 歸着될 것이다. "그런 證據가 있느냐? 있다면 根據가 무엇인지 分明한 證據를 提示하라" 할지 모를 일이다.

水素를 除外한 地球上의 元素物質은 가장 가벼운 헬륨에서부터 始作하여 점차 무거운 元素物質로 이어지면서 累進的으로 結合되어 造成되고 있다. 가장 무거운 우라늄元素까지 數많은 種類가 있는 것이다.

어떤 理由에서인지 地球上에서 가장 무거운 物質인 우라늄元素가 지금 한창 核分裂이라는 現象을 일으키면서 中性子로 分解되고 分離되면서 崩壞되고 있다. 이 現象에서 元素物質이 中性子 一邊倒로 結合된 事實이 確認되고 있는 것이다.

本是 地球上에는 우라늄元素보다 무거운 元素物質들이 여러 種類 더 形成되어 있었던 흔적이 있으며 證據가 남아 있다. 그러나 지금은 모두 核分裂되어 부서지고 없어졌으며 겨우 흔적만 남기고 있는 것이다.

物質이 부서진다는 뜻은 우라늄元素와 같은 核分裂을 進行하면서 그 物質이 자취를 감춘다는 結果를 말하는 것이다. 元素物質의 核分裂은 무거운 物質일수록 빨리 進行하는 性格이며 무거운 物質에서부터 가벼운 物質로 段階的인 順序를 밟아가는 것으로 보인다.

前代未聞의 새로운 知識이라 하겠지만 核分裂이나 崩壞는 그 物質이 부서지면서 中性子로 分離된다는 뜻이 되는 것이다. 이때의 中性子가 電子인 옷을 주위 입고 水素로 回生하는 事實이 確認되고 있다.

元素物質이 무겁다는 뜻은 中性子의 數가 많다는 結果인 것이다. 숨을 쉬는 中性子의 結合數가 많다는 理致가 되며 그런 結果로 歸着되는 것이다.

헬륨元素의 原子價는 4個이다. 네個의 中性子가 結合해서 造成시킨 元素物質이라는 뜻인 것이다. 가장 무거운 우라늄 同位元素의 原子價는 230個 內外가 된다. 우라늄元素는 230個 內外의 숨을 쉬는 中性子가 結合해서 造成시킨 結果의 産物이라는 뜻이 되는 것이다. 元素物質의 原子價와 原子量이 그 元素의 中性子數와 質量이 되는 것이다.

에너지源인 電子도 固有의 質量을 갖고 있을 것이라 豫想되지만 質量을 갖고 있는 證候는 없다는 結論은 앞에서 내린 바 있다. 物質인 水素는 에너지源인 電子의 結晶으로 造成되고 있으며 다른 元素物質은 水素의 殘骸인 中性子가 結合해서 造成시키고 있다.

元素物質이 質量을 갖게 된 結果는 에너지源인 電子가 質量을 갖고 있어서가 아니라 中性子의 呼吸에 原因하고 있다는 理致가 되는 것이다. 物質의 質量과 重力의 行使는 水素와 中性子의 呼吸 以後부터 始作되는 現象인 것이다.

水素는 原子價와 質量이 共히 하나로 表示되고 있다. 原子도 하나이고 質量도 하나라는 뜻이 된다.

이 水素가 呼吸을 하면서 重力을 行使하는 것이다. 根源的으로는 水素가 重力波를 내보내고 들이마시는 呼吸으로 重力이 行使되지만 水素가 一部의 電子를 放出하고 傷處를 입고 생긴 中性子도 重力을 行使하는 것이다. 中性子도 呼吸하는 生理作用은 계속 維持시키고 있다는 뜻이 될 것이다.

따라서 숨을 쉬며 重力을 行使하는 中性子가 많이 結合되어 있는 元素物質이 무거울 수밖에 없을 理致야 當然한 結果일 것이다.

天理에 依해서 行해지는 原理이겠지만 地球上에서 가장 무거운 物質인 우라늄同位元素들이 지금 한창 核分裂을 進行시키는 過程에 있다. 中性子로 부서지고 있는 것이다. 天理에 依해 무덤으로 가두어진 자물쇠의 時效가 끝나가고 있다 判斷해야 할 것이다.

다시 한 번 敷衍하지만 元素物質의 核分裂이란 그 物質이 中性子로 부서지면서 消滅되어 가는 現象을 말하는 것이다.

지금 한창 核分裂을 進行하고 있는 우라늄元素는 여러 가지 種類의 同位元素가 있다. 이들 우라늄同位元素가 核分裂을 進行하면서 中性子로 分解되어 부서지면서 없어져 가고 있는 것이다.

우라늄元素가 核分裂을 進行하는 過程에서 分離되는 中性子와 함께 電子를 放出하게 되어 엄청난 에너지가 發散된다. 이 에너지가 核에너지인 것이다 이때 分離되어 나오는 中性子의 運命이 어찌될 것인지 그 下廻가 몹시 궁금한 일이 아닐 수 없을 것이다.

이제까지 全혀 알려진 일이 없는 前代未聞의 새로운 知識이 될 것이다. 우라늄元素가 核分裂을 進行하는 途程에서 分解되고 分離되어 나오는 中性子는 아득한 옛날에 自己가 내보냈던 에너지源인 電子를 찾아 주워 입고 原狀의 水素로 되살아나는 것이다. 中性子가 迅速히 本是의 水素로 回生하고 回歸하는 것이다.

水素가 어느 곳의 어떤 環境에서 傷處를 입고 中性子로 變했는가를 먼저 알아야 할 것이다. 그곳에서 中性子가 結合해서 元素物質을 造成했을 일이기 때문이다.

宇宙의 攝理는 奧妙한 理致가 되어서 도저히 人間의 想像이 미칠 世界가 아닐 것이다. 그러나 죽은 中性子가 水素로 回生하고 回歸하는 結果는 宇宙가 部分的으로 그러니까 小宇宙 單位

로 되살아날 準備를 하고 있다는 理致가 될 것이다.

　지금 한창 核分裂을 進行하는 우라늄元素는 어떤 物質일까? 地球上에서 가장 무거운 物質이면서 하나의 元素가 分裂될 때 230個 內外의 中性子가 分離되어 나오는 것이다. 그 우라늄元素가 電氣를 生産하는 原子力 核發電의 燃料로 使用되고 있다. 그런가 하면 大量殺傷武器인 原子彈과 劣化우라늄砲彈이 우라늄元素를 利用하여 만들어지고 있다.

　반드시 알아두어야 할 일이지만 核分裂 物質인 우라늄元素는 人間을 爲始한 모든 生物한테 致命的인 危害의 存在인 것이다. 우라늄元素에서 分離되어 나오는 中性子는 可恐한 要素로 生物을 無差別 殺傷하기 때문이다.

　地球上에서 進行되고 있는 우라늄元素의 核分裂은 末期에 접어든 것으로 보이기는 해도 지금 한창 進行途上에 있다. 그런 結果에서 中性子의 存在는 確認이 可能한 性質인 것이다. 뿐만 아니라 中性子가 水素로 回生하는 結果도 確認할 수 있는 것이다.

　앞에서도 敷衍한 일이지만 要는 地球上의 元素物質을 造成하고 있는 中性子가 어떤 環境에서 어떤 動機와 條件으로 생겨났을까 하는 下廻가 궁금한 일이며 疑問이 아닐 수 없을 것이다. 地球上에는 中性子가 엄연히 存在하고 있으며 中性子가 結合해서 造成시킨 元素物質로 가득히 蓄積되고 있다.

152

그런가 하면 다른 한편으로 癌이나 原子病 等 現實的으로 中性子로 해서 입는 被害 때문에 人間은 엄청난 苦痛을 當하고 있는 것이다. 恪別히 注意해야 할 要素인 것이다.

中性子가 水素의 變質된 殘骸이고 地球도 中性子의 結合으로 造成된 元素物質로 蓄積되어 있는 以上 地球가 中性子 成分인 事實은 否認되지 않을 것이다. 地球가 中性子 成分인 結果는 地球의 根本이 水素로부터 起源되었다는 明白하고도 움직일 수 없는 證據가 될 것이다. 이는 地球도 그 옛날 지금의 太陽처럼 核融合을 經營하면서 光輝를 發散하고 빛났다는 理致가 되는 것이다.

地球가 오로지 中性子 成分이고 要素일 때 中性子가 만들어진 애당초의 動機가 있고 始發이 있을 것이다. 起源되어 지금까지 걸어온 途程이 있을 일인 것이다. 中性子의 生成을 遡及해 올라가서 追跡하고 分析해서 考察하면 地球의 生成과 起源을 엿볼 수 있게 될 것이다. 地球의 起源과 지금까지 걸어온 途程을 類推해 볼 수 있는 것이다.

도대체 中性子는 어떤 環境에서 어떻게 만들어지는 것일까? 中性子가 生成될 環境이라면 當然한 理致로 元素物質도 틀림없이 그곳에서 造成될 性質일 것이다.

宇宙空間에서 中性子가 만들어진 條件이나 動機는 오직 太陽과 같은 水素의 核融合體 以外 달리 있을 수 없는 것이다.

中性子는 水素가 集合하여 經營하는 太陽과 같은 恒星의 核融合爐에서만 만들어질 性格인 것이다.

原理야 어디까지나 그렇지만 그러나 地球는 現實的으로 빛나는 恒星이 아니다. 그럼에도 不拘하고 오직 太陽과 같은 恒星의 核融合體에서만 만들어질 수 있는 中性子가 存在하는 것이다. 그뿐만이 아니라 中性子의 結合으로 造成되는 元素物質로 蓄積되어 形成하고 있는 것이다.

地球는 分明히 元素物質로 蓄積되고 있으며 그 元素物質이 中性子의 結合으로만 造成된다 할 때 地球의 本質은 中性子에 다름 아닌 것이다. 그런 原理에서 地球는 中性子星이 된다 할 것이다.

地球는 오직 恒星이나 太陽과 같은 水素의 核融合體에서만 量産될 수 있는 中性子로 가득 차 있으며 本質을 이루고 있다. 이 어찌된 영문일까 하는 것이다. 地球는 에너지를 放出하며 빛나는 恒星이 아니라 固體인 채 굳이 있는 暗黑天體인 것이다.

그렇다면 地球도 지금과는 달리 옛날은 水素의 核融合을 經營하면서 太陽처럼 빛났다는 말일까? 地球도 에너지를 發散하면서 빛나는 하나의 恒星이었다는 말이냐 하는 것이다.

地球도 그 옛날 核融合을 經營하면서 빛났던 한때가 있었던 것으로 보인다. 그런 證據가 모두 具備되어 歷然한 것이다. 事物의 理致에서 考察하고 類推해 본다면 當然히 그렇게 생각

154

될 수 있을 것이다.

아니라고 否認되기 어렵겠지만 그러나 現實은 그런 狀況이 아닌 것이다. 그러면 中性子가 어떻게 해서 생기고 元素物質이 造成되는지 지금부터 視線을 太陽으로 옮겨 考察해 보기로 할 것이다.

※ 中性子의 技能

主로 西洋의 宇宙觀이고 思考方式이라 할 수 있지만 或者는 宇宙를 有限의 世界로 規定하고 있다. 宇宙를 하나의 世界로 主張하며 斷定하고 있는 것이다. 그러나 그런 着想은 옹졸한 思考일 뿐 合理的인 發想일 수 없을 것이다.

아득히 멀기만 한 空間이 確認하고 觀察할 수 없는 視野라 하여 恣意에서 함부로 斷定할 性質은 아닐 것이다. 무엇보다도 合理的인 論理가 뒷받침되고 具體的인 證據가 提示되어야 할 일인 것이다.

宇宙가 有限인 하나의 世界라면 그 世界의 저쪽 空間은 또 어떤 世界의 宇宙가 存在하는가 하는 疑問이 생기는 것이다. 그 뿐만 아니라 宇宙가 하나로 經營될 수 있는가 하는 矛盾이 따르게 되는 것이다. 上下左右가 없는 無邊廣大의 宇宙를 人間의 옹졸한 發想에서 恣意로 設定하고 斷定할 性質은 아닐 것이다.

東洋에서는 일찍부터 愚昧하기 그지없는 人間이 無邊廣大의 宇宙를 有限이라 規定하고 論하는 그 自體가 放恣하고 어리석은 일일 뿐 無意味한 일이 된다는 思想이었다. 그런 發想은 오히려 事物의 理致를 그르치는 誇大妄想으로 危險한 着想이 된다는 것이다. 宇宙는 無邊廣大의 世界인 만큼 視覺的인 테두리 안에서 根據를 찾아 論해야 한다는 思想인 것이다.

東洋의 思想이 옳을 것이다. 宇宙는 觀測이 可能한 周邊의 視覺的인 現象에서부터 理解를 求해야 하며 보이지 않는 먼 곳을 論하는 일은 意味가 없을 것이다. 無邊廣大라는 表現이 示唆하고 있듯이 宇宙는 制限이 없는 無限의 世界라 할 것이다. 結局 宇宙는 至近의 部分的인 世界에 局限해서 論할 수밖에 없는 性質인 것이다.

重要한 問題는 空間과 物質이 어떤 關係에 있을까 하는 것이다. 一定한 空間領域에는 반드시 一定量의 物質— 즉 에너지源인 電子로 結晶된 水素가 占有하고 있을 것이라는 事實인 것이다. 宇宙密度로 表現될 性質이겠지만 그 空間領域의 水素가 活動하면서 銀河系 小宇宙와 같은 單位 小宇宙를 誕生시킨다고 보아야 할 것이다.

宇宙는 制限이 없는 無限空間이 될 것이다. 그러나 物質인 水素가 活動하게 될 舞臺는 小宇宙 單位의 一定한 範圍로 그 領域이 制限될 수밖에 없을 것이다.

156

無限의 宇宙空間에서 物質인 水素가 하나로 連結시켜 經營할 수는 없는 일이기 때문이다. 宇宙가 하나로 連續되어 한꺼번에 經營되기란 도저히 不可能한 일일 것이다.

宇宙의 物質的 本質인 水素가 스스로 行使하는 重力의 能力으로 經營하고 活動할 수 있는 範圍는 그 舞臺가 銀河系 小宇宙와 같은 單位 小宇宙의 體系化가 限界인 것으로 보인다. 一定한 空間領域의 水素가 모여 體系化되고 經營하면서 宇宙는 小宇宙 單位로 存續되고 있으며 無限으로 連結하고 있는 것이다.

現存하는 宇宙도 그와 같은 構圖와 다름이 없다. 宇宙는 水素로 充滿하고 있으며 銀河系 小宇宙와 같은 小宇宙 單位로 體系化되어 活動하면서 存續하고 있는 것이다. 이들 小宇宙는 멀리 떨어져 있는 地球에서 觀察할 때 적은 구름조각처럼 보이기 때문에 一名 星雲으로도 呼稱된다. 宇宙는 이들 小宇宙의 連續으로 單位 小宇宙의 活動舞臺가 바로 宇宙인 것이다. 도저히 믿어질 일이 아니라 하겠지만 믿어야 할 일로 이들 小宇宙가 自己의 定해진 領域에서 죽었다 살아났다를 되풀이하며 活動하고 經營된다 할 수 있을 것이다. 그런 徵兆가 分明히 있는 것이다. 긴 眼目에서 考察해 볼 때 宇宙는 單位 小宇宙別로 죽었다 살아났다를 되풀이 하면서 永續되고 있는 性格인 것이다.

水素가 죽어서 된 中性子가 水素로 되살아나고 있는 技能을 갖고 있는 以上 宇宙는 한 번의 經營으로 죽어 끝날 性質이 아

닐 것이다. 蘇生해서 또 다시 經營될 수밖에 없을 것이다. 宇宙
는 單位 小宇宙別로 되풀이 活動하고 經營되는 回歸性의 性格
인 것이다.

그게 事實이며 어떻게 그런 結果로 歸着될 수밖에 없는가를
알아보기로 할 것이다. 無限인 宇宙를 하나의 世界로 規定하고
論하는 일은 아무런 意義도 없는 것이다. 宇宙는 小宇宙單位로
存在하고 있으며 그게 必然일 수밖에 없는 것이다.

그런 理由에서 하나의 小宇宙만 알게 되면 宇宙 全體를 理解
할 수 있게 될 일인 것이다. 우선 하나의 單位 小宇宙인 銀河系
小宇宙의 起源과 誕生부터 먼저 窺察해서 知識으로 해야 할 일
일 것이다.

하나의 單位 小宇宙가 誕生될 空間領域에는 到處에 에너지源
인 電極素子의 結晶體로 造成된 水素가 廣闊한 領域에 걸쳐
散在되고 있었을 것이다. 陰·陽의 電子로 結晶된 水素가 宇宙
의 物質的 本質이 되기 때문에 宇宙密度에 따른 水素가 그
空間 到處에 散在되고 있을 일은 너무나 當然한 일이 아닐 수
없는 것이다.

水素는 生理的으로 電子의 結合體인 重力波를 끊임없이 들이
마시고 내보내면서 呼吸을 하며 呼吸하는 結果에서 重力이
行使된다. 感知하기는 어렵겠지만 들이마시는 呼吸이 引力으로
作用되면서 무게로 나타나게 되고 내뱉는 呼吸이 斥力으로

作用될 것이다.

　重力의 根源은 宇宙의 物質的 本質인 水素이다. 水素가 呼吸하는 結果에서 重力이 行使된다. 宇宙空間에서 重力을 行使하는 根源은 源泉的으로 水素이지만 그러나 水素가 죽어서 된 中性子도 如前히 呼吸을 계속하면서 重力을 行使하고 있는 것이다. 그런 原理로 宇宙空間에서 水素와 中性子가 重力을 行使하는 要因인 것이다.

　地球는 元素物質로 蓄積된 天體이다. 元素物質은 中性子의 結合으로 造成되고 있다. 中性子가 水素와 同一하게 呼吸을 하면서 重力을 行使하는 能力을 갖고 있기 때문에 地球는 引力도 作用하고 무게도 갖게 되는 것이다. 中性子의 技能이 밝혀지면서 비로소 重力의 原理가 바르게 解明되기에 이르렀다 할 것이다.

　宇宙의 根源은 物質 以前의 에너지源인 電子가 될 것이다. 그러나 陰·陽의 電子가 結晶하여 原子性格의 物質인 水素를 生成시키고 있기 때문에 水素가 宇宙의 物質的 本質이 되고 電子는 水素의 組織因子로 呼稱될 수도 있을 것이다. 이 時點에서 에너지源인 電子와 原子인 水素의 關係는 先後의 斷案을 내리기가 쉽지 않은 것이다.

　우선 水素가 變質되어 中性子가 되고 中性子가 結合해서 元素物質을 造成시키고 있다. 따라서 宇宙空間에는 本質的으로 에너지의 덩어리인 水素와 水素의 變身인 中性子의 要素밖에

存在하지 않는다는 理致가 되는 것이다. 그 中性子가 어떻게 해서 생기는지 알아야 할 것이다.

一定空間에 넓게 散在하고 있던 水素가 스스로 行使하는 引力으로 그 空間의 到處에서 水素의 凝集이 始作될 것이다. 流動性의 氣體인 水素가 스스로 行使하는 引力으로 서로를 모아가면 둥그런 球體로 形成되어 갈 것이다. 서로 잡아당기고 옥죄기 때문에 둥그런 球體로 形成되어 갈 結果는 必然의 歸結이 아닐 수 없는 것이다.

水素의 凝集體인 球體가 周邊의 작은 形成體들을 끌어모아 점점 質量과 體積을 늘려가면서 相當한 크기의 天體로 發達되면 그 天體의 表面에서는 서로 잡아당기고 옥죄는 反對方向의 壓力으로 큰 壓迫을 받게 될 것이다. 重力의 原理에서 밀리고 밀치는 激烈한 運動이 始作될 수밖에 없을 것이다.

에너지의 덩어리인 水素는 人間의 어떠한 試圖에도 破壞되지 않았던 大端히 安定된 世界이다. 宇宙의 攝理에서 그렇겠지만 에너지源인 電子의 結晶으로 生成되고 基本原子인 水素의 世界가 堅固할 일이야 오히려 當然한 일일 것이다. 그러나 어찌된 일인지 그토록 堅固하기 이를 데 없었던 水素의 世界가 宇宙空間에서는 그만 힘없이 무너지고 마는 것이다.

異常한 일이다. 어떤 理由에서 그토록 堅固하고 安定된 水素의 世界가 宇宙空間에서는 그만 無力하게 무너지고 마는 것일까? 不可思議한 일이 아닐 수 없을 것이다. 如何튼 水素의 世界는 地球上에서와 宇宙空間에서는 狀況이 全혀 다르게 表出되고 있는 것이다.

사람들은 宇宙空間이 -273℃의 絶對溫度下인 苛酷한 環境에 놓여 있다는 事實을 換起하고 注目할 必要가 있을 것이다. -273℃의 絶對溫度下인 宇宙空間은 電氣가 傳導體없이 그냥 흐르는 苛酷한 狀況에 놓여 있다는 情況을 想起해야 하는 것이다.

宇宙空間은 到處에서 水素의 核融合이 普遍的이고도 茶飯事로 일어나는 아주 흔한 現象으로 나타나는 것이다. 水素의 核融合이 쉽게 일어나는 原因이 -273℃의 絶對溫度下인 空間에서 電氣가 傳導體 없이 제멋대로 흐르는 苛酷한 環境에 起因하고 있다는 事實이 確認되고 있는 것이다. 거기에 水素로 集成된 天體의 表面에서 서로 옥죄는 壓迫이 加勢하고 誘導되어 水素의 核融合이 宇宙空間의 到處에서 쉽게 進行되는 것으로 判斷되는 것이다.

電子가 直接 電氣는 아니지만 電氣를 만드는 原料이다. 電氣에 準한 性格의 存在인 것이다. -273℃의 絶對溫度下인 宇宙空間은 水素 속의 電子도 安定을 維持하기 힘든 環境이고 條件일 수밖에 없을 것이다. 水素의 內部世界는 坐不安席인 不安한 狀態에 놓이게 될 일일 것이다.

水素가 凝集되어 球體로 成長한 天體의 모든 表面部位에서는 서로 옥죄는 壓力과 壓迫으로 激烈한 運動이 始作될 것이다. 이 激烈한 運動과 坐不安席이기만 한 水素 속의 電子가 內外 呼應하면서 動機가 되고 條件이 되어 水素의 核反應이 容易하게 進行된다 할 것이다.

지금 太陽이나 다른 恒星에서 營爲되고 있는 水素의 核融合은 그런 原理에서 進行되고 있다 할 수 있을 것이다. 電氣가 傳導體없이 함부로 흐르는 -273℃의 絶對溫度下인 苛酷한 環境과 水素 스스로 行使하는 引力의 壓迫은 水素 속의 電子가 더 以上 安定을 維持할 수 없게 되고 攪亂되면서 그만 水素의 世界를 脫出시키게 만들 것이다. 드디어 水素의 世界가 破壞되기에 이르는 것이다. 그런 條件이 宇宙空間의 到處에서 水素의 核融合이 普遍的이고도 茶飯事로 進行되는 要件이 된다 할 것이다. 그런 原理로 宇宙空間의 到處에서 水素의 核融合은 아주 흔하게 일어날 수 있는 現象이 되는 것이다.

太陽을 비롯한 모든 恒星은 그런 原理에서 水素의 核融合이 營爲되고 더불어 빛나고 있는 것이다. 要는 지금 빛나고 있는 太陽과 恒星뿐만이 아니라 暗黑體가 되어 굳어있는 地球와 木星 같은 太陽의 行星이나 달 같은 行星의 衛星까지도 지난날 核融合을 經營하며 빛났던 한 때가 있었을까 하는 것이다. 그 與否가 밝혀져야 地球가 存在하는 現況도 說明이 可能해지는 것이다.

멀리 떨어져 있는 太陽에서 營爲되고 있을 뿐 人間이 至近에서 經驗할 수 없는 水素의 核融合이란 앞에서도 말한 바와 같이 水素 속의 電子가 安定을 잃고 水素의 內部世界를 박차고 脫出하는 現象을 말한다. 바로 水素의 破壞를 뜻하는 것이다.

水素의 核融合을 人間이 至近에서 經驗할 수 없는 일은 오히려 多幸한 일일 것이다. 水素의 核融合은 1億5千萬km의 먼 距離에 떨어져 있는 太陽에서 지금 進行되고 있는 過程에 있지만 워낙 에너지가 큰 關係로 生物인 人間의 能力으로서는 도저히 堪當하고 견딜 수 있는 相對가 아닌 것이다. 모두 타죽을 수밖에 없을 것이기 때문이다.

水素의 核融合體인 太陽에서는 光線을 비롯하여 電磁波 磁力 電氣 熱 等 서로 波長을 달리 하며 異質的 要素인 數많은 種類의 尨大한 에너지를 間斷없이 宇宙空間으로 發散하고 있다. 本是 宇宙는 에너지源인 電子의 結晶으로 造成되고 있는 水素밖에 存在하지 않는 性格이다. 그런 原理에서 太陽처럼 빛나는 다른 恒星에서도 太陽에너지와 똑같은 成分의 에너지가 放出되어 發散되고 있을 것이다.

여기에서 疑問되는 現象에 直面하게 되고 異常을 確認하게 되는 것이다. 水素는 素粒子인 電子 以外의 다른 要素는 없다. 水素 속의 電子는 에너지를 生産하는 原料일 뿐 直接 太陽에너지는 아닌 것이다. 그렇다면 水素만으로 集成된 太陽이 어떻게 많은 種類의 厖大한 에너지를 放出할 수 있을까? 太陽에너지가 放出되고 빛나는 現象이 어떤 原理에서 생기는가 하는 것이다.

水素는 에너지源인 電子 以外 다른 要素는 갖고 있지 않다. 그런 水素만으로 集成된 太陽에서 어떻게 여러 가지 에너지가 放出될 수 있으며 빛나는 原因과 理由가 무엇일까 하는 것이다.

太陽이 여러 가지 에너지를 發散하면서 빛나는 理由와 原因을 다음과 같이 解釋해 볼 수 있을 것이다. "水素를 박차고 뛰쳐나온 陰·陽의 電子가 遲滯하지 않고 서로 結合하고 排列되어 各己 波長을 달리 하는 여러 가지 種類의 太陽에너지를 造成하는 것이다.

이렇게 만들어진 電子의 結合體는 結合하는 數와 排列되는 順序에 따라 各己 波長을 달리 하는 에너지가 되어 秒速 30萬 km의 速度로 宇宙空間을 無條件 疾走하는 것이다. 太陽에너지가 波長과 性能을 달리 하고 있는 固有의 技能으로 表出되는 理由는 電子의 結合數와 排列되는 順序가 다른데 原因이 있기 때문인 것이다. 太陽에너지가 高性能의 技能을 發揮할 수 있는 要因은 陰·陽의 造化에 起因한 것으로 보인다.

太陽에너지는 各己 波長을 달리 하고 性能을 달리 하는 數많은 種類가 있다. 그러나 太陽에너지를 造成시키는 本質은 오직 한 가지 根本으로 水素의 構成因子인 電子밖에 없는 것이다.

素粒子인 電子의 한 가지 根本이 尨大한 太陽에너지를 造成해서 放出시키고 있는 것이다. 結局 水素가 계속 自己의 構成因子인 電子를 내보내고 있다는 結果가 되는 것이다.

太陽을 集成하고 있는 水素는 에너지源인 電子의 結晶으로 造成된 物質이다. 에너지의 덩어리인 것이다. 水素가 自己의 組織因子인 電子의 素粒子를 계속하여 放出하기만 한다면 그의 運命이 어떻게 될까? 身體의 一部를 잃으면 몸에 缺損이 생길 일이기 때문에 無事할 일이 아닐 것이다. 傷處를 입게 되던지 甚할 경우 죽을 수밖에 없을 것이다. 그게 事物의 理致인 것이다.

따라서 太陽을 集成하고 있는 水素는 에너지를 放出하는 電子의 質量에 比例해서 缺損이 생기기 마련일 것이다. 그런데 水素는 永遠히 죽지 않는다는 結果가 確認되고 있다. 설령 죽지 않는다 해도 電子를 내보낸 水素는 어떤 形態로던지 變形되어 殘骸를 남기게 될 것이다. 놀라운 일이지만 그렇게 남게 된 殘骸가 바로 地球上의 各種 元素物質을 造成시키고 있는 中性子인 것이다.

水素가 自己의 構成因子인 電子의 素粒子를 내보내고 傷處를 입으면 中性子가 되는 것이다. 地球上의 모든 元素物質을 造成시키고 있는 中性子는 그와 같은 原理에서 太陽에너지가 放出되는 過程에 水素 속의 電子가 缺損되면서 만들어지고 생기게 되는 것이다.

※ 元素物質의 造成

太陽이나 恒星이 經營하는 水素의 核融合 過程에서 水素는 電子를 내보내 끊임없이 에너지를 造成시키고 外部로 發散한다. 그 結果 水素는 必然的으로 缺損이 생기고 傷處를 입게 되는 것이다. 發散되는 에너지의 反對給付로 생기는 게 中性子인 것이다.

그런데 中性子는 그냥 中性子로 머물고 있지 못할 怪異한 性格의 所有者인 것이다. 電子인 옷을 주워 입고 本是의 水素로 자꾸만 되살아나는 것이다.

水素가 모여 核融合을 經營하는 太陽은 끊임없이 에너지를 外部로 發散하고 있다. 外部로 放出되는 太陽에너지에 比例해서 水素 속의 電子는 消盡되어 갈 것이다.

外部로 發散되어 자꾸만 消耗되어 가는 太陽에너지의 根源은 水素 속의 電子이다. 結局 水素 속의 電子가 빠져나간다는 理致가 되는 것이다. 電子를 내보내고 缺損이 생긴 水素는 半身不隨의 病든 몸이 될 것이다.

에너지 不滅의 原則에서도 그렇지만 世上의 理致란 無에서 有가 創出되는 일은 아닐 것이다. 太陽에너지가 되어 자꾸만 外部로 빠져나가는 電子 때문에 水素가 直面하게 될 反對給付가 무엇일까? 電子를 잃어가는 水素의 運命이 어떤 結果로

166

落着될까 하는 것이다.

　自己의 組織因子이고 素粒子인 電子를 잃어가는 水素는 어떤 形態로던지 變하면서 缺損이 생기고 傷處를 입게 된 것이다.

　水素가 自己의 構成因子인 電子를 잃고 缺損으로 생기는 結果가 中性子이다. 核融合을 營爲하며 에너지를 發散시키는 太陽은 지금 한창 中性子를 量産하고 있는 것이다.

　水素가 一部의 電子를 잃게 되면 中性子로 變하고 이때의 中性子가 結合하여 元素物質을 造成하는 것이다. 地球上의 元素物質도 水素의 核融合 過程에서 量産되는 中性子가 結合해서 造成시켰다 判斷해야 할 것이다.

　그렇다면 地球도 그 옛날 水素의 核融合을 經營했다는 말일까? 그런 理致가 될 것이다. 그러나 지금은 核融合이 經營되지 않고 있으며 오히려 核融合의 反對現象인 核分裂이 進行되고 있다. 地球上에서 가장 무거운 物質인 우라늄元素가 核分裂을 進行하고 있는 것이다.

　우라늄元素의 核分裂은 中性子가 結合해서 造成시킨 元素物質이 또 다시 中性子로 分解되는 逆現象인 것이다. 地球가 中性子의 結合으로 造成되는 元素物質로 蓄積되고 있는 以上 地球도 진작에 核融合을 끝냈다는 뜻이 되는 것이다.

　우라늄元素의 核分裂에서 分離되어 나오는 中性子는 不幸하게도 生物을 無差別 殺傷시키는 致命的인 要素로 可恐한 存在

인 것이다. 水素는 永遠不滅의 存在라 했으니까 中性子는 水素의 不安定한 要素로 規定할 수 있겠지만 中性子는 가만히 있지를 않는 性格인 것이다.

우라늄元素에서 分離되어 나오는 中性子는 그 直席에서 太陽에너지의 要素를 奪取하여 電子로 分解시켜 주워 입고 原狀의 水素로 되살아나는 것이다. 그 過程에서 人間은 엄청난 犧牲을 强要當하는 것이다.

萬一 太陽을 集成시키고 있는 水素가 核融合의 途中 中性子로 變하고 이 中性子가 放出하는 電子를 直席에서 주워 입고 水素로 되살아난다면 太陽은 外部로 發散할 에너지가 없게 된다는 結果가 될 것이다 그렇게 되는 경우 太陽은 에너지를 發散할 수 없게 되고 빛날 수 없게 될 것이다. 太陽이나 恒星은 光輝를 發散할 수 없이 宇宙는 暗黑인 채 經營될 수 없는 것이다.

自然의 理致란 참으로 奧妙하면서 理路整然한 性格이다. 水素의 核融合 過程에서 量産되는 中性子가 제멋대로 자꾸만 살아나 妨害하도록 放置한다면 太陽이나 恒星은 에너지를 放出하면서 빛날 수 없게 될 것이다.

宇宙는 經營될 수 없는 것이다. 큰 隘路에 直面하고 逢着할 수밖에 없어 어떤 方便으로든지 中性子의 回生은 期必코 沮止되어야만 했을 것이다.

窮餘之策에서 考案된 方策은 아니었겠지만 宇宙가 一絲不亂하게 經營되기 爲해서는 量産되는 대로 자꾸만 되살아나서 妨害하는 中性子를 回生하지 못하도록 遙地不動으로 가두어 둘 必要가 있었을 것이다. 자물쇠를 채워 가두어 둘 무덤이 必要했던 것이다.

傷處를 입고 제 精神이 아닌 채 몸부림치는 中性子를 가두어 둔다면 어떤 方式으로 가두어 둘 것인가? 여간 苦悶되는 일이 아니었을 것이다. 中性子를 꼼짝 할 수 없게 가두어 묶어두고 宇宙를 圓滑하게 經營할 수 있을 氣拔한 妙策이 없을 것인가?

에너지의 根源이고 物質인 水素를 生成시키는 電子는 感覺과 思考를 操作하는 能力도 具備하고 있는 것이다. 그런 能力과 技能의 所有者인 電子는 홀로 깊은 想念에 잠기게 되었을 것이다 자꾸만 量産되는 中性子를 어떤 方法으로 가두어 두고 되살아나지 못하도록 할 것인가 몹시 苦悶되는 일이 아닐 수 없었기 때문이다.

여기에서 알아두어야 할 일은 人間의 思考能力도 따져놓고 보면 에너지源인 電子의 操作에 다름 아니라는 事實인 것이다.

中性子로 世上에 태어났으면 有益한 存在가 되어야 옳은 일 일 것이다. 宇宙가 正常的으로 經營되도록 協助해야 마땅한 일이지 障碍가 되고 妨害만을 일삼는다면 될 일이 아닐 것이다. 中性子의 妨害가 持續된다면 宇宙가 合理的으로 經營될 수 없으며 有終의 美를 거둘 수 없게 되는 것이다.

　宇宙가 合理的으로 經營되고 永續되기 爲해서는 時效를 定하고 다음 때가 올 때까지 一定한 期間동안 中性子를 拘束시켜 가두어 둘 무덤이 必要했을 것이다. 中性子를 拘束시켜 가두어 둔다면 어떤 方法으로 묶어 둘 것인가?

　이거야말로 窮餘之策에서 考案해낸 方策이었겠지만 참으로 氣拔한 着想의 妙策이 發動되고 講究되었던 것으로 보인다. 水素가 半身不隨의 完全하지 못한 몸이 되었다면 어차피 죽은 몸이나 진배없을 것이다.

　무덤을 파서 자물쇠를 채우고 一定期間 가두어 둔다면 별 탈이 없을 것이다.

　類類相從이라 했으니 자꾸만 量産되는 中性子를 서로 結合시켜 全혀 性質과 性能을 달리 할 中性의 元素物質을 造成시켜 活動을 못하도록 制限한다면 妨害받지 않게 될 일이었다. 一定期間의 時效를 定해 놓고 무덤에 갇혀 있도록 자물쇠를 채워 놓는다면 後患을 없이 할 수 있었던 것이다.

　그런 理致의 深奧한 發想에서 생긴 무덤이 地球上에 있는 各種 元素物質이라 생각하면 無妨할 것이다. 비단 地球上의 元素物質뿐만이 아니라 宇宙空間의 모든 元素物質은 그와 같은 原理로 水素의 核融合 過程에서 必然的으로 量産되는 中性子의 結合으로 造成되는 産物인 結果가 된다 할 것이다.

地球上의 모든 元素物質도 例外가 아닐 것이다. 水素의 核融合 過程에서 量産되는 中性子를 되살아나지 못하도록 가두어 두고 자물쇠를 채운 中性子의 무덤이 元素物質인 것이다. 元素物質은 오직 中性子의 結合으로만 造成되는 性質인 것이다.

우라늄元素처럼 元素物質이 中性子로 分解되는 核分裂이 始作되는 자물쇠의 時效는 各己 元素物質마다 固有의 時限이 定해져 있는 것으로 보인다. 地球上의 우라늄元素는 그 時限이 終了되고 있는 것이다.

비단 地球上의 元素物質뿐만이 아니라 水素를 除外한 宇宙空間의 모든 元素物質은 中性子의 結合體라는 理致가 되는 것이다. 水素가 經營하는 核融合의 過程에 電子를 에너지化하여 發散하면서 必然的으로 생기게 되는 中性子가 結合해서 量産시키는 結果의 産物이 元素物質이기 때문이다.

여기에서 看過될 수 없는 重要한 일은 정말로 地球上의 元素物質이 中性子의 結合으로 造成된 結果의 産物이냐 하는 그 與否일 것이다. 明白하게 確認되고 있는 일이지만 地球上의 모든 元素物質은 例外없이 中性子의 結合으로 造成된 結果의 産物인 것이다.

그렇게 造成된 元素物質 가운데 가장 무거운 우라늄同位元素들이 무덤으로 가두어 둔 자물쇠의 時效가 끝나 逆으로 核分裂을 進行시키고 있다. 그 過程에 中性子로 分解되면서 物質이 부서지고 있는 것이다.

그런 原理와 모든 現象에서 類推해 볼 때 中性子로 結合되어 造成된 元素物質이 存在하는 天體는 반드시 水素의 核融合이 진작에 進行되었으며 끝났다는 結論에 到達하게 되는 것이다. 宇宙의 造化가 일어날 다른 原理가 없기 때문에 그런 結論에 到達할 수밖에 없는 것이다.

그런 論理에서 考察해 볼 때 地球를 비롯한 太陽系의 모든 行星과 行星의 衛星이 진작에 核融合을 끝마치고 暗黑體에 머물고 있다는 理致가 되는 것이다.

太陽과 함께 모든 行星과 行星의 衛星들이 한결같이 빛났을 때는 太陽系 全體가 온통 불바다였을 것이다. 太陽系 全體가 하나의 큰 별이 되어 빛났을 것이며 먼 곳에서는 超巨星으로 觀測되었을 것이다. 太陽系도 그런 한 때가 있었을 것이다.

지금도 그러한 超巨星이 存在하지 않는다 斷定할 수야 없을 것이다. 그러나 銀河系 小宇宙가 壯年期를 넘어 老年의 문턱에 접어들고 있는 時點이라 하나 하나의 恒星系 全體가 빛나는 超巨星은 볼 수 없게 된 것이다. 혹시 銀河系 小宇宙의 外廓에 있는 球狀星團에서 發見될 수 있을지는 몰라도 지금은 오직 中心天體인 太陽과 恒星만이 빛나고 있는 것이다.

地球는 元素物質로 蓄積되어 있는 天體이다. 中性子星인 것이다. 中性子의 結合으로 生成된 元素物質이 蓄積되어 形成되고

있는 以上 地球는 明白한 中性子星이다. 水素의 核融合을 진작에 끝마치고 죽어 굳어있는 天體인 것이다. 具備되고 있는 모든 證據에서 그런 結果를 確認할 수 있다.

그렇다고 할 때 太陽系의 모든 行星이나 行星의 衛星인 地球의 달과 같은 적은 天體들까지도 水素의 核融合을 끝마친 殘骸라는 理致가 될 것이다. 그게 事實일까? 그들이 한결같이 中性子의 結合으로 造成된 元素物質의 蓄積體인 以上 그런 結果는 否認될 수 없는 일일 것이다.

그러나 理解할 수 없는 釋然치 않은 現象이 있다. 큰 行星인 木星이나 土星을 비롯해서 모든 系列이 하나같이 불이 꺼지고 굳어있는 暗黑體인데 어찌하여 唯獨 太陽만이 홀로 核融合을 계속하면서 빛나고 있느냐 하는 것이다. 도저히 理解할 수 없는 일로 不可思議한 現象이 아닐 수 없다 할 것이다. 疑問인 것이다.

太陽이 홀로 核融合을 계속하면서 빛나고 있는 理由는 크고 작은 各己 天體가 갖고 있는 質量의 差異 때문인 것이다. 모든 行星系列의 質量을 全部 合쳐 놓는다 해도 微微한 存在에 不過할 뿐 太陽은 그들과 比較될 수 없도록 어마 어마하게 큰 質量의 天體인 것이다.

太陽은 太陽系의 空間領域에 있었던 水素를 全部 한 곳으로 結集시켜 만들어진 天體이라 해도 過言이 아닐 程度로 큰 天體이다. 그의 모든 系列들을 合친 것보다도 質量이 엄청나게 큰

天體인 것이다. 質量과 體積이 큰 만큼 그에 比例해서 壽命 또한 길일이야 오히려 當然한 結果일 것이다.

앞에서 太陽은 水素의 單一成分으로 構成된 天體이고 그런 結果는 科學的인 觀測에 依해서도 明白히 確認되고 있는 일이라 말한 바 있다. 그러나 그런 判斷은 一方的인 主張일 뿐 太陽에 對한 正確한 知識이 될 수 없는 것이다.

애당초 太陽이 形成되던 初期는 純粹한 水素만으로 結集된 天體였을 것이다. 그러나 오랜 歲月이 흐른 지금은 事情이 다를 것이다.

太陽이 核融合을 經營하면서 數百億年이라는 기나긴 歲月을 보내온 지금은 純粹한 水素成分의 天體이라 主張될 수 없을 것이다. 放出된 太陽에너지에 比例해서 量産되는 中性子의 結合으로 많은 種類의 元素物質이 造成되고 있을 일이기 때문이다.

光學과 電波의 精密한 觀測에 依해 太陽이 많은 元素物質을 包含하고 있는 事實이 確認되고 있다.

그러나 外觀上으로는 太陽이 水素 一邊倒로 觀測되는 것이다. 太陽이 水素 一邊倒로 觀測되는 理由는 水素가 가장 가벼운 元素物質이기 때문인 것이다. 가벼운 水素가 太陽의 表面을 덮고 있어 外部인 地球에서는 오로지 水素의 單一成分으로 觀測되는 것이다.

地球上의 人間과 生物이 依存해서 살아가는 에너지의 源泉인 太陽도 어느 때 갑작스러운 變化를 가져올 일인지 豫測할 수 없을 일일 것이다. 太陽이 살아온 年輪이 너무 길어 急激한 變化가 오지 않을 것이라 斷言할 수 없기 때문이다.

설마 그런 變化가 그토록 빨리 當到할 理야 없겠지만 太陽도 많이 늙어있는 것이다. 人間事에 春寒老健이라는 말이 있다. 그 말이 太陽한테도 適用될 수 있을 것이다.

春寒老健은 解冬의 봄이 찾아왔는데 추우면 얼마나 춥겠으며, 늙은 老人이 健康하다 한들 얼마나 亭亭하겠는가 하는 뜻이다. 太陽도 늙어있는 만큼 앞날을 期約할 수 없을 것이다.

그렇다고 太陽이 當場 核融合을 中止하면서 에너지의 放出量을 減少해서 弱化시킬 것으로는 보이지 않는다. 그러나 末期에 접어들고 있지 않다 斷言할 수 없는 만큼 어느 때 갑자기 衰弱해지면서 에너지의 放出量이 줄어들지는 모를 일인 것이다. 그런 경우 1億5千萬km의 먼 距離에 位置하고 있는 地球는 生物이 살아갈 수 없는 苛酷한 環境으로 突變할 수밖에 없을 것이다.

오로지 太陽에너지에 依存해서 살아가는 人間은 傲慢不遜하고 放恣하게 하늘을 이고 도리질할 일이 아닐 것이다. 좀더 自重하고 謙遜해져야 할 일일 것이다.

大量 殺傷武器인 原子彈을 만들고 그것도 不足하여 奸巧하기 그지없는 나쁜 智慧까지 發揮하여 劣化우라늄彈이라는 小型

核砲彈까지 만들어 함부로 戰爭을 挑發하는가 하면 다른 한편으로 放恣한 生活로 地球를 汚染시키고 環境을 破壞해서 될 일이 아닌 것이다.

※ 元素物質의 核分裂

人間이 살아가는 地球는 中性子의 結合으로 造成된 元素物質로 蓄積되어 形成되고 있다. 아무런 害가 없어 보일 것 같은 山의 巖石이나 흙 같은 土壤도 本質은 모두 中性子인 것이다. 具備된 證據가 明白한 만큼 누가 무어라 해도 地球는 하나의 中性子星인 것이다. 어찌 地球가 恐怖의 對象인 中性子로 形成되고 있을까 하겠지만 그게 事物의 理致로 事實인 것이다.

人間이 살아가는 地球가 中性子로 조금씩 부서지고 있는 것이다. 크게 憂慮할 일은 아니지만 사람이 살아가는 地球도 조금씩 中性子로 부서지면서 消滅되고 있는 것이다. 中性子로 부서져 없어진 元素物質이 意外로 많이 있다.

地球上의 物質이 없어진다는 뜻은 地球의 體積이 점점 줄어가고 있다는 結果와 一脈相通한 말이 될 것이다. 地球上의 物質이 조금씩 없어져 간다는 말이 虛荒된 誇張이 아니지만 그러나 外觀上으로는 눈에 띌 程度는 아니기 때문에 크게 걱정할 일은 아닐 것이다.

地球上의 무거운 元素物質이 차례로 부서지면서 없어지는 現象은 틀림없는 事實이다. 이미 많은 種類의 元素物質이 부서지고 없어졌으며 지금은 地球上에서 가장 무거운 物質인 우라늄同位元素들이 부서지면서 없어져 가는 途程에 있는 것이다.

物質이 부서진다는 뜻은 元素物質이 核分裂을 일으키면서 中性子로 分解되는 現象을 말한다. 元素物質의 核分裂도 物質은 없어지고 分離되는 中性子가 水素로 살아나기 때문에 水素의 量은 增加하게 될 것이다. 元素物質의 核分裂로 地球上의 무거운 元素物質은 모두 崩壞되어 없어지고 지금은 겨우 흔적만 남기고 있는 것이다.

그러니까 現在 地球上에서 가장 무거운 物質인 우라늄元素보다도 더 무거운 元素物質이 여러 種類 存在하고 있었던 것이다. 그 무거운 物質들이 中性子로 부서져 모두 사라지고 없어진 것이다. 무거운 元素物質일수록 中性子로 부서지는 核分裂이 빨리 進行되는 性質이라 하는 理致가 될 것이다.

地球上의 物質이 없어지고 있다는 表現이 무슨 뜻이냐 하면 무덤으로 가두어 둔 자물쇠의 時效가 끝난 元素物質이 核分裂을 일으키면서 中性子로 分解되고 없어진다는 現象을 말하는 것이다. 이때 分離되어 나오는 中性子가 電子를 元位置에 채워서 주위 입고 水素로 回生하는 것이다.

元素物質의 核分裂은 지금 地球上에서 進行되는 過程에 있지만 太陽이 經營하는 核融合하고는 反對되는 現象인 것이다. 反對되는 概念으로 會者定離와 結者解之에서 會者와 結者가 水素의 核融合에 該當된다면 우라늄元素의 核分裂은 定離와 解之의 경우가 된다 할 것이다.

現在 地球上의 物質 가운데 核分裂을 進行하면서 中性子로 부서져 없어지는 途上에 있는 物質은 地球上에서 가장 무거운 物質인 우라늄同位元素들이다. 우라늄元素는 核分裂을 進行하면서 中性子로 分解되어 점점 없어지고 있지만 그 代身 中性子가 電子인 옷을 주워 입고 水素로 回生하고 있기 때문에 水素의 量은 增加一路에 있다 할 것이다.

換言하면 水素의 核融合 過程에서 中性子의 結合으로 造成된 元素物質이 무덤으로 가두어 둔 자물쇠의 時效가 끝나면 崩壞되어 中性子로 分離되고 이 中性子가 水素로 되살아난다는 理致가 될 것이다. 이렇게 增加하는 水素는 酸素와 結合하여 물을 만들고 있다. 元素의 量만으로 따질 때 大洋의 물 2/3가 水素인 것이다.

核分裂을 進行시키고 있는 우라늄元素는 大量 殺傷武器인 原子彈과 劣化우라늄砲彈을 生産하는데 惡用되고 있다. 人類의 生存을 威脅하고 있는 것이다. 甚히 遺憾된 일로 그러한 武器는 人類社會에서 追放해야 하고 除去되어야 마땅할 것이다.

한편 中性子를 排出하는 核分裂 物質인 우라늄元素는 電氣를

生産하는 原子力 核發電의 燃料로도 利用되고 있어 너무도 잘 알려진 元素物質이다.

우라늄元素는 現存하는 地球上의 物質 가운데 가장 무거운 物質이다. 物質이 무겁다는 뜻은 呼吸하며 重力을 行使하는 中性子의 結合數가 많다는 結果인 것이다. 우라늄元素는 原子價와 原子量이 明示하고 있듯이 230個 內外의 中性子가 結合하여 造成시킨 元素物質이다. 呼吸하는 中性子의 結合數가 많으니 무거울 일이야 當然한 結果일 것이다.

앞에서 敷衍한 바 있지만 地球上에서 우라늄元素보다 무거운 元素物質이 여러 種類 形成되어 있었던 흔적이 있으나 지금은 모두 崩壞되어 사라지고 없다. 그런 趨勢라면 早晩間 우라늄元素도 地球上에서 사라질 運命이 될 것이다.

그 다음은 또 다른 무거운 物質이 核分裂을 始作할 것이다.

妙한 性格인지라 사람들이 반드시 알아두어야 할 知識이라 생각되지만 中性子의 結合數가 많은 物質일수록 核分裂이 빨리 進行되는 性格인 것이다. 무거운 物質부터 崩壞된다고 볼 수 있을 것이다.

人間世上에서는 會者定離이요, 結者解之라는 말이 빈번히 쓰이고 있다. 만나면 반드시 헤어지게 되고 한 군데로 묶이면 언제인가는 풀어지기 마련이라는 것이다. 事物이나 宇宙의 理致도 例外는 아닌 모양이다.

宇宙의 理致도 人間世上의 경우와 다를 바가 없다. 처음에는 서로 만나 宇宙를 經營하지만 終局에는 헤어지게 된다. 離別하는 것이다. 맺어지는 會者와 結者는 반드시 定離가 있고 解之되는 것이다. 永遠이란 없는 性格인지 宇宙도 本質的으로 만나고 헤어지는 일을 反復하고 있는 것이다.

宇宙次元에서의 會者와 結者는 어떤 경우가 될까? 宇宙의 物質的 本質인 水素가 스스로 行使하는 重力으로 서로를 모으고 天體를 만들어 水素의 核融合을 進行하면서 에너지를 放出하고 元素物質을 造成시키는 過程이 會者와 結者의 경우가 될 것이다.

水素는 宇宙의 根源이라 할 수 있는 에너지源인 電子의 結晶으로 造成되는 基本物質이고 原子인 것이다. 太陽이나 恒星에서처럼 水素의 核融合 過程에 에너지를 放出하면서 電子의 缺損으로 생기는 水素의 殘骸가 中性子이다. 水素가 傷處를 입고 病든 몸이 된 中性子가 서로 結合해서 造成시키는 結果의 産物이 會者와 結者의 性格으로 地球上에 存在하는 元素物質인 것이다.

따라서 宇宙空間의 모든 元素物質이란 자꾸만 되살아나서 宇宙의 經營을 妨害하는 中性子를 回生하지 못하도록 天理에 依해 一定期間 자물쇠를 채워서 묶어둔 中性子의 무덤이 된다 할 것이다. 元素物質이 갖는 자물쇠의 時效는 天理에 依해 定해져 있어서 各己 다른 것이다. 天理의 奧妙한 理致에 새삼 驚歎

을 禁할 수 없을 것이다.

모든 元素物質은 天理에 依해 定해진 자물쇠의 時效가 各己 다르며 固有의 性格을 갖고 있는 것으로 보인다. 자물쇠의 時效는 中性子의 結合數가 많은 무거운 元素物質부터 順次的인 順序로 解除되며 核分裂이 進行되는 結果로 나타나고 있다.

자물쇠의 時效가 끝나 結合되었던 中性子가 分解되고 分離되어 水素로 살아나는 경우가 定離와 解之가 될 것이다. 이 過程의 現象을 元素物質의 核分裂이라 하는 것이다.

宇宙는 銀河系 小宇宙와 같은 小宇宙 單位로 經營되지만 하나의 小宇宙는 水素의 核融合으로부터 始作하여 元素物質의 核分裂로 끝난다고 볼 수 있을 것이다. 地球上에서는 現存하는 가장 무거운 物質인 우라늄同位元素들이 지금 한창 核分裂을 進行하는 途上에 있다.

앞에서 우라늄元素의 核分裂이 지금 한창 進行하는 途上에 있다 表現되고는 있지만 事實은 末期에 접어들고 있는 것이다. 그런 理由로 우라늄元素의 殘留量이 그리 많지 않으며 稀少物質이라 할 수 있을 것이다. 뿐만 아니라 우라늄元素의 核分裂은 一時에 끝나는 性格이 아니라 실로 오랜 歲月에 걸쳐 조금씩 아주 더디게 풀리고 있는 것이다.

理解를 돕기 爲하여 다시 한 번 敷衍한다면 元素物質의 核分裂이란 水素의 核融合 過程에 産出되는 中性子가 結合해서

造成시킨 元素物質이 부서져 없어지고 그 代身 分離되어 나오는 中性子가 電子인 옷을 주워 입고 本是의 水素로 되살아나는 現象을 말하는 것이다. 定離와 解之의 경우가 되겠지만 宇宙는 單位 小宇宙別로 生成과 回歸를 되풀이하고 있다 할 것이다.

모든 證據가 如實하고 歷然한데도 不拘하고 사람들은 地球의 核融合을 極口 否認하고 있다. 사람들이 否認한다고 해서 지난날 經營되었던 地球의 核融合이 없었던 일로 될 性質도 아니며 眞實이 가려질 일도 아닐 것이다. 無知를 自招하는 일일 뿐 否認으로 一貫하면서 眞實을 歪曲할 일이 아닐 것이다.

地球는 會者와 結者의 道程인 水素의 核融合을 진작에 끝마쳤으며 지금은 오직 定離와 解之의 過程을 밟고 있다. 여러 가지 種類의 많은 元素物質이 이미 없어졌으며 지금은 地球上에서 가장 무거운 物質인 우라늄元素가 核分裂을 進行하는 途上에 있는 것이다. 天理에서 定해진 자물쇠의 時效가 終了된 우라늄元素가 中性子로 分離되면서 없어지고 그 代身 中性子에서 살아난 水素가 增加一路에 있는 것이다.

이제까지 全혀 들은 바 없는 今時初聞의 말인데 事實을 뒷받침 할 證據가 있느냐 反問할 것이다. 眞實 以上의 무슨 證據가 必要하겠느냐 할 수 있겠지만 證據야 遺漏없이 具備되고 있는 것이다.

우선 우라늄元素가 進行하는 核分裂의 原理를 惡用해서 邪惡

한 人間들이 大量 殺傷武器인 原子彈이나 劣化우라늄砲彈을 만들어 人類의 生存을 威脅하는 要素가 그 산 證據인 것이다. 뿐만 아니라 電氣를 生産하는 原子力 核發電의 燃料로도 使用되고 있으니 確認해 보면 알 일인 것이다.

原子彈이나 劣化우라늄砲彈과 또 原子力 核發電의 原料로 利用되고 있는 우라늄元素가 核分裂 物質인 것이다. 우라늄 同位元素들이 核分裂을 進行하면서 中性子로 떨어지고 부서져 없어지는 것이다.

神奇한 일이고 宇宙가 回歸해서 되살아나는 原理에서이겠지만 우라늄元素의 核分裂로 부서지면서 떨어져 나오는 中性子가 電子인 옷을 찾아 입고 原狀의 水素로 回生하는 것이다. 이러한 現象은 現實的으로 地球上에서 進行되고 있는 過程에 있으니까 眞否를 確認하기 容易할 것이다.

지금으로서는 地球의 未來가 어떻게 變貌해 갈지 그 結果는 豫測하기 어렵겠지만 分明한 일은 地球도 조금씩 부서져 形態를 잃어가고 있다는 事實인 것이다. 그 代身 水素의 量은 增加一路에 있을 것이다.

※ 水素로 回生하는 中性子가 癌을 유발한다

水素의 核融合과 元素物質의 核分裂에 對해서 좀더 昭詳히

알고 바른 知識을 가져야 할 必要가 있을 것이다. 지금 地球上에서 進行하는 途中에 있는 우라늄元素의 核分裂은 人間을 爲始한 모든 生物한테 可恐한 危害를 加해 오는 要素이기 때문에 豫防을 爲해서는 正確한 知識을 갖고 있어야 하는 것이다.

核分裂이란 核融合과는 反對되는 槪念으로 反對現象이 된다. 核融合은 太陽에너지로 表現되는 에너지를 發散시키면서 지금 太陽이나 恒星에서 經營되고 있는 現象이지만 核分裂은 現在 地球上에서 우라늄元素가 進行하고 있는 物質의 崩壞現象인 것이다.

核融合 過程에서 水素가 自己의 組織因子인 電子를 내보내 에너지化하면서 變한 殘骸가 中性子이다. 이 中性子가 結合해서 造成시키는 結果의 産物이 元素物質인 것이다. 그렇게 만들어진 元素物質 가운데 가장 무거운 物質인 우라늄元素가 자물쇠의 時效가 끝나 中性子로 分離되면서 점차 消滅되고 있는 現象이 核分裂이다.

우라늄元素의 핵분열에서 分離되어 나오는 中性子는 電子인 옷을 주워 입고 水素로 回生하지만 中性子로 分離되는 瞬間 一部의 電子가 發散되면서 結合하여 增幅에너지가 되며 큰 破壞力을 갖게 된다. 이때의 增幅에너지가 原子彈으로 利用되고 原子力 核發電에 使用되고 있다.

우라늄元素의 核分裂에너지는 水素의 核融合에너지에 比해

比較될 수 없이 微弱한 힘에 不過하지만 그래도 地球上의 그 어떤 火藥보다도 破壞力이 强하며 越等히 큰 威力을 發揮하는 것이다.

우라늄元素의 核分裂力이 엄청난 破壞를 同伴하게 되지만 그보다도 分離되어 나오는 中性子가 問題인 것이다. 이미 여러 번 說明한 대로 우라늄元素에서 分解되어 나오는 中性子는 遲滯하지 않고 周邊에서 그 前날 水素가 내보냈던 電子인 옷을 찾아 주워 입고 水素로 되살아나는 것이다.

中性子가 水素로 回生하는 事實은 이제까지 사람들한테 全혀 알려지고 있지 않은 새로운 知識이다. 中性子가 水素로 되살아나는 途中 사람들한테 큰 危害를 加해오기 때문에 注目해야 할 要素인 것이다.

原子性格의 物質인 水素는 에너지의 덩어리이면서도 生物이나 사람한테 이렇다 할 危害를 加해 오는 存在가 아니다. 그러나 水素의 變形인 中性子는 事情이 全혀 다른 要素인 것이다. 中性子가 水素로 되살아나는 途中에 生物들이 깡그리 沒殺當하는 엄청난 危害의 災殃을 입게 되기 때문이다. 中性子는 生物한테 큰 被害를 입히는 실로 戰慄을 禁할 수 없는 可恐한 存在인 것이다.

어찌하여 中性子가 人間을 爲始한 모든 생물한테 危害를 加해 오는 可恐한 存在라는 말일까? 그 理由를 알아야 할 것이다.

많은 中性子한테 露出되면 그 자리에서 直死하는 致命的인 要素인 것이다. 그런 可恐한 被害를 입히면서도 中性子는 보이지도 않으며 存在를 確認할 수 없다는데 問題의 深刻性이 도사리고 있는 것이다.

우라늄元素의 核分裂에서 많은 中性子가 分離되어 나온다. 原理上으로 따져볼 때 하나의 우라늄元素가 核分裂되면 230個 內外의 中性子가 分解되어 나온다는 理致가 되는 것이다. 分明히 그토록 많은 中性子가 排出되어 나옴에도 不拘하고 地球上에서 中性子의 存在를 確認할 수 없는 것이다.

어찌 中性子의 存在가 確認되지 않는 것일까? 그 理由는 中性子가 迅速히 電子인 옷을 주워 입고 水素로 되살아나기 때문인 것이다.

地球는 電子의 結合으로 造成된 太陽에너지로 充滿된 곳이다. 中性子가 이 太陽에너지의 要素를 奪取하여 迅速히 電子로 分解시켜 주워 입고 原狀의 水素로 되살아나기 때문에 瞬間的으로만 存在할 뿐 그의 存在를 確認할 수 없게 되는 것이다. 그러나 中性子는 電子가 없는 곳에서는 限없이 突進하며 電子를 찾아 헤맨다는 事實을 알아야 할 것이다.

中性子는 電子인 옷을 주워 입고 水素로 回生하는 能力과 技能만이 있는 게 아닌 것이다. 무서운 技能이지만 生物의 太陽에너지 要素를 奪取하여 直席에서 電子로 分解시켜 주워 입고

살아나는 能力과 技能까지도 具備하고 있는 것이다. 그러한
能力과 技能이 地球上의 生物을 無差別 殺傷시키는 直接的인
要因이 되고 있는 것이다.

　人間을 爲始해서 地球上의 모든 生物은 오로지 太陽에너지로
造成되고 또 太陽에너지에 依存해서 살아가는 存在이다. 生物은
太陽에너지로 生成된 要素인 것이다.

　生物의 本質이 太陽에너지의 要素이고 成分이기 때문에 우라
늄元素의 核分裂에서 分離되어 나오는 中性子는 生物의 太陽에
너지 要素를 不問曲直 닥치는 대로 奪取해서 電子로 分解시켜
주위 입고 原狀의 水素로 回生하고 復歸하는 것이다. 水素로
回復해서 宇宙를 또 다시 誕生시킬 原理로 評價할 性質이지만
中性子의 卓越한 能力이요 技能이 아닐 수 없을 것이다.

　아무튼 中性子가 人間의 太陽에너지 要素를 奪取해서 電子로
分解시켜 주위 입고 迅速히 原狀의 水素로 復歸하는 結果로
分析되는 것이다. 그렇게 되는 경우 人間을 爲始해서 모든 生物
이 安全하고 無事할 일이 아닐 것이다.

　中性子가 人間이나 生物의 太陽에너지 要素와 成分을 奪取해
간다면 生物의 細胞組織은 散散히 破壞되고 말 것이다. 中性子
의 量이 많으면 直死하게 되고 그렇지 않은 경우라 해도 살아
나는 途中의 中性子가 身體機關에 接着하여 原子病이나 癌을
誘發시켜 苦生하고 呻吟하면서 죽어 가게 만들 것이다. 이 아니

두려울 일이 아니겠는가? 中性子는 실로 戰慄을 禁할 수 없는 可恐한 存在인 것이다.

中性子는 一般的으로 放射能이라 불리고 있다. 中性子의 實態를 모르고 있기 때문이다. 그런가 하면 中性子가 分離될 때 放出하는 에너지를 放射線이라 부르고 있다.

地球는 많고 적은 差異일 뿐 放射能 地帶라 말할 수 있을 것이다. 末期現象으로 우라늄元素가 稀少物質이기는 해도 地球上의 到處에서 核分裂을 進行시키고 있기 때문이다. 우라늄元素가 많은 곳은 致命的일 수 있겠지만 그러나 稀少物質이기 때문에 大部分의 地域이 크게 念慮할 일은 아닐 것이다.

우라늄元素의 核分裂로 생기는 放射能이나 放射線에 對한 知識을 人間이 갖게 된 일은 그리 오래 되지 않았다. 우라늄元素의 存在가 큐-리 夫婦에 依해 처음 發見되었고 人間은 日淺한 歷史밖에 갖고 있지 않은 것이다. 지금까지도 中性子에 對한 正確한 知識은 갖고 있지 않다.

그러나 東洋에서는 오래 前부터 放射能인 中性子의 存在를 認識했으며 感知하고 있었던 것으로 보인다. 漢字에 放射能인 中性子에 露出되어 病들고 被害를 입은 經驗을 示唆하는 글字가 있기 때문이다. 바로 癌이라는 글字인 것이다.

恐怖의 對象으로 사람들이 두려워 하고 戰戰兢兢 애태우는 原子病인 癌을 表示하고 있는 글字가 있다. 바로 癌字인 것이

188

다. 그 癌이라는 글字가 放射能인 中性子의 存在로 被害를 입고 있었던 事實을 克明하게 示唆하고 있는 것이다.

많은 사람들이 걸리고 苦生하는 病인 癌이 奇妙하게도 세 單語의 合成으로 만들어지고 있다.

癌字는 扩병들-병, 品품격-품, 山메-산이라는 세 글字의 合成으로 만들어진 글字이다. 몸소 겪은 經驗을 土臺로 만들어진 글字라 할 수 있을 것이다.

癌字가 무슨 뜻인지 알아보기로 할 것이다. 희한하게도 다음과 같은 뜻으로 解得되는 것이다. 사람이 偶然히 어떤 山에 갔더니 눈에 보이지 않는 妙한 物件에 照射되어 病들고 그만 죽어 가더라는 意味로 解釋되는 것이다.

그러니까 癌字는 우라늄元素가 埋藏된 山에 가서 우라늄元素의 核分裂로 생기는 中性子라는 放射能에 쏘여 病들고 죽어 가더라는 뜻으로 解釋되는 것이다. 放射能인 中性子에 對한 知識이 全혀 없었던 옛날에 放射能인 中性子에 露出되어 原子病인 癌에 걸려 죽었던 經驗을 絶妙하게 描寫해서 表現하고 있다.

元素物質의 核分裂은 宇宙의 生理的인 原理에서 進行되는 現象이겠지만 이때 分離되어 나오는 中性子가 人間이나 生物을 가리지 않고 殺傷시키는 致命的인 要素로 登場하고 있는 것이다. 中性子는 실로 戰慄을 禁할 수 없는 存在인 것이다. 人間은 그런 結果에 對해서 소홀히 하고 等閑視해서는 안 될 것이다.

核分裂을 進行하고 있는 우라늄元素는 거의 消滅되어 없어지고 極히 적은 量만 남아 있는 稀少物質이다. 自然狀態에서는 큰 威脅이 되지 않으며 被害 또한 그다지 念慮할 程度는 아닌 것이다.

可恐한 結果는 稀少物質인 우라늄元素를 모으고 모아 濃縮시켜서 이를 惡用하고 있는 人間의 邪惡한 奸智인 것이다. 人間의 邪惡한 奸智가 人類의 生存을 威脅하고 있는 것이다. 우라늄元素를 모아서도 안 되고 使用해서는 더욱 안 된다는 結論에 到達하게 되는 것이다.

어찌하여 自然狀態에서는 우라늄元素의 核分裂이 그다지 큰 威脅이 되지 않고 있는가 알아보기로 할 것이다.

※ 우라늄元素의 半減期

核分裂 物質인 우라늄元素가 核分裂을 進行하면서 崩壞되는 일도 틀림없는 事實이며 그 物質이 점차 地球上에서 자취를 감추고 사라져 가는 結果 또한 否認될 수 없는 現實인 것이다. 이미 많은 무거운 物質이 없어지고 사라진 것이다. 금시 눈에 띌 性格은 아니겠지만 內容上으로는 地球의 形態가 조금씩 變化되면서 消滅되어 가는 途程에 있다는 理致가 될 것이다.

하나의 우라늄元素가 核分裂되는 경우 230個 內外의 中性子

가 分離된다는 結果가 된다. 그 우라늄元素는 자취를 감추고 없어지게 되겠지만 그 代身 分離되는 中性子가 水素로 回生하기 때문에 水素의 量은 增加하게 될 것이다.

우라늄元素는 무덤으로 가두어 둔 자물쇠의 時效가 終了되어 核分裂을 進行하면서 崩壞되어 가기는 해도 그러나 一時에 부서지는 性格이 아닌 것이다. 各己 同位元素의 壽命이 定해져 있어 遲遲不進하게 아주 천천히 조금씩 부서지고 있는 것이다.

아주 천천히 核分裂을 進行시키고 있는 이 特異한 性質 때문에 도리어 큰 禍가 되고 人間은 큰 被害를 입게 되는 困辱을 치루고 있다.

그 理由는 人間을 大量 殺傷시키는 可恐한 武器인 原子彈이나 劣化 우라늄砲彈이 터지는 現場은 勿論이고 우라늄元素를 燃料로 使用하고 있는 原子力 核發電所에서 나오는 廢棄物인 재가 그냥 재가 아니며 멈추지 않고 계속하여 核分裂을 進行하기 때문이다. 우라늄元素는 자물쇠의 時效와 時限이 一定치 않으며 반드시 때가 되어야만 核分裂을 進行시키는 性格인 것이다.

核廢棄物인 재 속의 우라늄元素가 자물쇠의 時效와 時限을 따라 계속 核分裂을 進行시킨다는 뜻은 中性子가 계속 分離되어 排出된다는 結果로 이어지는 것이다. 原理가 그렇기 때문에 原子力 核發電所에서 계속하여 쏟아져 나오는 核廢棄物인 재를 버릴 곳이 없다는 理致가 되는 것이다. 계속하여 터지는 性格의

中性子를 버릴 곳이 어디에 있겠는가?

原子力 核發電所에서 멈추지 않고 계속하여 쏟아져 나오는 核廢棄物은 人間社會의 큰 苦悶이 아닐 수 없을 것이다. 우라늄 元素의 核分裂을 막아낼 能力이 없는 人間이 멈추지 않고 계속하여 터지는 우라늄元素를 자꾸만 쌓아놓고 어떻게 할 수 있을 일이 아니기 때문이다.

우라늄元素가 一時에 崩壞되지 않고 아주 더디게 부서지고 있어도 오랜 歲月에 걸쳐 核分裂을 進行해 왔기 때문에 지금은 거의 사라져 없어지고 殘溜量은 그리 많지 않은 것이다. 그러나 地下 30km나 40km의 深部에서의 狀況은 다른 것으로 보인다.

그곳 深部에서는 우라늄同位元素의 核分裂이 旺盛하게 進行되고 있는 徵候가 있는 것이다. 地表面에서는 이미 사라지고 없어진 무거운 元素物質이 加勢하고 있는지도 모르지만 그곳에 아직도 우라늄元素의 殘溜量이 많은 탓인지 核分裂이 激烈하게 進行되고 있는 證據가 보이고 있는 것이다.

地球上의 到處에서 엄청난 災殃의 被害를 입고 있는 地震이나 火山의 根源이 무엇일까? 이제까지의 說과는 달리 地上에서의 火山活動이나 地震의 原因이 우라늄元素의 核分裂로 蓄積된 에너지가 破局을 맞고 爆發하는 結果에서 생기는 現象이라 主張되고 있는 것이다.

地球上에서 지금 한창 核分裂을 進行하면서 中性子로 부서지고 있는 우라늄同位元素는 半減期라는 各己 特異한 性質을 갖고 있다. 무덤으로부터 解之되는 자물쇠의 時效가 各己 다르다는 뜻이지만 人間이 等閑視해서는 안 될 重要한 要素일 것이다.

우라늄元素가 갖고 있는 半減期라는 이 特異한 性質 때문에 核發電所에서 量産되어 나오는 재라는 核廢棄物을 버릴 곳이 없게 되는 것이다. 原子力 核發電 施設을 稼動시키는 人類社會가 直面한 隘路이자 困境이며 苦悶이 아닐 수 없을 것이다. 자물쇠의 時效가 끝나는順序로 계속 核分裂을 進行하며 中性子를 排出시키는 核廢棄物을 버릴 곳이 없기 때문이다.

그런 理由에서 人類社會는 더 以上 原子力 核發電을 稼動시켜서는 안 될 窮地에 몰리고 있는 것이다. 그럼에도 不拘하고 에너지 不足에 허덕이는 人間社會는 울며 겨자 먹기로 우라늄元素를 原料로 使用하는 核發電을 계속하고 있는 것이다. 그렇지만 더 以上 核發電에 依存해서는 안 될 切迫한 時點인 것이다.

人類社會는 하루 빨리 磁力의 無限에너지를 無動力으로 發電시킬 수 있는 電子分解 技術을 開發해서 實用化하고 無公害에너지에 依存해서 살아가야 할 것이다. 時時刻刻으로 壓迫해 오는 切迫한 時點에서 無公害의 無限에너지를 開發하여 이 未曾有의 危機를 脫出하고 難局을 突破해야 할 것이다.

核分裂 物質인 우라늄元素의 半減期란 무슨 뜻일까? 우라늄

元素의 半減期란 우라늄元素가 核分裂을 進行하면서 中性子로 分解되어 元來 있었던 量이 半으로 줄어 없어지는 期間을 말하는 것이다. 즉 量의 半減이 우라늄元素의 半減期가 되는 것이다.

사람들이 반드시 알아야 하고 또 知識으로 해야 할 일일 것이다. 우라늄元素나 다른 物質의 核分裂은 一時에 끝내는 性質이 아닌 것이다. 실로 오랜 歲月에 걸쳐 조금씩 아주 천천히 進行하는 性質인 것이다.

우라늄同位元素들의 半減期는 種類에 따라 저마다 다르지만 자그만치 七億年에서 五十億年 가까이 걸리는 것이다. 무덤으로 갇힌 자물쇠의 時限이 서로 다른 原因에서이겠지만 物質의 核分裂이 실로 長久한 歲月에 걸쳐 進行되는 性質임을 알 수 있을 것이다.

그와 같은 理致와 原理에서 電氣를 生産하는 原子力核發電所에서 나오는 核廢棄物이 그냥 재가 아닌 것이다. 자물쇠의 時效가 解止되는 대로 계속하여 核分裂이 進行되면서 中性子가 分離되어 나오는 것이다. 量이 적다면 모를까 계속 쌓여진다면 큰 威脅의 要素가 되면서 堪當할 수 없게 될 것이다. 에너지가 蓄積되어 어느 때 爆發할지 壯談할 수 없게 되는 것이다.

계속 터지고 있는 우라늄元素의 核分裂 物質을 어느 곳에 버릴 場所가 있겠는가 反問해 보아야 할 것이다. 버릴 곳이 없는 것은 勿論이고 貯藏할 곳이 없는 것이다. 길은 오직 한 가지 核發電을 中斷하는 方法 以外의 다른 代案이나 道理가 없을 것이다.

모름지기 人類社會는 總力을 기울여 磁力의 無動力 發電을 指向할 電子技術을 開發하고 無限電氣를 生産해야 할 것이다. 無動力 發電의 無公害에너지로 次世代의 에너지 需要를 充當하고 새로운 産業時代를 열어갈 수 있도록 온갖 힘을 傾注해야 할 것이다. 다른 對策이나 代案의 方法이 없는 것이다.

※ 火山과 地震의 發生 原因

앞에서 잠깐 擧論한 일이 있지만 火山이나 地震이 發生하는 原因에 對한 이제까지의 說이나 認識이 잘못 定着되어 있는 것으로 보인다. 火山이나 地震이 旣存의 學說이나 이제까지의 認識과는 달리 우라늄元素의 核分裂이 原因이 되어 發生하는 側面을 否認할 수 없기 때문이다.

뿐만 아니라 우라늄元素의 核分裂에 加勢하여 地上에서는 이미 사라지고 없어진 더욱 무거운 元素物質이 地下 깊숙한 곳에서 함께 核分裂을 進行시키고 있을 수도 있을 것이다. 우라늄元素의 核分裂에 對한 知識을 갖고 있지 않으면 地震이나 火山의 發生原因을 모를 수밖에 없을 것이다.

地球는 곳에 따라 地下 깊숙한 곳에서 地表面으로 鎔岩이 噴出되는 경우가 있다. 一般的으로 이런 現象을 火山이라 부르고 있지만 火山이 爆發하여 活動을 계속하는 경우를 活火山이라 부르고 있다. 火山活動이 끝났거나 쉬는 경우는 死火山 또는 休火山으로 부르고 있다. 그런가 하면 다른 한편으로 땅이 갈라지고 흔들리는 경우가 있다. 그런 現象을 地震이라 부르고 있다. 火山이나 地震이 甚하면 큰 被害와 災殃을 同伴하는 것이다.

큰 被害와 災殃을 몰고 오는 이들 火山이 爆發하고 地震이 發生하는 根本 原因이 도대체 무엇일까? 지금까지 火山이 爆發하고 地震이 일어나는 原因이 正確히 糾明되고 明白하게 밝혀지고 있지 않은 것이다. 따라서 사람들은 그 發生原因을 모르고 있다.

모르는 理由는 地震이나 火山이 일어나는 原因에 對한 사람들의 認識이 잘못되고 있는데 起因되고 있는 것으로 보인다. 큰 錯覺을 하고 있는 것이다. 아마도 宇宙에 對한 旣存의 學說이 잘못 設定되고 倒錯되어 있는데 原因이 있지 않을까 생각되는 것이다.

이제까지의 定說에 따르면 地球의 中心部가 壓縮되고 壓迫되어 高熱의 鎔岩으로 形成되어 있다 仮定되고 있다. 그 鎔岩이 一定部位의 地表를 뚫고 表面으로 噴出되는 경우가 火山爆發이라 主張되고 있는 것이다. 所謂 마그마 說이다. 常識的인 判斷

으로서는 그렇게 생각될 수도 있겠지만 眞實은 그렇지 않은 것으로 나타나고 있다.

그런가 하면 地震은 다른 엉뚱한 着想에서 解說되고 있다. 地球의 表面은 몇 個의 平板으로 大陸이 連結되고 있는 데 이 平板이 서로 어긋나고 엇갈리는 경우 地表가 갈라지고 땅이 흔들리는 地震이 發生한다고 仮定되고 있는 것이다.

그런 仮定이 眞實과 一致할까? 우라늄元素의 核分裂에 對한 知識을 갖고 있지 않은 터무니없는 發想으로 重力의 原理上 그렇지 않다는 것이다. 東洋의 宇宙回歸論이 登場하면서 새롭게 糾明되고 展開하는 原理에 따르면 그렇게 一方的으로 斷定될 수 없다는 것이다. 狀況이 全혀 다르며 다른 側面에서 合理的인 說明이 可能하고 眞實이 뒷받침 된다는 것이다.

큰 犧牲과 災殃을 몰고 오는 地震이나 火山이 旣存의 學說에서 主張되고 있는 原因에서 發生하는 現象이 아니라면 도대체 어떤 原因에서 일어나는 結果인 것인가? 眞實을 알아보아야 할 것이다.

만약 地球의 中心部가 鎔岩으로 形成되어 있다면 地球는 아직도 水素의 核融合을 끝마치지 않았으며 계속하고 있다는 理致가 될 것이다. 地表面의 物質이 짓누르는 壓迫으로 地球의 中心部가 高熱地帶가 되고 마그마로 形成되었다 主張되고 있지만 그건 重力의 原理를 잘못 理解한데서 온 倒錯된 發想으로

錯覺이며 說得力이 없는 것이다.

 사람들은 重力의 原理를 잘못 理解하고 있다. 地球의 中心部가 壓迫을 받고 있는 것으로 認識되고 있지만 事實은 壓迫을 全혀 받고 있지 않은 곳인 것이다. 오히려 無重力 狀態의 空洞地帶가 되는 것이다. 後에 가서 좀더 細細하고 具體的인 解說이 따르겠지만 地球의 中心部는 物質이 作用하는 重力의 原理上 오히려 無重力 狀態의 空洞地帶가 될지언정 크게 壓迫받고 壓縮될 곳이 아닌 것이다.

 애당초 地球가 水素의 核融合을 經營했던 足跡은 여러 가지 證據物이 뒷받침하고 있다. 地球가 核融合을 經營한 일은 分明하지만 그러나 百億年도 훨씬 넘는 너무도 오래 前에 있었던 일이기 때문에 흔적만 남아 있을 뿐 지금도 계속하고 있다는 證據는 없는 것이다. 地球의 核融合이 지금도 계속되는 徵候는 없다.

 木星이나 土星 같은 큰 行星은 지금까지도 內部에서 末期的 核融合을 持續할 수도 있을 것이다. 그런 行蹟이 뒷받침 되는 赤斑이라는 現象이 木星에 있기 때문이다. 木星이나 土星 같은 큰 天體라면 몰라도 적은 地球는 진작에 核融合을 끝마친 채 오직 元素物質로 굳어 있는 天體인 것이다. 여러 가지 情況에서 核融合의 行蹟은 完全히 사라졌다고 判斷할 수밖에 없을 것이다.

 지금의 地球는 核融合의 反對現象인 核分裂을 進行시키고 있

198

다. 우라늄元素의 核分裂에 局限되고 있지만 地球는 物質이 中性子로 부서지면서 점점 消滅되어 가는 途程에 있는 것이다.

그렇다면 地震이나 火山活動이 어떤 原因에서 일어나는 現象일 것인가? 火山과 地震은 밖으로 表出되는 形態야 다르지만 根本은 同質의 性格인 것이다. 우라늄同位元素의 核分裂에서 派生되는 原因이 같기 때문이다.

火山과 地震을 發生시키는 根源은 우라늄元素의 核分裂이고 原因이 그에 起因하고 있는 것으로 分析되는 것이다. 火山과 地震은 우라늄同位元素와 다른 무거운 物質의 核分裂로 蓄積되는 에너지가 더 以上 견딜 수 없어 破局을 맞고 爆發하면서 일어나는 現象이라 判斷해야 옳을 것이다.

좀더 具體的인 說明을 加한다면 地下 30~40㎞의 깊은 곳에서 우라늄元素가 核分裂을 進行하는 結果 四方이 막힌 深部에서 오랜 歲月동안 蓄積된 에너지가 限界에 이르러 더 以上 견디지 못해 破局을 맞고 마침내 爆發하면서 생기는 結果가 火山이나 地震의 現象이 된다 하는 것이다.

火山이나 地震에 對한 定說이 우라늄元素의 核分裂이 알려지기 以前에 생겼고 더불어 사람들의 思考가 倒錯되어 있었다고 볼 수밖에 없을 것이다. 宇宙의 眞實이 잘못 認識되고 있었기 때문에 事物의 理致가 誤判되고 顚倒되어 있었다 할 것이다.

現在 地球의 表面部位에는 우라늄元素의 核分裂로 에너지가

蓄積되어 火山이나 地震을 일으킬 만한 그토록 많은 우라늄 元素가 남아 있지 않다. 그러나 地表面에서 30～40km의 深部는 事情이 다른 것으로 보인다. 그곳 深部는 아직도 많은 우라늄 元素가 殘溜해서 存在하고 있으며 그 物質이 核分裂을 進行하고 있는 것으로 보이는 것이다.

그뿐만이 아니라 地球의 表面部位에서는 이미 사라지고 없어진 우라늄元素보다 무거운 物質이 남아 있어 함께 核分裂을 進行시킬 수도 있을 것이다. 全혀 排除할 수 없는 일이지만 그런 경우 核分裂에너지의 威力은 더욱 增加되고 强한 性質일 것이다.

地球의 表面에서 30～40km의 深部는 四方이 密閉된 空間이다. 四方이 密閉된 場所에서 우라늄同位元素와 더욱 무거운 元素物質이 核分裂을 進行시킨다면 核分裂에너지는 자꾸만 蓄積되어 갈 수밖에 없을 것이다. 物理上으로 볼 때 四方이 막히고 退路가 遮斷된 空間에서는 放出되는 에너지가 蓄積되어 그 一帶를 鎔岩化시킬 수밖에 달리 道理가 없을 것이다.

元素物質의 核崩壞는 一時에 進行되는 性質이 아니고 아주 느리게 천천히 進行된다. 長久한 歲月에 걸쳐 자꾸만 쌓여 蓄積되는 에너지는 岩石을 鎔岩化시켜 부풀릴 것이다. 高熱로 物質이 膨脹하고 壓迫을 받게 되는 것이다. 이 鎔岩이 더 以上 壓迫을 견딜 수 없는 限界에 到達하면 破局을 맞고 끝내 爆發하게 될 것이다. 安定을 도모하고 便安해지기 爲해서 자리를 넓히는 것이다.

이때 한 곳으로 集中되어 地表面으로 噴出되는 경우 火山으로 나타나게 될 것이다. 다른 한편으로 한 곳으로 集中하여 噴出하지 못하고 地殼을 뒤흔들어 壓迫하는 경우 地震으로 나타나게 될 것이다.

或者는 다음과 같은 疑問을 提起하고 反問할지 모를 일이다. 우라늄元素의 核分裂에서는 危害의 中性子가 排出될 일이 必至의 結果인데 어찌해서 火山爆發이나 地震의 現場에서 中性子가 檢出되지 않으며 中性子로 해서 입을 害가 없느냐?

火山이나 地震은 우라늄元素의 半減期가 示唆하고 있듯이 실로 오랜 歲月에 걸친 核分裂로 蓄積된 에너지가 더 以上 견딜 수 없어 爆發하면서 생기는 現象일 것이다. 그동안 中性子는 電子인 옷을 주위 입고 水素로 되살아났을 것이다. 뿐만 아니라 火山이나 地震은 深部의 爆發이 일어나는 現場이 아닌 먼 外廓으로 傳達되면서 일어나는 末稍的인 結果의 現象인 것이다.

그동안 中性子가 電子인 옷을 주위 입고 水素로 되살아났기도 했을 일이지만 噴出되어 나오는 鎔岩은 邊方의 外廓地帶에서 高熱로 녹아 만들어진 成分인 것이다. 또 地震은 爆發의 振動으로 일어나는 現象인 것이다. 中性子로 해서 입게 될 害가 없을 일이 오히려 當然한 結果일 것이다.

앞으로 사람들은 火山이나 地震에 對한 認識을 달리해야 할 것이다. 올바른 知識이 定着되어 良識이 行使되어야 할 일이기 때문이다.

第二部에서는 에너지源인 電子의 結晶으로 造成되는 水素가 重力을 行使하면서 組織하고 體系化시켜 經營하는 宇宙를 그려보기로 할 것이다.

^{제 이 부}
第二部

^{거 시 세 계}
巨視世界

—宇宙의 生成과 起源—

※ 銀河系 小宇宙

宇宙는 銀河系 小宇宙와 같은 小宇宙 單位로 體系化되어 經營되고 있다. 終도 始도 없는 無限의 宇宙가 하나로 經營될 性格은 아니며 細分化되어 運營되는 이들 小宇宙의 連續인 것이다. 天體와 이들 單位 小宇宙가 어떻게 만들어지고 體系化되며 經營되는가 考察해 보기로 할 것이다.

宇宙의 根源이라 할 수 있을 에너지源인 電子는 에너지源인 陰과 陽의 相反된 性格을 띠고 있다. 固有의 粒子이기는 하지만 質量 以前의 存在인 것이다. 素粒子이어서 量子로 呼稱될 性格일 것이다.

宇宙의 原理에 따른 일이겠지만 素粒子 性格의 量子인 陰과 陽의 電子가 有機的 技能으로 結晶되어 全혀 性質을 달리 하는 物質을 造成시키고 있다. 物質이 에너지源인 電子의 結晶으로 만들어지고 있는 結果가 確認되고 있는 것이다.

宇宙의 基本的인 物質이 에너지源인 電子의 結晶으로 造成된 原子量 하나의 水素인 것이다. 水素는 物質이지만 에너지의 덩어리인 것이다.

에너지源인 電極素子의 結晶으로 造成된 水素는 宇宙의 基本物質이 되면서 原子의 性格을 띠고 있다. 地球上에도 흔하게 存在하는 物質이지만 이 水素가 特異하게도 呼吸을 하고 있는 것이다.

에너지源인 電子의 結晶으로 造成되는 水素는 物質이지만 하나의 完璧한 機關體이기도 한 것이다. 機關體의 役割을 하는 水素가 陰과 陽의 電子를 發進시켜 結合해서 重力波를 만들어 내보내는가 하면 다른 한편으로 相對方이나 멀리에서 오는 重力波를 吸引하여 分解시켜 元位置로 보내 이를 들이마시는 生理的인 呼吸의 循環을 끊임없이 되풀이하고 있기 때문이다.

水素의 이 呼吸으로 引力이 作用되는 重力이 行使되는 것이다. 그와 같은 原理에서 水素가 重力을 行使하는 根源이 된다 할 것이다.

水素가 重力波를 發散할 때는 斥力이 作用되고 들이마실 때는 引力으로 作用될 것이다. 斥力은 넓은 虛空으로 發振되기 때문에 힘을 느끼지 못하겠지만 引力은 한곳으로 集中되기 때문에 强하게 作用될 것이다.

그런 理致에서 미루어 본다면 宇宙의 根源과 本質은 物質인 水素에 앞선 에너지源인 電子가 된다 할 것이다. 物質인 水素는 에너지源인 電子의 結晶으로 造成된 結果의 産物이 되는 것이다. 에너지源인 電子는 陰과 陽의 性質을 띠고 있으며 素粒子 性格의 量子인 것이다.

宇宙의 根源과 本質인 에너지源의 電子는 宇宙空間에서

獨自的으로는 存在할 수 없는 性格인 것으로 보인다. 孤立해서는 存在하지 못하는 것이다. 宇宙의 攝理에 따른 일이겠지만 無條件 結晶되어 物質인 水素로 造成되어 存在하고 있기 때문이다.

恒星에너지로 呼稱되는 太陽에너지의 경우처럼 水素의 核融合 過程에서 水素의 몸 밖으로 放出되는 電子는 서로 結合하고 排列되어 恒星에너지라는 太陽에너지를 造成시킬 뿐 이때의 電子는 物質인 水素를 造成시킬 能力을 具備하고 있지 않은 것으로 보인다. 그러니까 太陽에너지는 어디까지나 에너지일 뿐 物質을 造成시킬 수 없다는 理致가 될 것이다.

에너지源인 電子라는 本質은 같아도 各己 發揮하는 技能과 能力은 다르다는 뜻이 될 것이다. 役割이 다른 것이다.

本質的으로 에너지源인 電子가 物質인 水素를 造成시키고 있는 結果는 이제 明白히 밝혀졌다. 다만 에너지源인 電子가 스스로의 能力에서 物質인 水素를 造成하고 있는지 아니면 水素의 內部에 核이라는 어떤 固有의 素子인 機關이 있어서 電子를 結集하고 物質을 造成시키고 있는지의 與否는 아직까지 밝혀지고 있지 않은 것이다.

앞으로 그 關係를 밝혀가는 일이 에너지와 物質과의 關係를 理解하고 解得하는 重要한 課題이자 關鍵이 된다 할 것이다. 그

러나 아직까지 에너지와 物質의 關係는 具體的으로 糾明된 바

없으며 昭詳히 밝혀지고 있지 않은 것이다.

　皮相的인 觀點에서 본다면 에너지源인 電子는 物質인 水素의

組織因子가 되는 性格이며 水素의 一員으로 存在하고 있는 것

이다. 앞으로 좀더 詳細히 풀어가야 할 에너지와 物質의 關係일

것이다.

　水素는 物質이지만 에너지源인 電子의 結晶體로 에너지의 덩

어리인 것이다. 에너지의 덩어리인 水素는 宇宙의 物質的 本質

로 登場하면서 宇宙 萬象을 만들어가는 原子가 되고 있는 것이

다. 水素가 모여 核融合을 經營하면서 恒星에너지인 太陽에너지

를 發散하고 森羅萬象의 모든 形象을 일으키지만 그 過程에

地球上의 各種 元素物質을 만들고 있기 때문이다.

　原子인 水素는 基本的으로 重力을 行使하는 根本이다.

萬有引力의 原理로 定義할 性格이지만 水素가 行使하는 重力

作用으로 物體가 作用하는 萬有引力이 行使되는 것이다.

　그런가 하면 水素가 傷處를 입고 變해서 된 中性子도 水素와

함께 重力을 行使하고 있는 것이다. 그런 理由에서 中性子의

結合으로 造成된 地球上의 元素物質도 重力을 行使하고 있는

것이다. 重力을 行使하는 根本은 水素이지만 水素의 變形인

中性子도 重力을 行使하게 되는 것이다.

에너지源인 電子의 結晶으로 造成된 水素는 重力을 行使하는 根本이며 宇宙의 物質的 本質이 되는 만큼 그냥 멍청히 앉아만 있을 性質은 아닐 것이다. 本質의 任務를 다하면서 宇宙를 經營해 가야 할 것이다.

無機質의 物質인 水素가 가만히 있지 않으면 그래 어떻게 하겠다는 말이냐? 하고 反問할 것이다. 無知의 所致일 뿐 그렇게 얕잡아 볼 일이 아닐 것이다. 에너지源인 電子의 結晶으로 造成된 水素는 物質이지만 全知 全能의 卓越한 能力의 所有者인 것이다. 宇宙의 物質的 本質답게 水素는 宇宙를 經營해갈 能力과 技能을 充分히 保存하고 있는 것이다.

水素가 宇宙를 經營해 간다면 도대체 어떻게 經營해 간다는 말일까?

宇宙는 無限의 空間이기 때문에 하나로는 도저히 經營할 수 있는 性質은 아닐 것이다. 現在의 宇宙가 提示하고 있는 것처럼 宇宙는 銀河系 小宇宙와 같은 單位 小宇宙別로 經營될 수밖에 없는 性格인 것이다.

水素가 單獨으로 어떻게 宇宙를 經營해 갈 수 있을 것인가? 설령 經營해 갈 수 있다 해도 어떤 形態로 經營해 갈 일일까? 무엇보다도 水素는 呼吸하며 重力을 行使하는 能力의 所有者인 事實에 留意해야 하고 注目하는 바 있어야 할 것이다.

宇宙는 本質的으로 오직 에너지源인 電子의 結晶으로 生成된

水素밖에 存在하지 않는 것이다. 重力을 行使하는 能力의 所有者인 水素가 宇宙를 經營해 가기 爲해서는 무엇보다도 먼저 彼此間에 引力이 作用되어 서로를 모아 가는 運動이 始作되어야 할 것이다.

太古의 宇宙空間은 到處에 水素가 散在하고 있었을 것이다. 水素가 重力을 行使하는 生理에서 水素의 凝集이 始作되고 空間의 到處에 水素의 덩어리가 만들어지게 될 것이다. 宇宙가 胎動하는 時效가 되겠지만 天體가 만들어지는 것이다. 하나의 單位 宇宙가 誕生하는 嚆矢가 된다 할 것이다.

水素는 氣體이다. 氣體인 水素가 彼此間에 作用하는 引力으로 서로를 모아 간다면 어떤 形態로 構成되어 갈 일일까? 水素가 行使하는 重力의 原理上 그들은 둥그런 球體로 形成되어 갈 것이다. 서로가 서로를 壓縮시키면서 옥죄어 가기 때문에 道理없이 水素는 球體로 形成되어 갈 수밖에 없을 것이다. 지금의 天體처럼 둥그렇게 發達하게 되는 것이다.

宇宙空間의 모든 天體가 例外없이 둥그런 天體로 形成되어 發達하고 있는 理由는 그와 같은 原理에서 起因하고 있는 것이다. 모든 天體가 氣體인 水素로부터 起源되어 만들어졌기 때문에 둥그런 球體의 形狀을 하고 있는 것이다.

宇宙回歸論의 이 글에서 展開하는 宇宙像은 東洋의 物理思想에 基礎하고 있다. 宇宙는 本質的으로 水素밖에 存在하지 않는

性格이니 結局 宇宙 水素論이라 할 수 있을 것이다. 重要한 일은 水素로부터 始作되는 宇宙가 現在의 宇宙와 一致하는가의 與否일 것이다.

一致한다면 에너지源인 電子의 結晶으로 物質인 水素가 生成된다는 結果가 立證될 것이다. 宇宙는 오직 水素의 單一成分에서 起源되고 經營된다는 水素의 宇宙 起源說은 說得力을 갖게 된다. 비단 說得力으로만 머물지 않고 宇宙의 眞實과 符合되고 一致하는 것이다.

去頭截尾하고 結論부터 말한다면 宇宙의 根源은 에너지源인 電子이고 이 에너지源의 電子가 結晶되어 物質인 水素를 生成시키고 있으며 그게 事實이라 하는 뜻인 것이다. 이 水素가 經營해 가는 宇宙가 必然的으로 지금의 宇宙像으로 歸着되고 宇宙의 眞實과 一致하고 있는 것이다.

宇宙는 銀河系 小宇宙와 같은 單位 小宇宙로 形成되어 連續되고 있다. 單位 小宇宙의 連續인 지금의 宇宙는 水素가 經營해 가는 途程의 宇宙와 한 치의 誤差도 없이 一致하는 結果를 確認하게 되는 것이다. 水素가 體系化하고 經營하는 方法 以外의 現存하는 宇宙가 形成되고 存立할 다른 造化의 餘地가 없는 것이다.

結局 에너지源인 電子의 結晶으로 生成되는 水素가 宇宙의 物質的 本質이고 原子가 된다. 이 水素가 經營하는 宇宙像이

現存하는 宇宙와 한 치 어그러짐 없이 一致한다는 結論에 到達하고 있는 것이다. 그러니까 에너지源인 電子의 結晶으로 造成된 物質인 水素가 經營하는 宇宙像과 지금 展開되는 現存의 宇宙와 一致하고 있다는 뜻인 것이다.

이제까지 그 아무도 理解할 수 없었던 現存의 宇宙는 에너지源인 電子의 結晶으로 造成된 水素가 經營하고 있는 것이다. 宇宙의 眞實은 水素의 經營이 아니고서는 다른 造化의 餘地가 없다는 事實을 格物·致知의 物理思想에 바탕한 東洋의 宇宙回歸論이 밝히고 있는 것이다.

生理的인 呼吸을 間斷없이 계속하며 重力을 行使하는 水素가 經營할 수 있는 宇宙는 現在 展開되고 있는 宇宙 以外의 다른 宇宙를 造成시킬 餘地가 없다는 말이 虛構가 아닌 事實일까? 事實이라면 現存하는 宇宙란 도대체 어떤 宇宙像을 말하는 것일까?

現存하는 宇宙를 理解하기 爲해서는 먼저 太陽系가 예속된 銀河系 小宇宙의 現況과 實態부터 먼저 알아야 할 것이다. 어찌 그러느냐 하면 宇宙는 오로지 銀河系 小宇宙와 같은 小宇宙 單位로 體系化되어 經營되고 있기 때문이다. 宇宙는 構造가 똑같은 이를 小宇宙의 連續인 것이다. 따라서 銀河系 小宇宙 하나를 理解하게 되면 宇宙 全體를 理解할 수 있게 되는 것이다.

銀河系 小宇宙는 恒星의 集團으로 地球上의 人間이 依存해서

살아가는 太陽과 太陽의 系列들이 예속된 하나의 單位 小宇宙이다. 水素가 經營할 수 있는 能力의 限界가 單位 小宇宙의 體系化이지만 一絲不亂하게 活動하면서 定해진 空間을 소용돌이로 疾走하는 巨大한 小宇宙인 것이다.

銀河系 小宇宙는 宇宙의 一定한 單位 空間에서 그 空間을 占有하고 있던 水素의 凝集으로 起源하여 獨自的인 體系를 構築하고 經營에 成功한 하나의 巨大한 小宇宙이다. 典型的인 標本이 되는 小宇宙의 하나인 것이다. 宇宙는 銀河系 小宇宙와 같은 小宇宙 單位로 存在하며 이들로 連續되고 있는 것이다.

宇宙空間에 散在하고 存在하는 모든 單位 小宇宙의 모양과 形態는 多少의 差異야 있을 수 있겠지만 別다른 例外는 없으며 銀河系 小宇宙와 大同小異의 構造인 것이다.

에너지源인 電子의 結晶으로 造成된 水素가 經營하는 世界는 똑같을 수밖에 없을 것이다. 千篇一律的인 性格으로 宇宙는 銀河系 小宇宙와 같은 이들 單位 小宇宙의 連續인 것이다.

宇宙는 現在가 있는 만큼 반드시 過去가 있었을 것이다. 또 未來로 이어질 것이다. 現在가 있기 爲해서는 過去가 있었을 일은 必然이 아닐 수 없다. 過去에 어떤 根源에서 始作되고 出發하여 宇宙가 起源되고 體系化되었으며 一絲不亂한 經營의 途程을 더듬어 오늘에 이르고 있는지를 考證하고 糾明해야 할 것이다.

過去의 宇宙가 어떤 根源에서 起源되어 오늘에 이르렀는지 그 足跡이 解明되면 自然히 오늘의 宇宙도 理解할 수 있고 未來의 宇宙도 豫測이 可能해질 일이다. 그런 理致에서 過去로 遡及해 올라가서 銀河系 小宇宙가 生成되고 起源된 足跡을 더듬어 糾明해 보는 일도 全혀 無益한 일이 아닐 것이다. 宇宙를 理解하는 지름길이 될 수 있기 때문이다.

宇宙는 銀河系 小宇宙와 같은 宇宙 單位로 體系化되어 存在하고 있으며 이를 單位 小宇宙의 連續인 것이다. 따라서 하나의 單位 小宇宙가 形成되어 걸어온 行跡만 밝혀진다면 全體 宇宙의 眞實이 克明하게 解得될 性格인 것이다.

그렇다면 지금부터 에너지源인 電子의 結晶으로 生成된 水素가 스스로 行使하는 重力의 能力으로 經營하는 宇宙가 果然 어떤 構圖의 宇宙가 될 것인가. 太初의 宇宙가 起源되는 途程을 더듬어 糾明해 보기로 할 것이다. 宇宙의 物質的 本質이고 原子인 水素가 經營해 가는 宇宙像이 어떤 構造의 宇宙이며 現存하는 宇宙와 一致하는가의 與否를 確認해 보아야 할 것이다.

※ 天體의 形成과 水素의 核融合

太陽系가 예속된 銀河系 小宇宙는 하나의 小宇宙인 性格이지만 巨大한 體系이다. 單位 小宇宙라는 뜻은 宇宙는 單位空間마

다 小宇宙 單位로 體系化되어 造成되고 있으며 個別的인 固有의 經營을 하면서 存在한다는 뜻인 것이다. 水素가 經營할 宇宙도 그렇지만 現存하는 宇宙도 小宇宙의 單位別로 獨自的인 經營과 體系를 構築해서 維持하고 있는 것이다.

宇宙는 워낙 廣闊한 無限의 空間이기 때문에 도저히 하나로 體系化되고 經營될 수 없는 性格인 것이다. 따라서 宇宙는 不可避하게 銀河系 小宇宙와 같은 小宇宙 單位로 經營될 수밖에 없는 것이다. 水素가 體系化시키고 經營할 수 있는 能力의 限界가 小宇宙의 形成이기 때문이다.

그러니까 宇宙空間의 一定한 領域을 占有하고 있던 水素가 重力을 行使하고 活動을 始作하면서 體系化되고 一生을 經營하는가 하면 또 分離되어 消滅로 이어지는 하나의 世界가 小宇宙이고 單位 宇宙가 되는 것이다. 알아두어야 할 일은 水素가 죽어서 中性子가 되고 中性子가 原狀의 水素로 되살아나는 性格에서 小宇宙는 태어나서 一生을 經營하고 生涯를 마쳐 죽었다가도 또 다시 回生하여 새로운 小宇宙를 經營한다는 事實인 것이다.

그런 原理에서 宇宙空間은 銀河系 小宇宙와 같은 빛을 發散하는 活性의 世界만이 存在할 性格은 아닐 것이다. 에너지를 發散하면서 빛나는 可視的 世界만이 存在할 性質이 아니라 새로이 태어나고 또 죽어가는 世界도 있을 것이다. 여러 가지 形態의 世界가 存在할 可能性을 排除할 수 없을 것이다.

그러면 지금부터 銀河系 小宇宙와 같은 單位 小宇宙가 어떤 原理로 生成되고 起源해서 誕生하기에 이르렀으며 또 어떤 途程을 더듬어 오늘에 이르렀는지를 考察하고 糾明해 보기로 할 것이다. 單位 小宇宙의 一生을 鳥瞰해 보아야 宇宙의 實相을 쉽게 理解할 수 있을 일이기 때문이다.

水素는 根本的으로 에너지源인 電子의 組織的 結集으로 造成된 物質이다. 水素는 物質이지만 電子의 結晶體로 에너지의 덩어리인 것이다. 根源的으로 이 水素가 숨을 쉬면서 重力을 行使하는 能力을 갖고 있다. 彼此間 서로 끌어당길 引力을 作用하는 源泉인 것이다.

個別的으로야 微弱한 存在에 不過할 水素가 行使하는 重力의 能力으로 果然 銀河系 小宇宙와 같은 巨大한 하나의 單位 小宇宙를 體系化시키고 組織해서 經營해 갈 수 있을 일일까? 水素가 現存하는 宇宙體系와 一致하는 構圖의 世界를 構築할 수 있을 것인가 하는 것이다. 그 與否가 確認되어야 할 것이다.

눈에 보이지도 않는 至極히 微弱한 存在인 水素가 어떻게 그토록 巨大한 하나의 單位 小宇宙를 構築할 수 있을 일이겠는가 反問하면서 疑問을 提起할 것이다. 그러나 呼吸하며 重力을 行使하는 水素가 아니고서는 現存하는 宇宙를 構築할 수 있는 다른 能力의 要素는 存在하지 않는 것이다.

宇宙空間의 一定한 領域에 걸쳐 널리 分布해서 散在되어 있던 水素는 到處에서 서로를 모아 갈 것이다. 水素는 重力을 行使하는 母體이기 때문에 彼此間에 引力을 作用시켜 서로를 結集시킬 수 있는 것이다. 이 現象을 水素의 凝集이라고 한다.

空間의 到處에서 氣體인 水素가 서로 間에 引力을 作用시켜 結集되면 둥그런 球體로 形成되어 갈 것이다. 水素가 作用하는 引力의 生理에서 서로가 서로를 끌어 모으면 壓縮되는 壓迫으로 둥그런 球體로 集積될 수밖에 없을 것이다. 이 現象이 天體가 만들어지는 嚆矢로 모든 天體는 이런 原理에서 만들어지고 있는 것이다.

이런 順序로 構築되는 球體는 하나의 天體로 發達되면서 自己의 能力이 미치는 限 자꾸만 周邊의 水素體들을 結集시켜 갈 것이다. 살아남은 天體는 質量과 體積을 점점 크게 부풀려 가면서 肥大해지는 것이다. 그 結果 水素가 天體로 結集된 그 空間領域은 眞空狀態가 되어 갈 것이다.

뉴턴이 提唱한 萬有引力의 法則대로 物體는 質量에 比例하고 距離의 自乘에 反比例하는 引力을 作用한다. 萬有引力의 法則도 그렇지만 太陽系의 마지막 行星인 冥王星이 太陽으로부터 60億km의 먼 距離에 머물고 있다. 그곳까지 太陽의 引力이 미치고 있는 例에서 미루어 볼 때 水素의 結集體인 天體가 作用시키는 引力은 아주 먼 곳까지 達하는 것으로 보인다.

그런 結果가 무엇을 뜻하고 있느냐 하면 一定空間의 水素가 한 곳으로 集中되어 더 以上 끌어 모을 水素體가 없으면 道理없이 그곳 空間에 그냥 停止狀態인 채 머물러 있게 될 것이라는 理致가 되는 것이다.

그런 順序로 一定空間의 水素가 모여 質量과 體積이 어느 程度 커진 水素의 球體인 天體가 해야 할 다음 段階의 할 일은 무엇일까? 天體가 停止狀態에 머물러 있기만 해서는 宇宙는 經營될 수 없고 發達할 수 없을 것이다. 어느 水準까지 到達하고 커진 天體은 반드시 다음 段階의 할 일이 있는 것이다.

宇宙가 빛나면서 經營되어 제 口實을 다 하기 爲해서는 天體의 形成에 局限되지 않고 그 다음 段階의 順序가 進行되어야 하는 것이다. 水素가 重力을 行使하고 있는 以上 天體의 永遠한 停止는 없을 性格이지만 잠시 停止狀態에 있게 될 天體가 進行해야 할 일은 水素의 核融合인 것이다.

地球上의 人間이 水素의 核融合을 直接 經驗한 일은 없다. 그러나 至近인 太陽을 비롯해서 宇宙空間의 모든 恒星에서는 지금 한창 水素의 核融合이 進行되고 있는 것이다. 그 옛날 地球를 비롯한 太陽系의 行星과 그 系列들이 水素의 核融合을 經營하고 進行시킨 흔적이 있으며 여러 가지 證據物이 뒷받침되고는 있으나 그러나 지금은 볼 수 없는 것이다.

現在로서는 質量과 體積이 엄청나게 큰 太陽만이 唯一하게

核融合을 持續시키고 있다.

人間이 太陽의 核融合을 흉내내며 無限에너지를 얻는답시고 無謀하게도 안간힘을 기울여 水素의 核融合을 試圖한 바 있다. 多幸한 일로 人間이 試圖한 水素의 核融合을 成功하지 못한 것이다. 無知의 所致일 뿐이지 水素의 核融合은 워낙 에너지가 커서 人間의 能力으로 堪當할 수 있는 世界가 아닌 것이다. 統制와 制御가 되지 않아 災殃의 根源이 될 뿐이기 때문이다.

智慧가 高度로 發達한 人間의 온갖 試圖와 努力에도 不拘하고 實現되지 않던 水素의 核融合은 그러나 奇妙하게도 宇宙空間에서는 到處에서 아주 흔하게 일어나고 있는 것이다. 宇宙空間에서의 核融合은 至極히 容易하고도 茶飯事로 일어나는 아주 흔한 現象인 것이다.

참으로 奇妙하고도 不可思議한 일이 아닐 수 없을 것이다. 宇宙空間에서 그토록 쉽게 水素의 核融合이 進行되는 原因이 도대체 무엇일까? 아마도 다음의 두 가지 要因에서 水素의 核融合이 쉽게 일어나는 것으로 보인다.

宇宙空間은 電氣가 傳導體 없이 그냥 흐르는 -273℃의 絶對溫度下에 놓여 있는 苛酷한 環境이다. 에너지源인 電子가 直接 電氣는 아니기 때문에 水素 속의 電子가 水素의 內部世界를 박차고 脫出할 程度의 極限狀況은 아닌 것이다. 그렇다 하더라도 -270℃의 絶對溫度下에 놓여 있는 空間은 水素 속의 電子

가 不安한 狀態에 놓이게 될 結果는 必至의 일이 아닐 수 없을 것이다.

　그렇다고 그런 苛酷한 環境의 一方的인 條件만으로 水素의 核融合이 쉽게 進行될 性質은 아닐 것이다. 또 다른 要因의 相乘作用이 加勢되어야 水素의 核融合은 可能해질 狀況일 것이다.

　水素가 모여서 形成된 天體에서 水素의 核融合이 進行되기 爲해서는 水素의 不安한 狀態의 條件에 加勢될 또 다른 要因이 있어야 할 것이다. 刺戟을 주고 攪亂시키면서 水素 속의 電子가 外部로 放出되도록 衝擊을 줄 어떤 劇的인 要素가 追加되어야 하는 것이다. 水素 속의 電子를 脫出하도록 衝擊을 줄 그러한 劇的인 要素가 果然 있을까? 있다면 그 要素가 무엇일까?

　그 要素란 다름 아닌 水素가 스스로 行使하는 重力作用인 것이다. 水素가 모여 形成시킨 球體 즉 天體의 모든 表面部位에서 서로 壓縮시키고 옥죄는 壓迫으로 생기는 水素의 激烈한 運動인 것이다.

　太陽을 비롯한 宇宙空間의 모든 恒星들이 水素의 單一成分으로 造成된 天體인 事實은 이미 充分히 確認된 結果이다. 周知의 일인 것이다. 宇宙는 本質的으로 오로지 水素밖에 存在하지 않는다.

　宇宙의 根源은 에너지源인 電子가 될 것이다. 에너지源인 電子의 結晶으로 物質인 水素가 生成되고 있다. 이 水素가 宇宙의

物質的 本質을 이루면서 宇宙는 本質的으로 水素밖에 存在하지 않을 結果는 當然한 歸結이요 理致가 아닐 수 없을 것이다.

宇宙의 物質的 本質인 水素가 에너지源인 電子의 結晶體일 때 宇宙는 本質的으로 水素의 活動舞臺로써 活性의 에너지 場이라 할 수 있을 것이다.

東洋의 宇宙回歸論에 依해 宇宙의 眞實과 神秘가 이제 비로소 바르게 밝혀지고 있는 것이다. 우선 그 證據의 하나로 東洋의 物理思想인 宇宙回歸論이 提起하고 있는 宇宙의 水素起源說이 모든 恒星이 水素의 單一成分으로 造成되고 있는 現象과 一致하고 있는 것이다.

水素로 集成된 天體에서 核融合이 進行될 條件은 그 動機와 原因이 다음 두 가지인 것으로 나타나고 있다.

電氣가 傳導體없이 제멋대로 空間을 흐르는 -273℃의 絶對溫度下인 苛酷한 環境과 이에 加勢하여 天體의 모든 表面部位의 反對方向에서 서로 끌어 당기고 옥죄는 壓迫으로 激烈하게 일어나는 水素의 搖動치는 運動이 相乘作用이 되고 原因의 動機가 되어 水素의 核融合은 宇宙空間의 到處에서 아주 쉽게 進行되는 性格인 것이다.

宇宙空間에서 水素의 核融合이 아주 쉽고도 普遍的으로 進行되고 있는 要因은 그 두 가지 以外의 다른 要素는 없는 것이다.

그 두 가지 要因의 相乘作用으로 水素의 核融合은 宇宙空間의 到處에서 아주 쉽고도 茶飯事로 일어나는 普遍的인 現象이 되고 있는 것이다.

에너지源인 電子의 結晶으로 物質인 水素가 造成되고 水素로부터 起源되는 宇宙가 現存하는 宇宙와 점점 一致되어 가고 있으니 漸入佳境이 아닐 수 없다 할 것이다.

※ 地球의 重力 狀況

빛나는 太陽이나 다른 恒星들이 모두 水素로 集成된 成分이지만 地球는 그들과는 달리 水素成分이 아니며 固體로 굳어 있는 天體이다. 人間이 살아가는 地球는 오로지 元素物質로 蓄積된 天體인 것이다. 똑같은 天體인데도 不拘하고 어찌 地球는 元素物質로 蓄積되고 있는 것일까?

우선 疑問인 點은 水素로 構成된 太陽이나 元素物質로 蓄積된 地球 같은 天體가 例外없이 모두 둥그런 天體로 形成되고 있다는 事實일 것이다. 어찌 모든 天體가 한결같이 둥그런 球體로 形成되고 있는 것일까?

水素가 行使하는 重力의 原理에 立脚해서 考察하고 分析해 보면 모든 天體가 水素로부터 始作하여 造成되고 있다는 理致가 되는 것이다. 그런 論理에서 보면 地球도 根本은 水素로부터

222

始作하여 만들어진 天體가 分明한 것이다.

元素物質로 蓄積된 地球의 根本이 水素라는 게 事實일까? 事實일 것이다. 모든 證據物이 具備되어 뒷받침 되고 있는 만큼 地球의 水素 起源설은 否認될 수 없는 眞實일 것이다. 疑問의 餘地가 없는 것이다. 地球도 다른 恒星들처럼 分明히 水素로부터 起源되고 있는 것이다.

무엇보다도 事物의 理致를 正當하게 認識하고 있지 못한 경우가 된다 하겠지만 사람들은 自己들이 발을 디디고 살아가는 地球의 重力狀況조차 倒錯된 思考方式으로 一貫하면서 曲解하고 있는 것이다. 奇異한 現象으로 地球의 重力狀況을 錯覺하고 있는 것이다. 愚昧한 일로 甚하게 表現한다면 虛構의 虛像을 信奉하고 妄言하고 있다 할 수 있을 것이다.

어찌 그런 結果가 招來되고 있는 것일까? 이는 知識을 提供하는 學問의 根本이 잘못 設定되고 있는데서 由來하여 起因되고 있다 할 것이다. 重力에 對한 槪念이 잘못 認識되고 있으며 主客이 顚倒되고 있는 것이다.

東洋의 物理思想으로 規定되어야 할 性格이지만 四書의 하나인 大學에는 格物・致知 誠意・正心으로부터 始作되는 八條目의 글이 올라 있다. 格物이 出現시키는 事物의 理致를 먼저 바르게 認識하고 난 然後에 人格을 修養해야만 사람의 誠意가 우러나고 마음을 바르게 갖게 되어 道義를 다할 수 있다는 뜻으로

解釋되는 것이다.

　事物의 理致를 옳고 바르게 認識하기 爲해서는 무엇보다도 먼저 格物이라는 宇宙의 根源과 本質을 正當하게 理解함이 있어야 한다는 것이다. 그러나 宇宙의 根源과 本質을 正當하게 理解하는 일은 枯捨하고 바로 눈앞에서 펼쳐지고 있는 地球의 重力에 對한 槪念조차 倒錯된 思考로 一貫하고 있었던 것이다.

　그런 바탕에서 事物의 理致를 바르게 認識하고 正當하게 理解할 수 있을 일은 아니었을 것이다.

　地球가 作用하는 重力에 對한 槪念이 어떻게 잘못 認識되고 있었다는 말일까? 이제까지 地球의 中心部가 엄청나게 壓縮되고 있다 主張되고 있었는데, 그런 發想이 倒錯된 思考方式으로 誤謬를 犯하고 있다는 것이다.

　常識的인 이야기이지만 地球의 表面에서 物體위에 物體를 쌓아 올리면 그 物體의 質量에 比例한 重壓을 받게 된다. 當然한 理致로 생각하고 사람들은 地上에서 일어나는 常識的인 눈앞의 이 現象을 아무런 濾過없이 그냥 地球의 中心部까지 延長시키고 있다. 그게 바로 잘못된 일이 된다는 것이다.

　地上에서 物體위에 物體를 쌓아 올리면 무거워지지 않는다는 뜻이 아닌 것이다. 그런 現象은 地表面에 局限될 뿐 重力의 原理上 地上에서의 經驗이 그대로 地球의 中心部까지 延長될 수 없는 것이다. 地球는 둥근 球體이다. 둥근 天體에서 重力이

行使되는 變化에 對해서 사람들의 判斷이 正當하지 못하다는 뜻이 되는 것이다.

水素가 行使하는 重力의 原理에서 地球內部의 重力狀況은 場所에 따라 時時刻刻으로 變할 수밖에 없는 것이다. 深部에 들어갈수록 弱해지면서 地球 中心部는 無重力 狀態의 空洞地帶가 될 지언정 壓縮될 수 없는 것이다.

地球는 元素物質의 蓄積體인데 水素가 行使하는 重力과 무슨 相關이 있는가 하는 疑問을 가질 것이다. 元素物質이 中性子의 結合으로 造成된 成分으로 中性子도 水素와 마찬가지로 呼吸을 하며 重力을 行使하기 때문에 原理는 똑같은 것이다.

"地球가 水素에서 起源되었다는 事實을 強調하는 뜻에서 異論을 提起하는 것 같은데 今時初聞의 말이다. 地球 中心部는 그곳에서 表面까지 物體를 쌓아올린 重壓을 받을 일이 當然한 理致가 아니겠는가" 할 것이다. 이제까지 그렇게 認識하고 있었으나 眞實은 그렇지 않은 것이다.

地球의 半徑은 6400km이다. 中心部에서 地表面까지의 距離가 6400km인 것이다. 지금까지는 6400km의 높이로 物體를 쌓아 올린 重壓을 中心部에서 받고 있다 생각하고 있었다. 그러나 이제까지의 생각과는 달리 地球 中心部는 6400km의 높이로 物體를 쌓아 올린 重壓을 받는 곳이 아닌 結果가 確認되고 있다.

그동안 重力이 行使되는 概念과 狀況에 對해서 曲解를 하고 있었으며 誤謬를 犯하고 있었던 것이다. 어떻게 曲解를 하고 있었는지 알아보기로 할 것이다. 既存의 學說이 잘못 設定되고 있으며 一大 誤謬를 犯하고 있는 것이다.

地球라는 天體의 表面에서 物體 위에 物體를 쌓아 올리면 質量에 比例하는 壓力을 받는다. 物體의 質量에 相當한 壓迫과 重壓을 받게 되는 것이다. 그런 現象은 틀림없는 事實이다. 그러나 그런 現象은 어디까지나 地表面에 局限되는 일일 뿐 地球의 深部에 들어가면서 그곳 內部의 重力狀況은 조금씩 달라지게 되는 것이다.

地球의 表面에서 나타나게 되는 物體의 무게는 反對方向에서 地球의 全體物質이 作用하는 引力에서 생긴다. 地球上에서 物體가 갖게 되는 重量은 그 物體가 發散하는 重力波를 地球를 構成하고 있는 元素物質의 結合體인 中性子의 一部가 그 重力波를 吸引하는 結果에서 생기는 것이다.

結局 地球上에서의 物體가 갖는 무게는 地球의 全體 物質이 行使하는 引力으로 생긴다 仮定해야 하는 것이다. 그러나 地球의 深部에 들어가면서 重力狀況은 조금씩 달라질 수밖에 없을 것이다. 引力을 作用하는 物體가 줄어가는 탓도 있겠지만 이번에는 逆으로 옆과 등 뒤에서도 物體의 引力이 作用되기 때문이다. 當然한 理致로 天體 內部의 重力狀況은 곳에 따라 달라질 수밖에 없는 것이다.

사람들은 地球의 表面部位에서 經驗하고 있는 重量의 槪念을 單純하게도 아무런 濾過없이 그대로 地球 中心部까지 延長시키고 있다. 思考에 洞察力과 融通性을 가져야 할 일인데 그렇지 못하고 盲目的인 側面이 있다 할 것이다.

智慧가 出衆하고 思考와 洞察의 能力 또한 兼備하고 있는 人間이 地上에서의 視覺的인 經驗만을 一方的으로 固執할 일이 아닐 것이다. 앞 뒤를 分別하지 못하는 愚直스러운 일이 될 일이기 때문이다. 事物의 理致를 바르게 洞察하고 考慮할 줄 아는 能力과 雅量도 갖추고 있어야 할 일일 것이다.

사람들은 地球 中心部가 半徑인 6400km의 높이로 物體가 쌓아 올려졌다 錯覺하고 있다. 地球 中心部가 그런 높이의 物體를 쌓아올린 重壓을 받고 있는 것으로 생각하고 있는 것이다.

그런 높이로 物體가 쌓아 올려졌다면 重壓을 받게 될 일이 當然하겠지만 事實은 그렇지 않은 것이다. 그런 着想은 倒錯된 思考方式으로 錯覺인 것이다.

地球의 直徑은 12800km이다. 半徑이 6400km인 것이다. 地上에서의 經驗일 뿐 常識的인 일에 不過하겠지만 6400km의 높이로 物體가 쌓아올려졌다면 想像을 超越할 엄청난 重壓을 받게 될 일이야 異論의 餘地가 없을 것이다. 그러나 地球의 中心部는 物體의 무게를 支撐해줄 平板이 아닌 것이다.

이제까지 사람들은 平板 위에 物體를 쌓아 올렸다는 論理에

立脚하고 基礎해서 地球 中心部가 엄청난 重壓을 받게 되어 高熱의 溶岩地帶로 化하고 있다 생각하고 있었던 것이다. 그러나 그런 發想은 사람들의 一方的인 생각일 뿐 事實은 그렇지 않으며 잘못된 생각인 것이다.

地球 中心部는 水素가 行使하는 引力으로 모여 形成된 緩衝地帶로 오히려 無重力 狀態의 空洞地帶라 表現되어야 마땅할 것이다. 地球 中心部는 平板이 아닌 것이다.

勿論 그동안 重力이 行使되는 萬有引力의 原理가 밝혀지고 있지 않았던 原因도 있었겠지만 根本的으로 重力에 對한 概念이 잘못 認識되고 있었던 것이다. 此際에 水素와 中性子가 行使하는 重力의 原理를 바르게 理解해야 할 것이다.

宇宙空間의 모든 天體가 例外일 수 없겠지만 地球라는 天體에서 가장 큰 壓迫을 받는 곳은 中心部가 아닌 表面의 모든 部位가 된다. 비단 地球뿐만이 아니라 모든 天體의 表面部位가 가장 큰 壓力을 받는 곳이 되는 것이다. 그런 理致에서 物體가 가장 무거운 곳은 中心部가 아닌 地球의 모든 表面이 된다 할 것이다.

어찌 그런가 하는 理由가 밝혀져야 하고 合理的이고도 正當한 論理가 展開되어야 할 것이다.

太古의 일이지만 모든 天體가 基本的으로 水素로부터 始作하여 形成된 것이다. 그러나 그렇게 主張되는 일과는 달리 現在의

地球는 水素가 아니다. 여러 가지 元素物質로 蓄積되어 形成되고 있는 것이다. 그런 地球를 水素가 行使하는 重力의 原理에서 物體가 갖는 重量의 理致를 論하고 展開하는 일은 矛盾이 아니냐 할 수도 있을 것이다.

그러나 地球上의 모든 元素物質은 水素의 變形인 中性子가 結合해서 造成시키고 있는 事實을 想起해야 할 것이다. 地球도 本質은 水素인 것이다. 놀라운 宇宙의 攝理이지만 中性子도 水素와 마찬가지로 呼吸을 하며 引力을 作用시키고 驅使하고 있는 것이다. 그런 理由로 水素의 集成體인 太陽이나 恒星과 똑같은 原理와 理致가 適用되는 것이다.

核心에서 벗어난 이야기가 되겠지만 元素物質로 蓄積된 地球가 太初에 어떻게 해서 생겨났을까 다시 한 번 考察해 보기로 할 것이다.

宇宙空間에서 水素의 凝集으로 形成된 天體의 表面에서 서로 옥죄고 끌어당기는 壓力과 壓迫으로 일어나는 激烈한 水素의 運動과 電氣가 銅線이라는 傳導體없이 空間을 제멋대로 흐르는 -273℃의 絶對溫度下인 苛酷한 條件이 相乘作用하여 水素의 核融合은 宇宙空間의 到處에서 아주 容易하고도 普遍的으로 일어나는 흔한 現象이라고 말한 바 있다.

에너지源인 電子의 結晶으로 物質인 水素가 造成되고 이

水素가 呼吸하는 原理에서 行使되는 引力으로 水素는 서로를 모아 天體를 形成해 간다.

이렇게 만들어지는 天體의 表面部位에서 일어나는 水素의 激烈한 運動과 電氣가 傳導體없이 제멋대로 흐르는 -273℃의 絶對溫度下인 苛酷한 環境의 條件이 原因이 되고 動機가 되어 水素의 核融合은 宇宙空間의 到處에서 아주 쉽고도 茶飯事로 일어나는 흔한 現象인 것이다.

宇宙空間에서 光輝를 發散하면서 빛나는 恒星의 불빛은 그런 結果의 産物이고 現象인 것이다. 當然한 結果이겠지만 元素物質로 蓄積되어 굳어있는 地球도 例外가 아니어서 水素의 核融合을 진작에 끝마친 天體가 되는 것이다.

그러면 中心部가 아닌 地球의 表面이 어찌하여 가장 큰 壓力을 받는 곳이 되는가를 알아보아야 할 것이다.

모든 天體는 基本的으로 水素가 서로 反對方面에서 잡아 당기고 옥죄는 壓力에 依해서 形成된 球體인 것이다. 그러나 地球는 지금 水素를 代身한 元素物質로 重力場이 形成되고 있다. 즉 結合하여 元素物質을 造成시킨 中性子가 行使하는 引力으로 地球의 重力場이 形成되고 있는 것이다. 狀況이 달라지고 있을 뿐 빛나는 太陽이나 恒星과 同一한 原理에서 重力場이 形成되고 있는 것이다.

따라서 서로 끌어당기는 壓力이 가장 크게 作用되는 焦點은 反對方向에서 서로 옥죄고 壓迫하는 地球의 모든 表面이 될 수밖에 없는 것이다. 地球의 全體質量이 잡아당기는 重力의 焦點은 地球의 모든 表面이 되며 物體의 무게가 가장 무거운 場所도 表面이 되는 것이다.

그와는 달리 둥그런 球體인 地球의 中心部는 모든 表面部位에서 等距離의 位置에 있다. 逆으로 四方에서 서로 끌어당기는 中心인 것이다. 서로 끌어당기는 引力이 相殺되고 中和되어 도리어 重力의 緩衝地帶가 될 수밖에 없을 것이다. 地球의 中心部는 도저히 壓縮될 수 없으며 오히려 無重力 狀態의 空洞地帶로 表現되어야 할 것이다.

地球는 24時間의 一晝夜를 週期로 一自轉하고 있다. 中心部가 오히려 비어 있기 때문에 큰 天體가 빨리 돌고 있는 것이다. 重力의 原理에서 스스로 몸을 빨리 돌리고 달리지 않으면 存續될 수 없는 것이다.

萬一 旣存의 重力槪念과 思考方式대로 地球 같은 天體의 中心部가 壓縮되어 무겁다면 어떤 힘이나 能力으로도 中心部가 무거운 이 天體를 廻轉시키면서 달리게 하지 못할 것이다. 天體는 中心部가 비어 가볍기 때문에 廻轉이 容易하고 달리기 便한 것이다.

※ 天體의 有機的 運動體系

動物인 人間은 自己 自身의 생각과 意志에 따라 行動하고 또 運動이 可能해지는 것이다. 動物인 人間과는 달리 無機質인 天體는 어떤 要因의 힘과 意志에 따라 運動하게 되는 것일까? 天體의 停止란 없으며 어떤 意志에 依해 끊임없이 運動을 계속하고 있는 것이다.

天體의 運動을 끊임없이 持續시키는 根源의 原動力이 무엇일까? 모든 天體를 계속 움직이게 하고 끊임없이 달리게 하는 根源의 힘이 도대체 무엇일까 하는 것이다.

天體의 運動을 促進시킬 根源의 力學的 要因은 宇宙의 物質的 本質인 水素가 呼吸하는 重力波로 作用되는 引力에서 비롯되고 있는 것이다. 水素가 作用하는 引力이 아니고서는 天體는 움직일 수 없으며 天體를 움직이게 할 다른 어떠한 要素나 要因도 없는 것이다.

그렇다고 微微한 水素의 重力行使가 銀河系 小宇宙와 같은 巨大한 單位 小宇宙를 組織하고 體系化시키면서 달리게 하고 또 이를 統制할 수 있을까? 地球는 秒速 30km로 달리고 太陽은 그의 10倍에 가까운 秒速 250km에 肉迫하는 速度로 달리고 있는 것이다. 그런가 하면 銀河系 小宇宙는 全體를 이끌고 勿驚 秒速 2500km에 가까운 速度로 달리고 있다.

눈에 보이지도 않는 水素가 果然 單獨으로 그런 일을 可能케 할 能力의 所有者일 수 있을까 하는 것이다.

하나의 水素가 呼吸하면서 發揮하는 引力은 微弱하기 그지없다. 그러나 天體로 成長하면서 큰 質量으로 集積된 水素의 덩어리가 行使하는 重力의 威力은 그 能力이 大端한 것이다. 人間의 想像을 超越할 엄청난 威力을 發揮하게 되는 것이다.

百聞이 不如一見이라 했다. 에너지源인 電子의 結晶으로 造成된 水素가 基本이 되어 天體를 어떻게 結成하고 運動을 促進誘發해서 銀河系 小宇宙와 같은 巨大한 單位 小宇宙를 體系化시키고 構築하여 宇宙를 經營하는지 考察해 보기로 할 것이다. 水素가 單獨으로 銀河系 小宇宙와 같은 巨大한 單位 小宇宙를 體系化시켜 構築하고 宇宙를 經營하고 있는 것이다.

오로지 水素의 能力만으로 宇宙가 經營될 수 있을까 疑訝하게 생각될 수도 있을 것이다. 그러나 水素는 그런 能力을 갖고 있으며 실제로 宇宙는 水素 單獨으로 經營하고 있는 것이다.

東洋의 物理思想인 宇宙回歸論이 登場하여 物理를 밝히기 前까지는 人間의 그 누구도 또 東西의 어떤 學說도 物質의 根源이나 物體가 行使하는 重力의 原理를 밝힌 일이 없다. 物質의 起源은 勿論이고 天體와 天體의 運動體系를 合理的으로 理論化해서 現況의 宇宙體系를 說明하고 一致시킨 일이 없는 것이다.

宇宙가 어느 날 갑자기 한 곳으로부터 爆發하여 四方으로 퍼져

膨脹하고 있다는 西洋의 宇宙 膨脹說이 있기는 하다. 그러나 그 說은 宇宙가 爆發한 根源의 要因이 무엇인지 原理的인 根據가 提示되고 있지 않은 것이다. 盲目的인 煽動으로 그치고 있다.

아무런 根據도 提示됨이 없이 오직 煽動的인 우격다짐에 지나지 않을 그런 虛荒된 主張은 誇張된 虛構에 지나지 않을 것이다. 宇宙의 現況이 合理的으로 說明될 수 있는 일이 아니기 때문이다. 語不成說의 妄發이 된다 할 것이다.

앞에서 水素가 스스로 行使하는 重力으로 서로를 모아 둥그런 球體의 天體를 形成시키고 그 天體가 宇宙空間의 到處에서 核融合을 經營하며 머물러 있을 것이라는 途程까지는 이미 說明한 바 있다.

그렇다면 水素 속의 電子가 重力波라는 媒介體를 操作하여 生理的인 呼吸을 계속하면서 行使하는 重力으로 宇宙를 經營하게 될 앞으로의 行步와 途程이 어떤 形態가 될 것인지 알아보아야 할 것이다. 오직 에너지의 덩어리인 水素가 單獨으로 어떻게 宇宙를 效果的으로 經營해 가는지 照明해 보아야 할 일인 것이다.

核融合을 經營하고 에너지를 發散하면서 各者의 位置에 머물고 있던 天體들은 그들의 能力이 미치는 限界까지는 力量껏 周邊의 水素成分이나 작은 天體들을 끌어 모아 자꾸만 質量과 體積을 부풀려 갈 것이다. 小는 中食이요 中은 大食일 수밖에 없을 重力의 原理에서 큰 天體는 작은 天體들을 끌어당기고 모아 合倂시키면서 점점 肥大해질 것이다. 그런 現象은 必至의 結果가 아닐 수 없는 것이다.

質量과 體積이 充分히 커진 天體가 周邊에서 더 以上 끌어 모을 水素體가 없게 될 때 그 다음으로 圖謀할 일이 무엇일까? 그 天體는 멍청하게 가만히 있을 性質은 아닐 것이다. 力量이 미치는 限 더욱 먼 곳으로까지 擴大하여 能力을 發揮하면서 引力을 作用하기 始作할 것이다.

水素成分을 모두 끌어 모아 크게 發達하고 成長한 큰 天體의 周邊空間은 眞空狀態에 있게 될 것이다. 本是 宇宙空間은 에너지源인 電子의 結晶으로 造成된 水素로 充滿될 곳이었다. 水素가 結集되어 天體를 形成시키면서 眞空狀態로 變한 것이다.

太陽보다도 더욱 큰 天體로 發達하고 成長한 水素의 重力體들은 周邊에서 더 以上 끌어 모을 天體들이 없게 되자 이번에는 아주 먼 距離에 떨어져 있는 同級의 다른 큰 天體들한테까지 重力을 行使하게 됐을 것이다. 둥근 天體는 四方으로 重力을 行使한다. 아주 微弱하기는 했겠지만 天體들 彼此間에 감감하고 희미한 引力이 交感되기 始作했을 것이다.

宇宙空間은 例外없이 오직 銀河系 小宇宙와 같은 單位 小宇宙로 造成되어 가득 차 있다. 無限의 宇宙가 하나로 經營될 次元은 아니며 分割되어 單位別로 經營될 수밖에 없는 性質인 것이다. 宇宙空間은 이들 單位 小宇宙의 活動舞臺이면서 그들의 連續된 世界인 것이다.

現存하는 宇宙 또한 單位 小宇宙의 連續된 世界인데 그들이 어떻게 絶妙한 體系를 構築하고 生存하는 것인가. 그 體系構成이 큰 疑問이 아닐 수 없는 것이다. 聞一知十이라는 말대로 하나를 알게 되면 全體를 理解하게 될 일이기 때문에 單位 小宇宙의 하나인 銀河系 小宇宙의 實態를 알게 되면 宇宙 全體를 理解하게 될 것이다.

그런 理致에서 우선 單位 小宇宙의 하나인 銀河系 小宇宙의 起源부터 考察하고 糾明해 보기로 할 것이다. 宇宙는 西洋의 宇宙 膨脹說에서 主張되는 膨脹하는 宇宙가 아니라 水素의 重力으로 構成되는 收縮의 世界임을 알게 되는 것이다.

一次的으로 銀河系 小宇宙의 中心部가 어떤 重力原理에서 體系化되고 構築되어 起源되었는가를 알아야 할 것이다. 宇宙가 起源되는 要諦로 모든 單位 小宇宙는 中心體系로부터 構築되어 점차 外廓을 體系化시킨 構造이기 때문이다.

남들보다 한발 앞서 생겨 空間의 到處에 點點이 散在하고 있던 큰 天體들은 아득히 먼 距離에서나마 彼此間에 희미한 引力의 交感을 갖게 되었을 것이다. 天體間에서 서로 引力을 交感하게 되면 長久한 歲月에 걸쳐 조금씩 서로間의 距離와 領域을

좁혀가게 될 것이다. 처음이야 희미하고 遲遲不振하게 引力이

作用되었을 것이다. 그러나 오랜 歲月에 걸쳐 引力의 交感이

交叉 進行되는 동안 相互間의 引力作用으로 彼此間의 距離와

領域이 조금씩 좁혀질 結果는 當然한 理致가 아닐 수 없을 것

이다. 나중에는 그들의 速度도 조금씩 加速되어 빨라지기 始作

했을 것이다.

　萬一 그곳 空間에 두個의 天體만이 있게 된다면 두 天體의

運命은 어떤 結果로 落着될 일일까? 不問可知의 일이겠지만

重力의 原理上 두 天體는 서로의 重力線이 一直線上으로 作用

되어 끝내는 하나로 結合되고 合倂되는 結果로 歸着될 것이다.

　두 天體는 衝突을 免할 수 없고 統合되는 運命에 直面하게

될 것이다 그들의 終着驛이 그런 경우이라면 宇宙는 成立될 수

없으며 經營되지 않을 것이다. 그러나 그곳 空間領域에는 두個

의 天體만이 있을 일은 아닐 것이다. 水素의 結集으로 만들어진

天體가 그 空間의 到處에 散在하고 있을 性質인 것이다. 서로間

의 距離가 아득히 멀기는 해도 그곳 空間領域에는 여러個의 많

은 天體들이 存在하고 있었을 것이다.

　一定空間의 領域에서 여러個의 큰 天體들이 彼此間에 重力을

行使하면서 引力이 作用된다면 점차 그들의 距離와 領域이 좁

혀지면서 끝내는 어떤 結果로 歸着될 것일까? 重要한 關鍵으로

하나의 單位 小宇宙가 形成되는 嚆矢이자 始發이 되겠지만 어

떤 結果로 落着될 것일까 하는 것이다.

하나로 結集되어 뭉칠까 아니면 颱風의 눈처럼 소용돌이로 回轉하게 될까? 그 結果가 銀河系 小宇宙와 같은 하나의 單位 小宇宙를 起源시키는 中心體系의 動機가 되기 때문에 大端히 重要한 要件이 아닐 수 없는 것이다. 宇宙를 理解하기 爲해서는 반드시 이 中心體系의 重力 成立을 먼저 알아야 되는 것이다.

去頭截尾하고 結果부터 밝힌다면 이 天體들은 하나로 뭉치지 않는 것이다. 그들 天體들이 하나로 뭉치지 않는다면 어떻게 된다는 말일까? 重力의 原理上 그들 天體들은 서로의 距離와 領域이 좁혀짐에 따라 서로가 서로를 옥죄는 힘으로 엄청난 速度로 加速되고 重力線이 휘어지면서 소용돌이로 빙글빙글 廻轉하게 되는 것이다.

颱風이 생기는 原理의 理致와 비슷하다 할 것이다. ABC의 三角形 頂點에 큰 重力體가 있고 서로間에 引力이 作用된다면 그들의 距離와 領域이 좁혀짐에 따라 서로의 引力이 더욱 强해지면서 加速되고 끝내는 그들 天體들이 소용돌이로 빙글빙글 빠르게 廻轉하게 될 것이다. 重力과 速度의 函數關係에서 끝내는 그런 結果로 落着될 수밖에 없는 게 水素가 行使하는 重力의 原理인 것이다.

一天文 單位는 太陽에서 地球까지의 距離인 1億5千萬km이다. 그들 많은 天體들은 서로 數億 天文單位도 넘는 워낙 먼 距離

를 달려왔기 때문에 그들의 加速된 速度는 실로 想像을 超越할 엄청난 速度를 갖게 될 것이다. 서로의 重力線이 휘어져 曲線을 그리게 되고 가까이 接近하면서 서로가 휘어감는 強한 힘과 빠른 速度 때문에 한군데로 뭉치지 않고 架空의 軸을 中心으로 빠르게 廻轉하게 되는 것이다.

各己 空間領域을 占有하고 活動하는 單位 小宇宙의 中心部는 이런 原理로 形成되고 起源되는 것이다. 좀더 仔細하고 具體的인 說明을 加한다면 여러個의 많은 큰 天體들이 서로間의 引力作用으로 距離와 領域을 좁혀 壓縮시키면서 만들어지는 소용돌이 廻轉의 運動體系가 銀河系 小宇宙와 같은 單位 小宇宙의 中心 運動體系이자 重力의 力學體系가 된다 하는 것이다.

이렇듯 架空의 軸을 廻轉하면서 形成시키는 天體의 運動體系가 中心軸이 되어 모든 單位 小宇宙를 소용돌이 廻轉의 宇宙로 成長시키고 있는 것이다. 架空의 軸을 廻轉하면서 形成되는 소용돌이의 運動體系가 星雲이라 일컬어지는 하나의 單位 小宇宙를 起源시키고 誕生시키는 嚆矢가 된다 할 것이다.

銀河系 小宇宙를 비롯한 모든 單位 小宇宙가 例外없이 水素가 作用하는 重力의 原理에서 그와 같은 體系로 固着되고 起源되기 때문에 모든 單位 小宇宙가 한결같이 소용돌이 廻轉의 運動體系로 固着되고 維持하고 있다. 그런 原理에서 宇宙空間의 모든 單位 小宇宙가 똑같은 形態의 大同少異한 모양을 하고 있

는 것이다.

놀라운 現象이고 結果가 아닐 수 없을 것이다. 宇宙空間에서 活動하고 經營되는 宇宙는 例外없이 小宇宙 單位의 소용돌이 廻轉인 圓盤體系이다. 宇宙는 소용돌이 廻轉의 圓盤體系인 單位 小宇宙의 活動舞臺로 그들의 連續된 世界인 것이다. 無限의 宇宙가 하나의 體系로 經營될 수는 없는 일일 것이다. 確認해 보면 알 일이겠지만 宇宙는 銀河系 小宇宙와 같은 單位 小宇宙 밖에 存在하지 않으며 그들의 連續된 世界인 것이다.

※ 소용돌이 小宇宙의 形成

지금의 銀河系 小宇宙는 約 10萬 光年의 좁은 領域으로 壓縮 되어 좁혀져 있지만 그들이 애당초 占하고 있었던 空間은 數十億光年도 넘는 실로 廣闊한 領域이었을 것이다. 이토록 廣闊한 領域에 걸쳐 散在하고 있던 水素가 모여지고 體系化되 어 하나의 單位 小宇宙가 形成되고 있는 것이다. 따라서 하나의 單位 小宇宙가 起源되어 活動하는 舞臺는 數十億光年도 넘는 실로 廣闊한 空間領域에 達한다 할 것이다.

銀河系 小宇宙를 비롯해서 宇宙空間에 存在하는 모든 單位 小宇宙는 如一하게 소용돌이 廻轉體系의 圓盤型인 構造이다. 돌 고 달리는 圓盤처럼 생긴 單位 小宇宙가 저마다 定해진 自己의

空間領域을 疾走하고 廻轉하면서 지키고 있다는 理致가 될 것이다.

一定한 空間領域을 占有하고 있던 水素가 結集되어 起源시키는 單位 小宇宙가 모두 完璧하게 發達하고 成長된다고는 볼 수 없을 것이다. 그러나 大部分의 小宇宙는 成功하여 獨自的인 經營을 하고 있는 것이다. 그들은 한결같이 감아 올리고 廻轉하는 소용돌이 體系의 小宇宙로 發達하고 成長하게 된다. 渦卷宇宙로 불리고 있지만 멀리에서는 한 조각의 구름처럼 보이기 때문에 一名 星雲이라 불리기도 하는 것이다.

宇宙는 이들 星雲의 連續된 世界이다. 그러한 星雲이 저마다 소용돌이의 渦卷宇宙로 形成되어 一貫되고 있는 結果는 무엇을 示唆하는 것일까? 이제까지의 常識에서 벗어나는 이야기 같지만 宇宙空間의 모든 星雲이 一定空間을 占有하고 있던 水素로부터 生成되어 起源되고 있으며 定해진 空間領域만을 다람쥐 쳇바퀴 돌듯이 돌며 지키고 있다는 理致가 되는 것이다.

그러한 結果는 單位 小宇宙가 살아가는 住居地가 各己 一定한 領域으로 制限되어 있다는 뜻과 一脈相通한다 할 것이다. 星雲은 無限한 空間을 달리며 살아가는 性格이 아니며 銀河系 小宇宙도 주어진 空間만을 돌고 있다는 뜻이 될 것이다.

銀河系 小宇宙와 다른 單位 小宇宙의 中心 運動體系가 架空의 軸을 도는 소용돌이의 廻轉 圓盤인 모양을 하고 있다면 우

리 太陽系의 運動體系하고는 어떻게 다를까? 太陽系는 다른 恒星系와 마찬가지로 銀河系 小宇宙의 하나가 되는 構成體이지만 太陽을 中心으로 하여 모든 行星들이 一絲不亂하게 돌아가는 構造의 運動體系이다.

그러나 銀河系 小宇宙를 비롯한 單位 小宇宙의 中心 運動體系는 太陽系하고는 그 力學 構造가 全혀 다른 것이다. 各己 單位 小宇宙의 中心에는 太陽과 같은 中心되는 天體가 없다. 原理的으로 架空의 軸을 돌고 있는 空洞地帶인 것이다. 颱風의 눈처럼 비어 있는 것이다.

小宇宙의 中心은 架空의 軸을 中心으로 여러個의 큰 天體들이 相互間에 作用되는 引力만으로 連結된 채 빠른 速度로 감아올리면서 돌고 있는 소용돌이 廻轉의 運動體系인 것이다. 天體 相互間의 引力으로 自生한 重力構造라 할 수 있을 것이다.

눈으로 直接 確認한 結果이냐 反問할 수도 있을 것이다. 不過 五千萬km 남짓 되는 이웃의 火星이나 金星조차 實態를 把握할 수 없는 마당에 먼 宇宙의 일을 눈으로 直接 確認할 수 있을 일은 아닐 것이다. 그러나 水素가 行使하는 重力의 原理上 必然的으로 그런 運動體系가 構築될 수밖에 없는 것이다.

架空의 軸을 廻轉하는 이 運動體系의 力學構造야말로 銀河系 小宇宙를 비롯한 宇宙空間의 모든 單位 小宇宙를 起源시키는 原動力인 것이다. 宇宙를 生成시키는 唯一한 方法이 되는 것이다.

理解를 돕기 爲하여 다시 한 번 敷衍하기도 할 것이다. 여러 個의 많은 天體들이 오랜 歲月에 걸쳐 멀고 먼 곳으로부터 彼此間의 引力을 作用시켜 距離와 領域을 좁혀 왔기 때문에 서로 감아 올리는 引力의 連鎖反應으로 天體들이 한 곳으로 集中하지 않고 廻轉하게 되는 것이다. 重力의 原理上 架空의 軸을 中心으로 重力體들이 서로를 감아 올리면서 廻轉하게 될 運動體系를 構築할 수밖에 없는 것이다.

그런 過程으로 形成시키는 運動體系는 모든 單位 小宇宙를 例外없이 소용돌이 體系로 進化시키고 있다. 各 天體들의 質量도 크고 또 워낙 먼 距離를 旅行해 오면서 連鎖的인 引力을 行使하여 領域을 좁혀 왔기 때문에 廻轉도 빠르고 加速된 速度도 엄청난 빠르기인 것이다. 바야흐로 天體集團의 廻轉疾走가 始作되는 것이다.

좁은 領域으로 壓縮된 소용돌이 天體들의 集團은 重力이 크게 作用된 方向으로 그들의 進路가 決定될 것이다. 그렇게 均衡을 잡고 달리는 그들의 速度는 可히 人間의 想像을 超越하는 빠르기로 空間을 廻轉하면서 疾走하는 것이다. 그들 天體의 集團들이 廻轉하면서 疾走하는 速度가 果然 얼마나 빠를까 알아보기로 할 것이다.

人間이 살아가는 地球가 달리는 速度는 秒速 30km이다. 太陽을 公轉하며 地球가 달리는 秒速 30km의 速度는 이제까지 人間

의 그 누구도 經驗한 일이 없다. 人間의 能力으로는 實現시킬 수 없는 엄청난 빠른 速度인 것이다.

天體의 速度는 人間의 常識에서는 잘 理解가 되지 않을 빠르기인 것이다. 太陽은 빠른 地球하고도 比較될 수 없는 더욱 빠른 速度를 갖고 있다. 太陽이 달리는 速度는 地球의 10倍에 肉迫하고 近接하는 秒速 約 250km 程度되는 것으로 알려지고 있다. 太陽의 速度는 精密하게 測定할 基準의 標的이 없어 正確한 速度는 모르고 있는 것이다.

그렇다면 하나의 單位 小宇宙인 巨大한 銀河系 小宇宙가 소용돌이로 휘말아 올리면서 달리는 速度는 果然 얼마나 될까? 勿驚! 秒速 約 2500km에 肉迫할 것으로 推理되고 있는 것이다. 그 程度의 빠른 速度가 아니고서는 太陽系와 같은 恒星系를 約 二千億個쯤 거느리고 있으며 直徑이 자그만치 10萬 光年에 達하는 巨大한 單位 小宇宙를 體系化시켜 끌고 달릴 수 없는 것이다.

天體의 速度가 얼마나 驚異로운 빠르기인가를 미루어 짐작할 수 있을 것이다. 이토록 빠른 天體의 速度를 水素가 行使하는 重力이 誘導하고 있다. 天體의 速度가 그토록 빠른 理由는 宇宙空間의 모든 單位 小宇宙가 各己 넓은 空間領域에서 좁게 壓縮되어 體系化되었다는 뜻으로 歸結되며 그 산 證據가 된다 할 것이다.

244

모든 小宇宙의 中心天體들이 소용돌이의 廻轉體系를 構築하고 감아 올리면서 달리는 빠른 速度가 動機가 되어 巨大한 하나의 單位 小宇宙가 起源되기에 이르는 것이다. 이 모든 일을 水素가 行使하는 重力이 이루어내니 水素 속의 電子가 指示하는 知覺과 能力이 얼마나 偉大한가를 미루어 짐작할 수 있을 것이다.

原理的으로 소용돌이 廻轉體系의 天體들은 直進은 하지 않는다. 直進할 수 없는 運動體系인 것이다. 나아가는 進路와 方向도 自然히 둥그런 圓을 그리게 될 수밖에 없을 것이다. 現況의 宇宙體系가 보여주고 있듯이 銀河系 小宇宙를 비롯해서 宇宙空間의 모든 小宇宙가 한결같이 소용돌이 廻轉의 圓盤體系로 發達하고 있는 것이다.

따라서 모든 單位 小宇宙가 直進할 수 없다는 理致가 될 것이다. 直進할 수 없는 소용돌이의 廻轉體系인 그들은 結局 둥그런 큰 圓을 그리며 一定한 領域만을 돌게 된다는 結果로 歸着되는 것이다.

結局 宇宙空間의 모든 單位 小宇宙인 星雲은 定해진 自己 領域의 一定한 空間만을 지키면서 돌게 된다는 理致가 될 것이다. 그 結果는 宇宙도 各者의 住居가 一定한 領域으로 限定되고 固着되어 있다는 뜻이 될 것이다.

어찌 그런 것인가. 그 理由를 알아보기로 할 것이다. 銀河系

小宇宙도 그렇지만 宇宙空間에 가득히 차 있는 모든 單位
小宇宙는 各己 定해진 空間領域에 散在되어 있던 天體들을
中心部位에서 起源된 소용돌이 體系가 감아 올리고 달리면서
차례로 體系化시키고 構築한 構造인 것이다.

　모든 小宇宙는 비슷한 크기이지만 銀河系 小宇宙는 直徑이
約 10萬 光年쯤 되는 圓盤型의 單位 小宇宙이다. 지금이야 10萬
光年의 좁은 領域으로 壓縮되고 있지만 그들이 本是 占有하고
있던 空間領域은 數十億光年도 넘는 실로 廣闊한 領域에 達하
고 있었을 것이다.

　그토록 廣闊한 空間領域에 걸쳐 散在되어 있었던 水素가
凝集되어 個個의 天體들을 一次的으로 造成시킨 것이다. 水素의
集成體인 이들 天體들은 그곳 中心部位에서 形成시킨 소용돌이
廻轉體系의 重力體들이 감아 올리면서 달리고 壓縮시켜 하나의
小宇宙를 體系化시키고 構築하는 것이다.

　만약 水素가 스스로 作用시키는 引力으로 結集되어 生成된
天體들이 彼此의 引力作用으로 效果的인 體系를 維持하지 못하
고 한곳으로 集中된다면 單位 小宇宙는 形成될 수 없을 것이다.
宇宙는 經營될 수 없으며 現況의 宇宙처럼 調和로운 體系는
成立될 수 없는 것이다.

　그렇다면 現在 形成되어 存在하는 宇宙空間의 모든 單位
小宇宙는 어떤 原理에서 造成되어 지금의 能率的인 體系를

維持하면서 生存하고 있는 것일까? 單位 小宇宙가 形成되는 原理를 모르고서는 宇宙를 解得하기는 어려운 것이다.

水素의 組織因子인 電子는 宇宙의 根源으로 에너지源인 要素이지만 知覺을 發揮하여 絶妙한 手順으로 하나의 小宇宙를 起源시키는 體系를 構築하고 있는 것이다. 水素가 呼吸하는 生理的 現象에서 생기는 重力波의 作用으로 行使되는 引力으로 하나의 巨大한 單位 小宇宙가 能率的으로 體系化되고 있는 것이다.

水素가 行使하는 重力의 原理에 따라 各己 單位 小宇宙의 中心部位에서 生成된 소용돌이 廻轉의 天體群들은 가만히 앉아서 周邊의 天體들을 自己便으로 끌어들여 組織하고 體系化시킨 性格이 아닌 것이다. 그런 경우 單位 小宇宙는 形成되고 成立될 수 없기 때문에 그들은 圓을 그리고 달려 周邊의 天體들을 하나씩 積極的으로 찾아다니고 감아 올리면서 體系化시키고 組織하는 것이다. 하나의 單位 小宇宙는 그런 原理로 體系를 構築하면서 誕生하게 되는 것이다.

中心部位에서 形成된 소용돌이 廻轉의 天體들은 큰 圓을 그리고 빙글빙글 돌며 감아 올리면서 體系를 構築하여 자꾸만 勢力과 領域을 넓혀가는 것이다. 그런 結果 그들의 勢力도 日就月將 强해지면서 肥大해지고 空間의 活動範圍와 舞臺도 넓혀지게 되는 것이다.

絕妙한 力學構造에서 소용돌이 廻轉體系로 組織되고 發達하게 된 中心部의 天體群들은 原理上 直進은 하지 않으며 둥그런 圓을 그리면서 曲進하게 되는 것이다. 現在의 宇宙體系가 그와 同一하지만 그들은 빙글빙글 돌아가며 周邊의 天體들을 하나씩 차례차례 끌어당겨 公轉軌道에 進入시키면서 圓盤形으로 體系化시키고 組織해 가는 것이다.

오직 水素가 行使하는 重力의 能力 하나만으로 宇宙는 體系化되는 것이다. 各己 小宇宙는 그런 過程으로 天體들이 組織되고 體系化되어 數가 불어나면서 體形도 커지고 그에 比例하여 勢力도 倍加될 수밖에 없을 것이다.

그들의 勢力이 倍加되는 結果는 參加시키는 天體의 數가 增加하는데 比例해서 重力도 커지고 감아 올리는 소용돌이의 力量이나 달리는 速度도 自然히 促進시키게 될 것이다. 調和를 이루면서 하나의 小宇宙가 점점 成長해 가는 것이다.

하나의 單位 小宇宙가 그런 途程으로 體系를 構築하면서 成長되어 가니 廣闊한 空間의 一定한 領域에 存在하던 天體들은 하나의 體系로 集合될 수밖에 없을 것이다. 그렇게 成長하는 하나의 小宇宙는 더욱 肥大해지면서 그들이 活動하는 廻轉半徑도 넓혀질 것이다. 小宇宙는 能力이 미치는 限 成長하고 發展하는 것이다.

그러나 宇宙의 物質的 本質인 水素가 行使하는 重力의 能力

에도 限界가 있을 것이다. 아무리 水素가 行使하는 重力의 能力이 卓越하다 해도 無限으로 天體들을 組織하고 體系化시킬 수는 없을 것이다. 그의 能力에도 限界가 있기 때문이다. 宇宙가 하나로 經營되지 못하고 小宇宙 單位로 細分化되고 있는 理由가 限定된 水素의 能力 때문인 것이다.

그렇다면 水素가 宇宙를 經營해 갈 수 있을 能力의 限界는 도대체 어디까지라는 말일까?

그 能力은 銀河系 小宇宙와 같은 單位 小宇宙의 形成이 限界가 아닐까 생각되는 것이다. 어찌 그러느냐 하면 多少의 差異와 例外야 있을 수 있겠으나 宇宙는 한결같이 똑같은 形態의 小宇宙 單位로 存在하고 있기 때문이다.

宇宙空間에서 銀河系 小宇宙보다 越等히 크다거나 色다른 小宇宙는 發見되고 있지 않으며 存在하지 않는 것이다. 잘 發達된 경우에 限定된 이야기이겠지만 宇宙는 銀河系 小宇宙와 비슷하거나 構造가 大同少異한 單位 小宇宙만으로 가득 차서 連續되고 있다. 星雲이라는 이름의 그들 小宇宙로 連續된 千篇一律的인 世界가 바로 宇宙인 것이다.

宇宙는 本質的으로 에너지源인 電子의 結晶으로 生成되고 있는 水素밖에 存在하지 않는다. 이 水素가 經營하는 宇宙는 結果가 똑같을 수밖에 없을 性質일 것이다. 當然한 結果이겠지만 그런 理由로 宇宙空間은 四方의 어느 方向을 둘러보아도 如一하게 이들 單位 小宇宙로 가득 차서 充滿하고 있는 것이다.

　애당초 20億光年으로 主張되던 宇宙가 光學 望遠鏡의 發達에 힘입어 視野가 넓혀짐에 따라 지금은 150億 光年으로 擴大되고 있다. 그러나 千億光年 저 便에서 바라보는 宇宙도 똑같을 것이다. 宇宙는 小宇宙로 連續된 無限의 世界이기 때문이다.

　알아두어야 할 일은 에너지源인 電子의 結晶으로 造成되고 있는 物質인 水素가 排出하는 重力波를 相對方쪽의 水素가 吸引하는 結果에서 物體의 引力이 作用된다는 事實인 것이다. 이 引力이 重力인 것이다. 水素가 重力이라는 能力을 發揮하여 構築하고 經營할 수 있는 造化는 銀河系 小宇宙와 같은 單位 小宇宙를 體系化시켜 起源하는 範圍가 限界라 할 것이다.

　그렇다면 水素가 經營하는 銀河系 小宇宙와 같은 單位 小宇宙는 어떤 世界일 것인가?

　單位 小宇宙의 標本이 된다 할 수 있을 銀河系 小宇宙는 約 10萬 光年의 좁은 領域으로 壓縮되고 縮少된 소용돌이 廻轉의 圓盤形이다. 星雲의 모양에서 그렇게 類推되고 있다. 그렇지만 人間의 想像이 미치지 못할 巨大한 하나의 小宇宙인 것이다. 內部에 位置하고 있는 太陽系의 地球에서 正確히 測定할 수 없고 觀察할 수 없어 不得히 여러 가지 情況이나 狀況判斷에서 그렇게 推定하고 있는 것이다.

單位 小宇宙의 標本이 되는 銀河系 小宇宙는 太陽系와 비슷한 構造의 恒星系를 約 二千億個쯤 거느리고 있는 것으로 알려지고 있다. 中心天體들이 감아 올리면서 달려 그들 恒星系를 하나씩 定해진 公轉軌道에 進入시키고 體系化해서 소용돌이 圓盤形으로 廻轉하고 疾走하고 있는 것이다.

다른 小宇宙도 같은 경우일 수밖에 없겠지만 銀河系 小宇宙의 달리는 速度가 勿驚! 秒速 2500km에 肉迫하는 것이다. 秒速 30萬km인 光速의 100分의 1에 肉迫하는 驚異로운 速度가 아닐 수 없을 것이다. 想像을 超越할 빠른 速度인 것이다.

水素의 能力으로는 銀河系 小宇宙 以上의 큰 宇宙를 體系化시키고 構築하는 일은 힘에 겨우며 不可能한 것으로 보인다. 그런 理由에서 그 以上의 宇宙體系는 다른 小宇宙의 領域으로 造化를 委任하고 있다. 그와 같은 原理에서 宇宙는 小宇宙의 單位別로 形成되고 있다 할 것이다.

宇宙空間은 우리의 銀河系 小宇宙와 똑 닮은 소용돌이 原盤形의 單位 小宇宙로 가득 차서 連續되고 있다. 水素가 만들어가는 宇宙는 同一한 原理에 基礎하고 있기 때문에 모든 單位 小宇宙가 똑같은 構造의 千篇一律的인 模樣을 하고 있을 일이 오히려 當然한 理致일 것이다.

※ 環狀 星雲

 宇宙의 物質的 本質인 水素의 生理的 現象에서 水素는 陰과 陽의 電子를 結合시켜 造成하는 重力波를 끊임없이 내보내고 들이마시는 呼吸을 계속하고 있다. 水素가 重力波를 發進시키고 吸入하는 呼吸의 結果에서 重力이 行使되는 것이다. 바로 이 現象이 物體가 作用하는 萬有引力의 原理이다.

 太初에 宇宙의 起源과 活性化는 水素의 呼吸하는 結果 作用되는 重力으로부터 始作되는 것이다.

 이제까지 展開해 온 論理대로 水素가 行使하는 重力의 原理에서 起源되는 宇宙가 現在 進行되고 있는 現況의 宇宙와 한 치 어그러짐이 없는 途程까지 接近해서 一致하고 있다. 오로지 水素와 水素가 行使하는 重力의 能力만으로 銀河系 小宇宙가 形成되고 起源되면서 宇宙는 單位 小宇宙로 經營되고 있는 것이다.

 좀더 仔細히 說明한다면 宇宙는 本質的으로 水素밖에 存在하지 않으며 그 水素가 오로지 自己 自身의 能力만으로 生成시켜 經營한다는 宇宙와 現存하는 宇宙가 한 치의 誤差도 없이 一致하는 結果에 到達하고 있다는 것이다. 結局 지금 現實的으로 展開되고 있는 宇宙는 水素가 單獨으로 起源시켜 經營하고 있다는 뜻이 될 것이다.

宇宙는 水素의 能力으로 水素가 經營하고 있는 것이다.

그렇다면 宇宙回歸論이라 題한 東洋의 物理思想이 提唱하고 있는 水素의 宇宙 起源說은 宇宙의 眞實을 正當하게 糾明하고 있다는 理致가 될 것이다. 갖가지 臆說과 邪說에서 脫皮하고 이제 비로소 宇宙의 眞實이 克明하게 解得되기에 이르렀으며 正當하게 認識할 수 있게 된 것이다.

이제까지 旣存의 어떠한 宇宙論도 宇宙의 眞實을 바르게 解得하는데 失敗 했다. 正鵠을 的中하는데 近接하지 못한 것이다. 東洋의 宇宙 回歸論이 登場하면서 이제 비로소 正鵠을 的中시킨 宇宙의 眞實이 赤裸裸하게 밝혀지고 있는 것이다.

그러나 哀惜한 일로 宇宙는 지금 展開되고 있는 現況만 보이고 있을 뿐 水素가 單獨으로 經營하면서 現在의 途程까지 이르는 過程을 提示하고 確認시켜 주지 않고 있는 것이다. 物的 證據가 如實하게 있고 그에 따른 心中이야 가지만 그러나 具體的인 行跡은 提示되고 있지 않은 것이다.

그렇다고 에너지源인 電子의 結晶으로 生成되는 物質인 水素가 原子의 役割을 하면서 重力의 技能을 發揮하여 宇宙를 起源시키고 經營하는 水素의 宇宙起源說을 뒷받침 하고 證明할 證據物이 宇宙空間에서 찾아질 수 없을 일일까? 반드시 그렇지만은 않으며 그런 證據物이 있고 찾아질 것으로 展望되는 것이다.

宇宙의 根源은 水素에 앞선 永遠不變의 에너지源인 電極素子

가 될 것이다. 에너지源인 電子의 結晶으로 造成되는 物質인 水素는 에너지의 덩어리인 性格이지만 宇宙의 物質的 本質이 될 것이다. 電子의 素粒子는 宇宙의 根源으로 에너지인 性格이지만 電子의 結晶으로 造成되는 物質인 水素는 原子의 役割을 하면서 地球上에 있는 모든 元素物質을 차례로 造成하고 있는 것이다.

水素가 宇宙空間의 모든 元素物質을 造成시키고 있다는 事實이 놀라운 現象이 아닐 수 없을 것이다. 그 結果가 水素 혼자서 宇宙를 經營하고 있다는 산 證據가 되는 것이다.

宇宙의 根源으로 에너지源인 電子는 固有의 質量을 갖고 있지 않은 粒子이다. 量子性格의 素粒子인 것이다. 그러나 個別的으로 혼자서는 存立할 수 없는 性格이다. 그런 理由에서 物質인 水素로 結晶되어 存在하고 있는 것이다.

다른 한편으로 水素 속에서 나온 에너지源인 電子는 太陽에너지인 恒星에너지를 造成시키고 있다. 地球上의 人間은 그 太陽에너지에 依存해서 살아가고 있는 것이다. 에너지源인 電子는 固有의 質量을 갖고 있지 않는 粒子로 物質인 水素도 만들고 太陽에너지를 造成하고 있지만 그러나 消滅되는 일도 없으며 새로이 생겨나지도 않는 宇宙의 固有成分인 性格인 것이다.

놀라운 事實이지만 水素는 中性子로 變質되어 各種 元素物質

을 造成시키고 있다. 地球上의 元素物質은 水素가 만들고 있는 것이다. 水素가 만든 元素物質 가운데 가장 무거운 物質인 우라늄元素가 目下 核分裂을 進行하면서 中性子도 부서지고 있는 것이다. 우라늄元素의 核分裂에서 分離되어 나오는 中性子가 原狀의 水素로 되살아나기 때문에 水素도 消滅되거나 새로이 생겨나는 性格이 아닐 것이다. 變化를 가질 뿐인 것이다. 따라서 에너지源인 電子는 勿論이지만 水素 또한 永遠不滅인 宇宙의 根源이고 本質로 評價되어야 할 것이다.

반드시 새롭게 認識되어야 할 知識이겠지만 에너지源인 電子의 結晶體가 物質인 水素인 것이다. 宇宙의 根源은 에너지源인 電子라 할 수 있겠지만 에너지의 덩어리인 水素가 原子로 萬物을 만들어가는 性格이기 때문에 水素가 바로 宇宙인 것이다. 水素는 宇宙의 物質的 本質로 바로 格物인 것이다. 格物은 萬物의 形狀과 理致를 일으키는 根本인 뜻으로 格物의 理致가 이제 비로소 解得되기에 이르른 것이다.

水素는 物이며 有의 世界이다. 有의 對稱이 無인 空間이 될 것이다. 따라서 無의 空間은 物이고 有의 世界인 水素의 집이 된다 할 것이다.

그런 槪念에서 類推해 본다면 宇宙란 有의 物인 水素의 世界와 無인 空間의 連續일 뿐 始도 없으며 終도 없는 無限의 世界라 할 것이다. 그런 宇宙空間에서 水素의 活動으로 各己 單位

小宇宙가 살았다 죽었다를 되풀이 하는 世界로 規定하고 認識되어야 옳을 것이다.

水素가 죽어서 된 中性子가 一定期間을 넘기면 또 다시 原狀의 水素로 回生하는 例에서 미루어 보아 一定空間의 領域에서 그곳 空間을 占有하고 있던 水素가 모이고 흩어지면서 살았다 죽었다를 反復하며 活動하고 經營되는 舞臺가 宇宙이다 할 것이다. 宇宙는 그렇게 定義되어야 옳을 것이다.

그렇다고 볼 때 宇宙空間에 지금의 빛나는 世界만이 存在할 性格은 아닐 것이다. 人間의 視野에 들어와 觀測되는 星雲의 世界만이 存在할 性質이 아니라 그 外 觀測되지 않고 視野에 들어오지 않는 暗黑의 世界도 存在할 것이다.

새롭게 태어나는 小宇宙가 있는가 하면 成長하는 宇宙도 있을 일이고 또 늙어 죽어가는 小宇宙도 無數히 存在할 것이다. 人間의 視野에 들어오지 않을 여러 가지 形態의 宇宙도 數없이 保存되어 있을 性質인 것이다.

電波와 光學 望遠鏡의 視野에 들어오지 않는 그와 같은 形態의 小宇宙가 存在하는 物的 證據가 確認되어야 東洋의 宇宙 回歸論이 提起하는 水素의 宇宙 起源說이 克明하게 立證될 것이다. 그러나 宇宙는 너무도 廣闊하고 無限의 世界인 것이다. 이에 比해 人間이 觀測할 수 있는 視野는 制限되어 있고 그 範圍가 너무도 좁아 빛나지 않는 世界를 確認하기란 容易한 일이 아닌 것이다.

銀河系 小宇宙와 그 形態가 비슷하고 模樣이 아주 恰似하게 생긴 안드로메타 星雲이 唯一하게 200萬 光年이라는 比較的 가까운 距離에 位置하고 있기는 하다. 그러나 餘他의 星雲 大部分이 數千萬光年이나 數億光年에서 數百億光年의 먼 距離에 位置하고 있는 것이다. 빛나는 星雲조차 제대로 觀測할 수 없는 人間의 좁은 視野인데 보이지 않는 世界를 確認하기란 至難의 일이 아닐 수 없는 것이다.

그러나 多幸한 일인지 水素의 宇宙 起源說을 뒷받침하고 立證할 一縷의 希望이 있는 것이다. 宇宙空間에서 水素의 宇宙 起源설을 뒷받침 할 證據物이 찾아질 수 있을 것으로 展望되기 때문이다. 그것은 環狀星雲으로 불리는 成長 途中에 있는 小宇宙인 것이다.

우선 水素가 스스로 行使하는 重力作用으로 스스로를 凝集시켜 形成시킨 天體가 宇宙空間의 到處에서 核融合을 營爲하며 빛나기 始作하는 新生宇宙를 觀察할 수 있게 될 것이다. 구름 속 같이 朦朧하고 濛濛하기야 하겠지만 빛을 發散하면서 새로운 별들이 誕生하는 그런 空間은 到處에 있을 性質인 것이다.

그뿐만이 아니라 하나의 小宇宙가 半쯤 發達하고 成長하기 始作한 環狀星雲으로 命名될 수 있을 小宇宙도 存在할 수 있을 것이다. 大端히 鼓舞的이고 希望的인 일로 環狀星雲만 發見된다면 水素의 宇宙 起源說을 뒷받침하고 證明할 決定的인 端緒가 되고 證據가 되는 것이다.

環狀星雲이란 무슨 뜻일까? 環狀星雲이란 半쯤 形成되고 成長한 둥그런 고리模樣을 하고 있는 成長過程의 小宇宙를 指稱하고 있는 것이다. 切半쯤 成長하고 아직 充分히 發達하고 있지 않은 未完成의 小宇宙를 指稱하고 있지만 스스로 빛을 發散하고 있을 性質이니까 어쩌면 觀測이 可能하고 實相 또한 充分히 確認될 것으로 期待되는 것이다.

그러니까 環狀星雲이란 하나의 單位 小宇宙가 誕生하고 起源되는 過程에서 中心部의 發達途上에 있는 天體群들만이 보일 수도 있고 또 外廓의 큰 고리만을 보이는 現象의 죽어가는 單位小宇宙를 말하는 것이다. 天體가 作用하는 相互間의 引力과 連續反應으로 생긴 소용돌이 廻轉天體들을 빙글빙글 돌리고 감아 올리면서 半쯤 體系化시켰으나 아직 外廓의 天體들을 組織하지 못한 未完成의 形態에 머물고 있는 小宇宙를 말하고 있는 것이다.

따라서 環狀星雲은 充分히 發達시키지 못한 未完의 成長途中에 있는 單位 小宇宙이다. 表現될 수 있을 것이다. 그런 엉거주춤한 모양의 環狀星雲이 發見된다면 水素가 宇宙空間의 모든 單位 小宇宙를 誕生시키고 起源시키는 根源인 事實을 確認시켜 주는 結果가 될 것이다. 明白한 證據로 浮上하고 決定的인 端緒

로 登場하게 되는 것이다.

果然 생기고 죽어가는 그러한 環狀星雲이 存在하고 發見될 수 있을까? 中心部位의 소용돌이 廻轉의 天體들이 빙글빙글 돌면서 달려 外廓의 天體들을 차례로 體系化시키고 組織하는 途上의 그런 環狀星雲이 發見되고 人間의 視野에 들어와 觀測될 수 있을까 하는 것이다.

理論上으로는 環狀星雲의 存在는 必然의 結果로 形成될 수밖에 없으며 觀測도 可能한 일일 것이다. 그러나 宇宙는 너무도 廣闊하고 無限의 領域이기 때문에 環狀·星雲의 發見은 現實的으로 容易한 일이 아닐 것이다. 그렇지만 環狀·星雲이 發見되고 있으며 觀測되고 있는 것으로 보인다.

다만 그 環狀·星雲이 水素로부터 起源되어 하나의 小宇宙를 形成하고 誕生시키는 過程의 現象인가는 아직까지 正確히 確認되고 있지 않은 것이다. 앞으로 斯界의 專門分野에서 昭詳히 밝혀가야 할 課題일 것이다.

※ 太陽系의 起源

銀河系 小宇宙는 우리의 太陽系가 예속되어 있는 單位 小宇宙를 말한다. 宇宙空間에 連續되어 存在하는 모든 單位 小宇宙는 例外없이 銀河系 小宇宙와 똑같거나 類似한 構造와

模樣을 하고 있다. 水素가 宇宙를 經營한다는 明白한 證據가 되겠지만 神奇하게도 모든 小宇宙는 如一하면서도 大同少異한 構造를 하고 있는 것이다.

　여기에서 알아두어야 할 일이 있다. 모든 小宇宙의 모양이 똑같다고 해서 다른 小宇宙까지 銀河系라고 부르지는 않는다. 銀河系 小宇宙는 太陽系가 예속된 單位 小宇宙의 呼稱으로 局限된 固有名인 것이다. 우리나라에서는 無知의 所致에서인지 모든 小宇宙를 싸잡아 銀河系라고 부르는 것으로 보이는데 잘못된 呼稱인 것이다. 다만 다른 銀河系라 부를 수는 있을 것이다. 留意하고 是正해야 할 일일 것이다.

　七夕을 넘긴 여름 날 맑게 개인 밤하늘을 올려다보면 北에서 南쪽으로 걸쳐 無數한 별이 密集되어 반짝이는 燦爛한 모습을 볼 수 있다. 마치 銀가루를 뿌려 놓은 듯 빛나는 것이다. 예로부터 사람들은 이 光景을 보고 銀河水라 부르고 있었으며, 銀河系 小宇宙는 이로부터 由來하여 命名된 固有의 이름인 것이다.

　그런 理由로 銀河系 小宇宙는 太陽系가 예속된 單位 小宇宙에 局限되어 命名된 固有名의 呼稱인 것이다. 알아두어야 할 일은 銀河水로 불리는 方向이 銀河系 小宇宙의 中心部에 該當된다. 많은 恒星들이 密集되어 있기 때문에 유난히 밝고 빛나는 것이다. 銀河系 小宇宙는 그런 現象에서 由來하여 붙여진 固有名이다.

260

偶然의 一致가 아닌 必有曲折의 原因이 반드시 있어 나타나게 된 結果이겠지만 銀河系 小宇宙를 비롯한 모든 單位 小宇宙는 하나같이 소용돌이 廻轉의 圓盤形이다. 宇宙空間에 充滿하고 있는 이들 圓盤形의 소용돌이 宇宙는 各己 定해진 一定領域의 空間만을 소용돌이로 廻轉하면서 빠른 速度로 疾走하고 있는 것으로 보인다.

모든 單位 小宇宙는 먼 곳에서 보면 마치 돌고 있는 한 조각의 작은 구름처럼 보이기 때문에 一名 星雲으로 불리기도 하는 것이다.

어찌 宇宙空間의 모든 單位 小宇宙가 한결같이 소용돌이 廻轉의 圓盤形의 構造로 똑같은 模樣을 하고 있는 것일까? 그 理由와 原因을 모르는데서 이제까지 不可思議한 일로 생각되어 왔던 것이다.

그러나 格物·致知를 바탕으로 한 東洋의 物理思想이 解剖하고 構築한 宇宙回歸論은 다음과 같은 明快한 解答을 내놓고 있다.

宇宙의 根源은 에너지源인 陰과 陽의 電子이다. 宇宙는 本質的으로 에너지源인 電子의 結晶으로 造成된 物質인 水素밖에 存在하지 않는다. 水素가 森羅萬象의 萬物을 만들어가는 原子이다.

宇宙의 物質的 本質인 水素가 스스로 行使하는 重力의 能力으로 形成시키는 宇宙는 똑같은 形態일 수밖에 없을 것이다.

水素가 自己의 能力으로 經營하고 體系化시킬 수 있는 限界가 單位 小宇宙의 構築이니 宇宙가 小宇宙單位로 細分化되어 存在하는 일이 當然한 理致가 아니겠느냐? 그런 原理에서 모든 小宇宙는 千編一律的인 똑같은 形態로 形成되고 있는 것이다.

그 말이 한 點 疑惑도 없는 眞實임을 뒷받침하고 있는 明白한 證據로 宇宙空間은 東西南北의 어느 方向을 가리지 않고 똑같은 模樣을 한 이들 廻轉 圓盤形의 單位 小宇宙로 가득 차 連續되고 있는 것이다. 어찌 그리 單純하냐 反問할 수도 있겠지만 宇宙는 소용돌이 廻轉의 圓盤形인 單位 小宇宙만으로 充滿되어 가득 차 있는 千篇一律的인 世界인 것이다.

多分히 獨善的인 發想으로 人智가 未開했던 탓도 있었겠지만 한 때는 宇宙가 有限의 世界로 約 20億光年쯤 되는 좁은 領域으로 設定되고 있었다. 적은 世界로 主張되고 있었던 것이다. 宇宙의 視野가 넓혀짐에 따라 지금은 150億光年으로 擴大시키고 있으나 宇宙가 有限이라는 思考는 變함이 없으며 지금도 如前히 固執되고 있다. 이는 西洋의 宇宙觀으로 東洋에서 主張되는 일은 勿論 아니다.

처음에는 20億光年의 좁은 領域으로 設定되었던 宇宙가 電波와 光學望遠鏡의 發達로 視野가 자꾸만 擴大됨에 따라 宇宙는 50億光年으로 또 100億光年 150億光年으로 자꾸만 부풀어 가고 있다. 人間들의 옹색한 所見일 뿐이지 宇宙가 무슨 고무風船이라고 任意로 늘어났다 줄어들었다 하겠는가?

　宇宙는 矮少한 地球에서 사는 人間이 恣意에서 設定하고 規定할 世界가 아닐 것이다. 宇宙는 千億光年의 저쪽 너머에서 보아도 人間이 經驗하면서 지금 展開되고 있는 宇宙와 똑같은 形狀일 수밖에 없을 것이다.

　拙夫의 固執은 꺾을 수가 없다고 했던가……? 甚히 옹색하고 不幸한 思考일 수밖에 없을 일이지만 지금도 宇宙가 制限된 有限의 世界이다 하는 倒錯된 着想은 如前히 버리지 못하고 있다. 그런 倒錯된 發想은 사람들의 正當한 知識에 障碍될 要因이 될 뿐일 것이다. 事物의 理致를 바르게 認識하는 眼目이 具備되어야 할 일일 것이다.

　宇宙를 有限의 世界로 規定하는 發想은 억지이고 人間의 옹졸한 생각일 뿐일 것이다. 하나의 單位 小宇宙야 制限된 有限의 世界이겠지만 宇宙는 原理的으로 無限의 世界일 수밖에 없을 性質일 것이다. 宇宙가 有限이라면 그 有限의 世界 저쪽은 또 어떤 世界가 存在하며 展開되고 있는 것일까 하는 疑問과 矛盾이 남게 될 일이기 때문이다.

　宇宙는 水素가 行使하는 重力의 原理에서 單位 小宇宙別로 形成되어 經營되고 있다. 宇宙는 小宇宙의 活動舞臺이고 그들의 連續된 世界인 것이다.

宇宙는 집이고 집이라는 뜻이다.

집이고 집이라는 뜻인 宇宙라는 글字가 示唆하고 있듯이 東洋에서는 孔子 以前의 일찍부터 宇宙가 無邊廣大의 無限한 空間으로 表現되고 있었다. 宇宙가 집이지만 무슨 집인지를 몰라 格物의 槪念으로 남겨지고 있었던 것이다. 宇宙萬物의 形狀을 일으키는 本質이 무엇인가는 모르고 있었지만 宇宙는 始作도 없으며 끝도 없는 無限의 空間이라 하는 思想과 槪念으로 認識되고 있었다.

人間이 살아가는 地球가 예속되어 있는 太陽系는 다른 恒星系와 마찬가지로 銀河系 小宇宙의 一員이고 그의 構成體이다. 恒星系의 構造가 모두 똑같거나 大同少異한 性格이겠지만 太陽은 地球를 爲始해서 木星이나 土星 같은 많은 行星과 行星의 衛星들을 거느리고 있다. 이름하여 太陽系인 것이다.

銀河系 小宇宙는 太陽系 같은 恒星系列들을 約 2000億個쯤 거느리고 있는 것으로 推理되고 있다. 거느리고 있다는 表現은 太陽처럼 影響을 行使하는 中心體의 存在를 認定하는 말이 될 것이다. 矛盾된 말로 들리기 쉽겠지만 그러나 銀河系 小宇宙를 비롯한 모든 小宇宙는 太陽系의 太陽처럼 中心에서 統制하는 中心體가 없는 것이다.

太陽系의 構造와는 달리 여러 天體의 相互作用으로 서로가 서로를 廻轉하는 架空의 軸이 있을 뿐인 것이다.

이 架空의 軸을 相互 廻轉하는 天體들이 虛空을 돌며 달리고 쫓아 約 2000億個에 達하는 恒星系列들을 集合시키고 體系化시켜 銀河系 小宇宙를 形成시키고 起源시켰다고 表現되는 일이 오히려 妥當한 경우가 될 것이다. 하나의 單位 小宇宙는 이렇듯 一定한 空間領域의 天體들을 쓸고 다니며 壓縮해서 體系化시키고 形成시켜 起源되는 것이다.

恒星의 하나인 太陽은 單位 小宇宙에 比해 비록 적은 規模이기는 해도 9個의 行星과 行星의 衛星 等 많은 系列들을 거느리고 있다. 太陽系는 架空의 軸을 도는 單位 小宇宙의 中心體系와는 달리 太陽이 中心이 되어 系列들을 거느리고 있는 構造인 것이다. 서로의 構造가 完全히 다른 것이다.

그럼에도 不拘하고 太陽系와 銀河系 小宇宙는 비슷한 構造의 廻轉 圓盤刑의 形態를 갖추고 있는 것이다.

똑같은 原理에서 出發하여 體系化되고 形成되었을 일이기 때문에 다른 恒星系들도 太陽系와 마찬가지로 恒星이 中心이 되어 系列들을 거느리고 있는 構造일 것이다. 太陽系를 비롯해서 모든 恒星系는 恒星이 中心이 되어 體系化한 構造인 것이다.

그런데 妙한 일은 같은 性格의 廻轉 圓盤形인데도 不拘하고 銀河系 小宇宙와 太陽系의 中心體系는 서로의 力學構造가 全然 다르다는 事實인 것이다. 서로의 力學構造가 다르다면 어떻게 다르다는 말일까?

앞에서 擧論한 일이 있지만 銀河系 小宇宙와 다른 小宇宙의 中心은 天體 相互間에 作用되는 引力과 그 引力으로 생기고 加速되는 빠른 速度로 서로가 서로를 빙글빙글 돌면서 架空의 軸을 廻轉하는 自生 力學構造의 運動體系인 것이다. 單位 小宇宙의 中心은 中心天體가 없으며 여러 天體가 相互 行使하는 引力과 이 引力으로 생기는 빠른 速度의 連鎖反應에서 構築되는 力學構造의 運動體系인 것이다.

이에 反해 太陽系와 다른 恒星系는 太陽과 恒星을 中心으로 해서 모든 系列들이 各己 公轉軌道에 進入하고 廻轉하는 力學構造인 것이다. 반드시 理解되어야 할 重要한 要素이겠지만 恒星系의 하나인 太陽系와 銀河系 小宇宙의 中心 力學構造는 全혀 體系를 달리 하고 있는 것이다. 天壤之差인 相反된 樣相을 보이고 있다.

소용돌이 廻轉의 圓盤形인 外觀上의 形態가 같음에도 不拘하고 中心部의 力學 構造가 서로 다른 理由가 무엇일까? 그건 主從關係의 差異 때문인 것이다.

銀河系 小宇宙를 비롯해서 餘他 모든 單位 小宇宙의 中心部는 天體 相互間의 引力과 速度의 函數關係에서 自生한 力學構造인 것이다. 하나의 單位 小宇宙가 誕生되기 爲해서는

266

반드시 그와 같은 力學構造의 體系가 構築되지 않으면 안 되는 것이다.

그 力學構造란 어떤 體系일 것인가?

中心部位에서 生成된 天體가 더 以上 周邊에서 끌어 모을 적은 다른 水素體가 없게 되자 이번에는 아득히 먼 同級의 다른 天體까지 引力을 行使하고자 했을 것이다. 오랜 歲月에 걸쳐 進行된 結果이겠지만 끝내는 멀리 떨어져 있었던 天體들 間에 引力이 感知되고 交叉 作用되면서 점차 領域을 좁혀가게 되었을 것이다.

引力이 作用되고 相互間의 領域이 좁혀지는 過程에서 점점 加速되는 빠른 速度가 생긴 것이다. 이 빠른 速度와 서로 옥죄는 引力의 連鎖反應으로 끝내는 소용돌이의 廻轉體系가 構築되는 것이다. 銀河系 小宇宙와 다른 小宇宙의 中心體系는 그런 力學構造의 똑같은 原理에서 起源되고 發展하고 있는 것이다.

이에 反해 太陽系와 餘他의 恒星系는 銀河系 小宇宙의 中心重力에 이끌리는 太陽과 恒星이 中心이 되어 體系化시킨 構造인 것이다. 基準이 서로 다른 것이다.

太陽系와 恒星系는 共히 銀河系 小宇宙의 中心部가 소용돌이 廻轉의 運動體系로 進入하고 發達되면서 달려와 强하게 휘어감는 引力에 이끌리면서 形成된 體系인 것이다. 그런 關係로 서로의 形成過程이 다르고 體系化된 力學構造가 다른 것이다.

太陽系의 形成을 窺知할 수 있는 重要한 要素인 만큼 서로의 力學構造가 어떻게 다른가 알아보기로 할 것이다.

※ 太陽系의 形成

當然한 理致라 하겠지만 발을 디디고 依存하며 살아가는 地球上의 人間들은 적어도 地球의 本質에 對한 올바른 知識만은 간직하고 있었어야 옳았던 일이었을 것이다. 人間은 다른 動物과는 달리 人類文明을 構築했으며, 高度의 文化를 蓄積한 智慧의 所有者이기 때문에 地球가 어떻게 生成되고 어떤 成分인가의 理致만은 解得하고 있었어야 했을 것이다.

潮汐說 等 地球의 生成과 起源에 對한 說이 없는 바 아니지만 모두가 虛構에 지나지 않을 뿐 地球의 本質을 正當하게 解剖 分析하고 生成의 合理的인 理致를 解得한 正說은 없었다. 그에 關한 限 人間들은 五里霧中의 無知에 머물고 있는 것이다.

東洋에서는 2500年 前인 일찍부터 四書의 大學에 格物·致知라는 글을 올려놓고 있었다. 萬物의 形象과 事物의 理致를 일으키는 根源의 本質이 반드시 있으며 그 本質을 格物로 規定하고 暗示한 것이다. 格物을 알고 知識으로 해야 事物의 根本과 理致를 터득할 수 있고, 사람의 人格이 琢磨되고 陶冶될 수 있다 한 것이다.

그러나 格物·致知의 글이 四書의 大學에 오르고 나서 2500 年이라는 長久한 歲月이 흘렀음에도 不拘하고 格物의 뜻은 解得되지 않았다. 아무런 進展도 없었던 것이다. 朱子와 楊明 等 儒學의 後學들이 心血을 기울여 窮究한 바 있으나 그런 努力에도 不拘하고 格物의 뜻은 解得되지 않았던 것이다.

朱子가 格物의 뜻을 "事物의 理致를 窮究하여 知識으로 한 다"는 定義를 내리기는 했으나, 그 以上의 進展은 없었다. 朱子 의 定義로도 格物의 뜻은 解得되고 있지 않았던 것이다. 朱子로 부터 千年의 歲月이 흘렀으나 지금까지도 사람들은 地球의 本質이나 事物의 理致를 일으키는 根本에 對해서 아는 바 없으 며 全혀 理解되지 않고 있다.

어인 일인지 사람들은 바로 눈앞에서 展開되고 있는 地球의 本質이나 現況을 理解하고 있지 못했다. 地球가 生成되어 오늘 에 이르는 途程이나 由來조차 全혀 把握할 수 없는 마당에 하 물며 宇宙의 眞實을 追求하고 窺知해서 理解할 수 있을 일은 아니었을 것이다. 이제까지 宇宙의 眞實을 解得하지 못하고 理解할 수 없었던 일이 오히려 當然한 結果가 아닐 수 없는 것 이다.

그러나 四書의 大學에 올라 있는 格物·致知라는 東洋의 物理思想이 朱子 以後에도 綿綿히 刻苦의 窮理가 進陟되고 窮究 되어 드디어 畵龍睛點의 完成을 成就하기에 이르른 것이다. 2500

年의 歲月이 흐른 오늘날에 이르러서야 드디어 宇宙 回歸論의 글이 登場하고 格物·致知의 뜻을 解得하면서 空欄을 채우는 起承轉結의 終止符를 찍고 結實을 맺기에 이르른 것이다.

東洋의 宇宙 回歸論이 登場한 時點부터 地球의 本質은 勿論이고 生成되어 오늘에 이르기까지의 歷程과 道程을 一目瞭然하게 認知할 수 있게 된 것이다. 드디어 事物의 理致가 克明하게 解得되고 理解되기에 이르렀다 할 것이다. 뿐만 아니라 進一步하여 宇宙의 眞實까지도 한 點 疑惑없이 解得할 수 있게 되었다. 宇宙의 眞實이 한 치의 誤差도 없이 解明되기에 이르른 것이다.

銀河系 小宇宙의 中心部에서 生成된 天體들의 相互 重力作用으로 構築된 소용돌이의 廻轉 圓盤體는 空間을 크게 돌면서 달리고 휩쓸어 外廓의 天體群들을 하나씩 軌道에 進入시키면서 하나의 單位 小宇宙로 完璧하게 成長하며 發達하고 있었다. 長久한 歲月에 걸쳐 차례차례 體系를 構築해 가던 그들이 이윽고 太陽이 있던 近處까지 進出하고 있었던 것이다.

지금의 太陽系가 자리하고 있는 位置에서 미루어 볼 때 이때쯤 銀河系 小宇宙는 벌써 5分의 3程度 體系를 完成시키고 있었을 것이다.

銀河系 小宇宙의 中心體系가 構築되고 發達하여 恒星系를 하

나씩 合併시키면서 肥大해진 巨大한 勢力이 太陽이 있는 領域까지 臨迫하여 當到하고 있었다. 銀河系 小宇宙가 長久한 歲月에 걸쳐 日就月將의 成長을 거듭하면서 增進시킨 巨大한 重力의 勢力이 드디어 太陽의 領域 數光年 近處까지 가까이 接近하고 있었던 것이다.

이때 太陽이 어떤 反應을 보였을 일인지 그 向背가 궁금한 일이 아닐 수 없을 것이다. 지금의 太陽系가 構成되고 形成된 原理를 엿볼 수 있을 일이기 때문이다.

銀河系 小宇宙의 發達된 勢力이 太陽의 領域 가까이 다가와서 아득히 먼 重力의 影響을 미치고 있는 마당에 太陽이 어떤 動向을 보이고 있는지 먼저 太陽의 動態와 그들 於間의 重力狀況을 알아보아야 할 것이다. 太陽系가 起源된 原理와 於間의 事情이 昭詳히 밝혀지게 될 것이다.

애당초 太陽을 비롯해서 지금의 行星인 地球와 木星이나 土星 같은 많은 天體들이 제各己 核融合을 經營하면서 서로 먼 距離에 떨어져 位置한 채 머물고 있었을 것이다. 지금과는 달리 서로 아주 먼 距離에 떨어져 있었던 것이다.

뿐만 아니라 그곳 空間領域에서 가장 크게 形成된 中心天體인 太陽周邊의 天體들은 銀河系 小宇宙가 起源된 中心部로부터 數十億光年이라는 참으로 먼 距離에 떨어진 채 머물고 있었을 것이다. 서로가 그토록 먼 距離에 떨어져 位置하고 있었다.

그 當時는 元素物質로 蓄積된 지금의 地球와는 달리 純粹한 水素만으로 形成된 氣體成分의 球體였을 地球도 木星이나 土星 같은 다른 天體들과 마찬가지로 太陽과 아주 멀리 떨어져 位置하고 있었을 것이다. 太陽系는 넓은 空間에 散在하고 있던 天體들이 좁은 領域으로 縮少된 體系이지만 모든 天體들은 한결같이 獨自的인 核融合을 經營하며 빛나고 있었을 일일 것이다.

小는 中食이요, 中은 大食인 物體가 作用하는 重力의 原理에서 적은 天體들은 큰 天體의 引力에 이끌리어 倂合되면서 그들의 質量과 體積을 부풀리고 있었을 것이다. 그런 現象이야 심심치 않게 일어나고 있었을 光景이었을 것이다.

그러나 그런 禍를 입지 않고 용하게 살아남은 天體들은 悠悠自適하며 오랜 歲月동안 그곳 空間領域에서 閑暇롭게 머물고 있었을 것이다. 서로가 워낙 먼 距離에 떨어져서 點點이 形成되고 있던 水素의 集成體인 天體들은 서로간의 引力이 미치지 않고 있었기 때문에 그냥 停止狀態인 채 머물고 있었을 일일 것이다.

그러던 어느 날 그곳 空間領域에서 質量과 體積이 가장 크게 形成되어 있었던 天體인 太陽은 뜻하지 않을 妙한 衝動을 받게된 것이다. 太陽은 그곳 空間領域에서 다른 天體에 比해 質量과 體積이 越等히 크게 形成되고 肥大해진 中心天體였다. 이제까지 적은 天體들을 끌어들인 일은 있어도 이끌려 가본 일이 없던

太陽은 前에 經驗한 일이 없는 야릇한 引力의 衝擊을 받은 것이다.

"으응……? 異常하다. 이 무슨 怪異한 느낌이냐?" 아득히 멀고 캄캄하며 微細한 衝動이기는 해도 前에 經驗하지 못한 尋常치 않은 色다른 引力의 衝擊을 感知하게 된 것이다. 휘몰아치는 어떤 큰 引力이 다가오고 있음을 느꼈기 때문이다.

太陽은 이제까지 다른 天體들을 끌어당겨 倂合은 시켰어도 다른 天體한테 이끌려 가본 일은 없었다. 그러나 이번에는 경우가 달라 어쩐지 이끌려 갈 것만 같은 느낌이었던 것이다. 太陽系가 體系化되고 起源될 變化가 닥치고 있다 할 것이다.

太陽한테 휘몰고 가는 引力을 行使하기 始作한 根源이 무엇이고 正體가 무엇이었을까? 그것은 銀河系 小宇宙의 體系化된 天體들이 소용돌이치며 휘몰고 오는 加重된 引力作用이었다. 銀河系 小宇宙가 累進을 거듭하며 크게 發達시킨 소용돌이 體系가 벌써 數十萬光年 內外의 가까운 距離까지 다가오고 있었던 것이다.

그때쯤 銀河系 小宇宙는 半 以上의 體系를 構築하고 完成시켰으며 나머지 外廓地帶의 體系化에 拍車를 加하고 있었던 것이다. 머지 않아 太陽系를 지금의 體系처럼 體系化시킬 段階에 臨迫해서 到達하고 있었던 것으로 보이지만 그때의 模樣이 가운데가 텅 빈 둥그런 고리의 環狀宇宙가 아니었을까 생각되는 것이다.

 하나의 小宇宙가 體系化되고 發達하여 起源되기 爲해서는 中心部位에서 생긴 소용돌이 天體들이 廻轉하면서 넓은 空間을 둥글게 圓을 그리면서 돌아가며 周邊의 天體群들을 各己 定해진 公轉軌道에 進入시키고 體系化해 가기 때문에 그곳 空間은 道理없이 眞空狀態가 될 것이다. 必然的인 結果로 하나의 單位 小宇宙가 誕生하여 휩쓸고 간 空間領域은 重力의 空洞地帶로 眞空狀態가 될 수밖에 없을 것이다.

 그런 過程으로 形成되어 가는 發達途上의 小宇宙를 包含해서 外廓地帶의 빛나는 天體가 둥그런 고리 模樣의 環狀宇宙로 남게 될 理致인 것이다. 그러한 環狀宇宙가 찾아지지 않을까 期待되는 것이다.

 外廓地帶의 큰 環狀宇宙의 領域에 머물고 있었던 太陽이 마침내 數十光年 쯤 되는 가까이까지 接近해서 行使하는 소용돌이 小宇宙의 야릇한 重力을 感知하기에 이르른 것이다. 이 重力作用은 颱風처럼 휘몰아치는 小宇宙의 全體 質量이 行使하는 힘인 것이다. 바야흐로 太陽과 그의 系列들이 體制를 갖추면서 銀河系 小宇宙의 體系로 合流하려는 瞬間이라 할 것이다.

 銀河系 小宇宙의 中心部位 天體들이 소용돌이 體系로 發達하면서 數十億年도 넘을 긴 歲月동안 周邊의 天體群들을 하나씩 감아 올리면서 달리고 달려 그 곳 空間領域의 모든 天體들을

하나의 集合된 體系로 構築해 가고 있었던 것이다. 그런 過程으로 成長한 中心部의 天體群들이 어느 듯 太陽이 位置하고 있었던 멀고 먼 領域까지 當到하고 近接해서 잡아 낚아채는 引力을 行使하고 있었던 것이다.

그런 狀況에서 銀河系 小宇宙의 重力體들이 휩쓸고 지나간 廣闊한 空間領域은 眞空狀態가 될 수밖에 없을 것이다.

소용돌이 圓盤形으로 壓縮시켜 體系化하고 發達하기 始作한 銀河系 小宇宙의 天體들이 한 덩어리가 되어 휘어 감으며 行使하는 重力은 加重되어 더욱 먼 곳까지 미치게 될 것이다. 天體가 廻轉하는 生理上 그 引力作用은 直線이 아닌 曲線을 그려가게 되겠지만 그 加重된 重力이 마침내 太陽의 領域까지 가까이 다가와서 行使하기에 이르른 것이다.

소용돌이 小宇宙는 一名 渦卷宇宙로 發達하고 있다. 다른 小宇宙와 똑같이 銀河系 小宇宙로 소용돌이의 渦卷宇宙로 發達하고 있기 때문에 스스로 廻轉하며 빠른 速度로 달리고 휘어 감아 올리면서 그 곳 空間의 모든 天體들을 하나의 有機的 技能을 갖춘 構造로 體系化시킬 수 있었던 것이다.

萬一 銀河系 小宇宙의 中心部位에서 天體들이 소용돌이로 廻轉하는 力學構造의 運動體系를 構築하지 못하고 가만히 앉은 채로 重力만을 行使했다면 結果는 어떻게 되었을까?

그런 경우 絶妙한 소용돌이 廻轉運動의 力學構造로 體系化시키지 못하고 引力이 한 곳으로 集中되는 結果를 招來할 수밖에 없었을 것이다. 悲劇的인 結果로 銀河系 小宇宙는 지금의 소용돌이 體系를 構築하지 못하고 한 곳으로 集中되는 不幸을 免할 수 없었을 일일 것이다. 銀河系 小宇宙는 成功的으로 誕生될 수 없었을 일이며 宇宙는 經營될 수 없는 것이다.

水素가 呼吸하며 行使하는 重力의 絶妙한 技能이 있었기에 넓은 空間領域의 天體들을 소용돌이 廻轉의 運動體系로 構築할 수 있었으며 天體가 한 곳으로 集中되는 悲劇과 不幸한 事態를 豫防할 수 있었던 것이다. 宇宙空間의 모든 單位 小宇宙는 水素가 呼吸하는 똑같은 原理에서 起源되고 똑같은 形態로 發達하고 있는 것이다.

水素가 行使하는 重力의 原理는 天體가 하나로 集中되는 最惡의 事態를 智慧롭게 豫防하고 있다. 天體들이 知能을 發揮하여 서로가 서로를 돌고 廻轉시키는 架空의 軸을 돌아가는 運動體系를 構築할 수 있었기에 銀河系 小宇宙는 이윽고 하나의 巨大한 星雲으로 發達할 수 있었던 것이다. 宇宙의 物質的 本質인 水素가 行使하는 重力의 原理는 單位別로 소용돌이를 일으킬 수밖에 없는 性格인 것이다.

宇宙는 一定한 空間領域別로 銀河系 小宇宙를 誕生시키는 똑같은 原理로 單位 小宇宙를 體系化하고 成長시켜 經營하면서

各己 定해진 空間領域을 지켜가도록 하고 있다. 따라서 宇宙는 그런 過程으로 起源된 이들 單位 小宇宙로 充滿되어 連續된 無限의 世界인 것이다.

太陽은 悠悠自適하며 周邊의 작은 天體들을 能力이 미치는 限界까지 引力을 作用시켜 끌어들이고 合倂시키면서 스스로의 質量과 體積을 부풀려 가고 있었다. 그러한 太陽이 아득히 먼 곳에서 作用하는 간감한 引力이기는 해도 어느 날 갑자기 色다른 壓力을 感知하기에 이르른 것이다.

이미 牛 以上을 體系化시키고 成長한 銀河系 小宇宙의 加重된 重力이 破竹之勢의 猛烈한 氣勢로 다가서면서 太陽의 領域까지 進出하고 接近해 오고 있었던 것이다. 太陽은 더 以上 接近해 오면서 作用하는 그들의 重力을 뿌리칠 수 없게 되었다. 이제는 가까이 다가와 壓迫하고 强要하는 巨大한 重力에 太陽은 스스로의 運命을 委任하는 수밖에 달리 道理가 없게 된 것이다.

銀河系 小宇宙가 形成되어 發達하고 成長하며 소용돌이로 휘감아 올리면서 달리는 方向을 쫓아 太陽은 어쩔 수 없이 徐徐히 움직이기 始作했을 것이다. 停止狀態에 머물러 있던 太陽은 이때 비로소 움직이기 始作했으며 運動에 따른 速度를 갖게 되었을 일이다. 物體가 重力에 이끌리고 움직이게 되면 自然히 運動에 따른 速度가 생길 것이다.

이렇게 始作하여 停止狀態의 無에서 出發한 太陽은 소용돌이 天體들이 旋回하며 作用하는 加重된 引力에 이끌리고 따라가면서 速度가 생긴 것이다. 距離가 좁혀짐에 따라 점점 加速되면서 太陽이 銀河系 小宇宙의 公轉軌道에 進入한 지금의 速度는 地球가 달리는 秒速 30km의 10倍에 가까운 秒速 250km에 肉迫하고 있는 것이다.

停止狀態의 太陽이 秒速 250km의 速度를 갖게 된 結果는 太陽이 참으로 먼 距離를 追從해 왔다는 뜻이 되는 것이다.

秒速 250km의 速度는 人間의 想像을 超越하는 驚異로운 速度인 것이다. 停止狀態의 無에서 出發하여 秒速 250km라는 驚異로운 빠른 速度를 갖게 된 結果에서 미루어 볼 때 太陽이 얼마나 먼 距離를 이끌리고 旅行해 왔는가를 미루어 짐작할 수 있을 것이다.

먼 距離를 달려와 銀河系 小宇宙가 構築한 소용돌이 廻轉의 運動體系에 合流한 太陽은 마침내 그의 公轉軌道에 進入하고 恒星系의 役割을 完遂하기 爲한 一員이 되었다. 太陽은 重力이 作用되는 原理의 力學構造에 따라 系列들을 이끌고 廻轉하며 큰 圓을 그리면서 銀河系 小宇宙의 架空 中心軸을 秒速 250km에 肉迫하는 빠른 速度로 달리며 公轉하고 있는 것이다.

이제까지는 太陽을 中心으로 한 運動體系의 論理를 展開하고 있었지만 問題는 太陽이 머물고 있었던 空間領域에 形成되어 點點히 散在하고 있었던 다른 天體들의 動向과 向方이 어떻게 되었을까 하는 것이다. 그들 많은 天體들의 運命이 어떤 結果로 歸着되었을까 그들의 下廻가 몹시 궁금한 일이 아닐 수 없을 것이다.

結局 太陽系가 어떻게 形成되었을까 하는 것이다.

여기에서 알아두어야 할 重要한 要素가 있다. 水素가 行使하는 重力은 뉴턴이 發見한 萬有引力의 法則에 따르고 作用된다는 事實인 것이다. 物體가 作用하는 引力은 質量에 比例하고 距離가 멀수록 急激히 弱해지는 것이다. 이런 關係는 큰 重力體라도 먼 距離에서는 重力이 크게 作用될 수 없다는 뜻이 되는 것이다.

그런 原理에서 멀리 다가온 銀河系 小宇宙의 重力은 質量이 큰 太陽한테만 作用되고 太陽의 領域圈에 있던 작은 天體들은 太陽의 重力에 影響을 받게 된다는 理致가 되는 것이다. 太陽系가 構成되고 體系化된 重要한 要點이지만 重力의 그와 같은 原理에서 太陽系의 成立이 可能했던 것이다.

地球의 衛星인 달이 먼 곳에 있는 큰 重力體인 太陽의 影響을 받지 않고 質量이 적지만 가까운 距離에 있는 地球의 引力에 統制받고 있는 理由가 그와 같은 原理에 起因되고 있는 것이다. 그런 理致에서 太陽系 內에 木星系와 土星系 같은 작은

系列들이 存在하고 있는 것이다.

太陽이 生成되어 있던 空間領域에는 비단 太陽만이 存在하고 있었을 일은 아닐 것이다. 크게 形成된 太陽만이 唯一한 存在가 아니었으며 太陽에 比해 비록 規模야 矮少한 存在에 不過했겠지만 數많은 다른 天體들도 形成되어 併存하고 있었을 것이다.

지금은 太陽系가 끝의 冥王星까지의 半徑 60億km의 좁은 領域으로 縮小되어 體系化하고 있지만 애당초 太陽系의 天體들이 散在되어 占有하고 있었던 空間은 실로 想像을 超越할 廣闊한 領域에 達하고 있었을 것이다.

太陽이 이끌리면서 갖게 된 速度가 秒速 250km에 達하고 있으며 地球가 太陽의 引力에 이끌려 오면서 加速되어 갖게 된 速度가 자그만치 秒速 30km나 되는 것이다. 이런 速度에서 勘案한다면 太陽이 얼마나 먼 距離를 旅行하고 있으며 또 地球가 太陽과 얼마나 먼 距離에 떨어져 位置하고 있었겠는가를 미루어 짐작할 수 있을 것이다.

그토록 廣闊한 空間領域에 걸쳐 點點이 形成되어 散在하고 있었을 天體들인 地球를 爲始한 木星이나 土星들과 그들의 衛星들이 어떻게 움직였을 것인가 하는 것이다. 서로間의 重力關係가 어떻게 作用되고 어떤 樣相으로 進陟되었을 것이며 終局에는 어떤 結末로 歸着되었을 것인지 疑問이 아닐 수 없을 것이다.

太陽의 空間領域에 位置하고 있던 天體들은 萬有引力의 法則대로 가까이 있는 큰 重力體인 太陽과 運命을 함께 할 수밖에 없었을 것이다. 이끌려 가는 가장 큰 重力體인 太陽의 引力에 이끌려 따라가지 않을 수 없었던 것이다.

똑같은 理致에서 木星이나 土星 같은 行星들은 그들의 衛星들을 거느리게 되고 달은 地球를 따라오게 된 것이다. 좋던 싫던지 間에 太陽의 領域에 있던 行星들은 太陽과 運命을 함께 하지 않을 수 없었으며 行星의 衛星은 가까이에 있던 行星과 運命을 같이 하게 되었다 할 것이다.

水素가 呼吸하는 結果에서 作用되는 重力의 原理에 따라 太陽系가 어떻게 體系化되고 組織되기에 이르렀는가 알아보기로 할 것이다. 모든 恒星系가 造成되는 原理인 것이다.

※ 太陽系의 體系化

萬有引力의 原理가 糾明되고 있지 않았던 狀態에서는 物體가 作用하는 引力이 어떤 原理의 어떤 原因에서 作用되는가를 모르고 있었다. 뉴턴이 發見한 萬有引力의 法則이 있기는 하지만 그 法則은 引力이 作用되는 關係에 對해서만 擧論하고 있을 뿐 原理에 對해서는 一言半句의 言及이 없는 것이다.

地球上에서 物體 위에 物體를 쌓아 올리면 그 物體의 質量에

比例한 重壓을 받게 된다. 그 物體가 排出시키는 重力波를 地球가 吸收하는 結果에서 引力이 作用되기 때문이다.

그런 結果는 틀림없는 事實이지만 그러나 그런 現象은 地球의 表面上에 局限될 일일 뿐 內部에 들어가면서 狀況은 달라지게 되는 것이다. 이제까지 사람들은 皮相的인 이 經驗을 아무런 濾過없이 그대로 地球 中心部까지 延長시키고 있다.

지금도 如前히 그런 倒錯된 思考로 一貫하고 있지만 그런 理由에서 地球 中心部가 壓縮되어 있다 생각하고 있는 것이다. 是正되어야 할 일일 것이다.

水素와 中性子가 行使하는 重力의 原理에서 地球의 中心部는 壓迫을 받고 있지 않은 것이다. 地球의 中心部가 壓縮되어 있다는 重力에 對한 旣存의 잘못된 發想에서 사람들은 脫皮해야 할 것이다. 잘못 認識된 觀念이나 着想은 愚昧를 自招하는 일일뿐 事物의 理致를 그르칠 수밖에 없을 일이기 때문이다.

水素가 行使하는 重力의 原理에 따라 모든 天體의 中心部는 크게 壓縮되는 곳이 아니라 도리어 重力이 作用되지 않는 無重力 狀態의 空洞地帶로 表現될 性質인 것이다.

그 代身 天體의 모든 表面部位가 가장 큰 壓力과 壓迫을 받는 重壓地帶가 된다. 物體의 무게는 天體의 表面에서 가장 무거운 것이다. 그 理由는 地球라는 物體의 全體質量이 作用하는 重力의 焦點이 中心部가 아닌 地球의 모든 表面이 되기 때문이다.

地球를 爲始해서 모든 天體의 重力構造가 그와 같은 理致에 基準하고 있기 때문에 天體는 스스로의 身體를 廻轉시키기 容易하며 自轉을 쉽게 하고 있는 것이다. 地球는 晝夜인 24時間을 週期로 一自轉하고 있으며 太陽도 巨大한 身體인데도 不拘하고 빠른 自轉을 계속하고 있는 것이다. 衛星을 많이 거느리고 있는 木星이나 土星의 自轉이 빠른 理由도 그와 같은 原理에 起因하고 있는 것이다.

萬一 重力에 對한 旣存의 愚昧했던 發想대로 天體의 中心部가 壓縮되어 있다면 天體의 自轉은 可能한 일이 아닐 것이다.

天體의 中心部가 무거워 廻轉이나 自轉이 쉽게 이루어지지 않고 不可能한 경우이라면 銀河系 小宇宙의 소용돌이 廻轉體系는 構築될 수 없고 形成시킬 수 없을 것이다. 모든 單位 小宇宙는 起源되어 誕生할 수 없으며 宇宙는 經營되지 않는 것이다.

當然한 歸結이겠지만 銀河系 小宇宙가 體系化되어 誕生할 수 없을 때 다른 單位 小宇宙라고 해서 存在할 性質은 아니었을 것이다. 宇宙는 起源되어 經營될 수 없는 運命으로 우리의 太陽系도 形成되어 存在할 수 없었을 것이다. 따라서 人間의 誕生 또한 現在의 出現을 맞이할 수 있었을 일은 아닌 것이다.

太陽系를 體系化시켜 維持하고 있는 中心天體인 太陽은 質量과 體積이 어마어마하게 큰 天體이다. 當然한 理致로 質量에

比例한 重力도 클 수밖에 없을 것이다. 그토록 巨大한 太陽은 水星 金星 地球 火星 木星 土星 天王星 海王星 冥王星의 順序로 9個의 行星을 거느리고 있으면서 重力線이 60億km까지 뻗치고 있다.

이들 行星들은 太陽의 公轉軌道에 進入하고 계속 돌고 있는 것이다.

太陽의 行星 多大數는 또한 自己의 力量에 걸맞는 衛星들을 거느리고 있다. 달이 地球를 돌고 있듯이 그들 衛星은 그곳 領域에서 가장 큰 重力體인 行星을 돌고 있는 것이다. 그와 같은 造化가 다름 아닌 水素가 行使하는 重力의 原理에서 構築되고 있는 것이다.

正確하게 確認된 結果는 아니지만 質量과 體積이 相對的으로 큰 木星과 土星은 孫子衛星까지 거느리고 있는 것으로 類推되고 있다. 地球에서 觀察할 때 天體의 廻轉方向과 逆行하는 衛星이 木星에서 發見되고 있는데 그들이 바로 孫子衛星일 可能性을 示唆하고 있어 排除될 수 없는 것이다.

地球는 달이라는 오직 하나의 衛星을 거느리고 있다. 그러나 地球에 比해 質量과 體積이 越等히 큰 木星이나 土星은 10餘個도 더 되는 많은 衛星들을 거느리고 있는 것이다. 비록 太陽에 比較한다면 적은 規模의 天體이기는 하지만 그들도 太陽系의 構造와 똑같은 體系를 構築하고 있으며, 保存해서 維持하고 있는 것이다.

形成된 過程이 같은 原理에서 起源되었기 때문에 그들도 적은 太陽系로 呼稱될 性格일 것이다. 지난 날 木星이나 土星이 지금의 太陽처럼 빛났으며 그곳 領域의 太陽으로 君臨해서 나름대로의 役割을 다했던 한 때가 있었을 일이기 때문이다. 그런 過去에서 木星系나 土星系는 原始的인 生物이 存在했을 可能性을 排除할 수 없다 할 것이다.

水素로부터 起源되는 宇宙의 生成原理에서 볼 때 太陽系가 體系化된 初期는 지금의 樣相과는 달리 太陽系의 모든 天體가 저마다 核融合을 經營하면서 빛나고 있었을 것이다. 그 後 적은 天體들은 점차 불이 꺼지고 中心天體인 木星이나 土星만이 빛나고 있었을 때는 그들도 그곳 空間領域의 太陽이 아닐 수 없었을 것이다. 太陽系의 天體들은 적은 順序로 불이 꺼지기 始作했으며, 지금은 巨大한 太陽만이 唯一하게 빛나고 있는 것이다.

理論에 바탕하고 있을 뿐 正確한 觀測에서 確認된 結果는 아니지만 東洋의 宇宙 回歸論은 水素가 行使하는 重力의 原理上 木星이나 土星은 그들의 衛星뿐만이 아니라 孫子衛星까지도 거느리고 있을 可能性이 있다는 見解를 提示한 바 있다. 앞으로 正確히 觀測해서 眞否가 確認되어야 할 일일 것이다.

太陽의 立場에서 본다면 地球의 달은 그의 孫子衛星에 該當된다. 만약 木星이나 土星에 그들의 孫子衛星이 存在한다면

太陽은 曾孫子나 高孫子까지도 거느리게 된다는 理致가 될 것이다. 木星의 孫子衛星을 地球에서 觀察한다면 太陽系의 天體가 돌아가는 方向을 逆行하는 現象으로 觀測될 수밖에 없는 것이다.

이러한 力學構造에 바탕한 太陽系의 體系構築은 오직 水素가 行使하는 重力의 原理에서만 可能한 일인 것이다.

千否當 萬否當의 當치 않을 말이지 世上이 거꾸로 돌아가는 天體가 어디 있겠는가 할 것이다. 重力의 原理上 天道를 逆行하는 天體는 있을 수 없을 것이다. 天道의 逆行은 바로 自滅을 意味하기 때문이다.

外觀上의 現象에 지나지 않을 뿐이지만 그러나 天道를 逆行하는 天體가 全然 없는 일이 아닌 것이다. 어찌 逆行하는 것일까 하는 原因과 理由가 그동안 밝혀지고 있지 않았지만 木星에서 天道를 逆行하는 天體가 여럿 發見되고 있는 것이다.

太陽系는 半徑이 60億km 즉 40天文單位에 이르는 尨大한 領域의 體系를 構築하고 있다. 太陽이 銀河系 小宇宙의 中心重力이 作用하는 引力에서 움직였기 때문에 太陽系의 모든 天體들은 太陽이 廻轉하는 方向을 따라 한결같이 同一한 方向으로 돌고 있는 것이다. 따라서 天體의 逆行이란 있을 수 없을 것이다.

그러나 木星에서 逆行하는 天體가 發見되고 있다. 그런 現象

은 그 天體가 天道를 逆行하는 게 아니라 木星이 孫子衛星을 거느리고 있다는 明白한 證據가 되는 것이다.

恒星系의 하나인 太陽系는 어떻게 起源되었을까? 太陽系의 運動體系는 어떤 造化에 依해서 組織되고 運營되는지 人間의 常識에서는 理解되기 어려운 참으로 絶妙한 能力에서 統制되고 있는 力學構造인 것이다. 마치 어떤 巧妙하기 이를 데 없는 智慧에 依해서 造作되고 있는 듯 모든 天體가 한 치의 誤差도 許諾되지 않는 一絲不亂한 體制로 움직이고 있는 것이다.

도대체 巧妙하기 이를 데 없는 太陽系의 運動體系는 어떤 動機와 要因에 依해서 그 力學的 構造가 構築되고 運營되어 現況을 維持하며 存續하는 것일까? 太陽系의 構成과 運動體系를 糾明하고 밝혀가는 일이 太陽系의 起源을 밝혀서 理解하는 捷徑이 될 것이다. 宇宙를 理解하는 重要한 要點이 아닐 수 없는 것이다.

어떤 原理에서 그토록 絶妙한 力學構造의 運動體系를 構築하고 組織해서 現在의 狀態를 維持하고 存續되는지 太陽系의 構造를 分析하고 體系成立을 考察해 보기로 할 것이다. 聞一知十이라 했다. 太陽系를 分析해서 理解하는 일은 모든 恒星系의 理解에 到達하고 銀河系 小宇宙의 起源을 窺知할 수 있게 되는 것이다. 宇宙를 理解하는 일로 直結될 것이다.

에너지源인 電子의 結晶으로 造成된 宇宙의 物質的 本質인

水素가 行使하는 重力의 原理에서 宇宙는 하나의 單一體系로 經營될 수는 도저히 不可能한 性格인 것이다. 하나의 體系로 經營될 수 없다면 어떻게 經營될 수 있다는 말일까? 細分化된 小宇宙 單位로 經營될 수밖에 없을 性格일 것이다.

宇宙는 一定한 空間領域에서 小宇宙 單位로 水素가 自力의 소용돌이 廻轉體系를 構築하고 起源시켜 經營할 수밖에 없는 生理構造인 것이다. 모든 單位 小宇宙의 起源이 똑같은 原理에서 出發하고 있어 銀河系 小宇宙의 起源도 例外가 아닌 것이다.

太初에 銀河系 小宇宙의 中心部에서 形成된 天體들이 相互間에 重力을 行使하며 소용돌이 廻轉體系를 構築한 것이다. 그들은 크게 圓을 그려 가면서 돌아가며 段階的으로 다른 天體群들을 하나씩 體系化시켜 가고 있었다. 넓은 空間領域에 걸쳐 散在하고 있었던 天體群들을 가까이 쫓아 찾아다니며 감아 올리면서 그들을 소용돌이 體系로 合流시키고 있었던 것이다.

모든 單位 小宇宙의 中心部에서 形成된 重力體들은 가만히 앉아서 重力을 行使하고 있는 性質이 아니었다. 달려가 감아 올리고 끌어 당기면서 그들 天體群들을 되도록 活動하기 쉬운 좁은 領域으로 壓縮시켜 가고 있었던 것이다. 이렇게 發達하고 成長한 소용돌이 集團이 巨大한 銀河系 小宇宙가 되고 더욱 세차게 휘감아 올리면서 드디어 太陽이 있는 먼 領域까지 進出해서 가까이 接近해 온 것이다.

288

　그곳 空間領域에서 가장 큰 重力體로 成長하고 發達한 太陽은 어느 날 갑자기 다가오고 있는 重力을 感知하게 되었을 것이다. 自然히 그들 兩者사이에서는 重力의 交感이 交叉될 수밖에 없었을 것이다.

　停止狀態에 있는 A와 B의 天體間 重力은 一直線으로 作用될 것이다. 그러나 四方으로 넓게 흩어져서 散在하고 있는 여러 個의 天體들이 作用하는 重力線은 서로의 距離가 좁혀짐에 따라 一直線上으로 作用되지 않게 되는 것이다. 여러 個의 天體들이 各己 다른 方向에서 서로 重力을 行使하게 되면 그들의 距離가 좁혀지면서 重力線은 復雜하게 얽히면서 曲線으로 휘어지게 되는 것이다. 소용돌이를 일으키는 것이다.

　天體들 相互間의 重力作用으로 끌어당겨 그들의 領域이 좁혀짐에 따라 重力線은 復雜하게 얽히면서 曲線을 그려가게 되는 것이다. 서로가 서로를 强하게 휘어 감아 올리면서 架空의 軸을 中心으로 彼此 廻轉하게 되는 것이다. 이 原理가 하나의 單位 小宇宙를 소용돌이 宇宙로 生成시키는 動機가 된다 할 것이다. 하나의 宇宙가 誕生하고 起源되는 嚆矢인 것이다.

　이런 原理에서 소용돌이를 일으키며 廻轉하는 天體들이 作用하는 重力線은 一直線上으로 作用되지 않는 것이다. 휘어 감는 方向을 따라 크게 圓을 그리면서 曲線으로 作用되는 것이다. 宇宙空間에서 하나의 單位 小宇宙가 誕生되고 起源되는 原理이기 때문에 사람들은 颱風의 눈을 聯想시키며 理解하도록 해야 할 것이다.

巨大한 勢力으로 發展한 銀河系 小宇宙의 中心天體들이 소용돌이치며 휘어감아 올리면서 太陽 近處까지 進出하고 있었다. 그들이 큰 圓의 긴 曲線으로 소용돌이치며 휘어 감고 말아 올리는 重力을 作用시키기 때문에 그 重力線에 이끌려 가면서 따라가게 된 太陽도 道理없이 크게 圓을 그리며 따라갈 수밖에 없었을 것이다.

太陽은 加重된 큰 引力에 이끌려 가면서 그 自身도 廻轉하는 運動體系를 構築한 것이다. 太陽은 周邊의 다른 天體들을 끌어당겨 크게 廻轉시키면서 지금의 太陽系를 構築하기 始作한 것이다.

太陽이 다가온 銀河系 小宇宙의 重力線을 따라 큰 圓을 그리면서 달리고 形成시킨 빠른 自轉으로 作用되는 重力線은 그대로 太陽系로 傳達되고 있다. 太陽도 太陽系 全體를 감아 올리면서 돌리는 體系를 構築하고 있는 것이다.

本是 太陽系의 모든 天體들은 넓은 空間領域에 흩어진 채 太陽하고는 멀리 떨어져 散在하고 있었다. 太陽이 휘둘려 가는 360度의 空間線上에 있었다고 생각해야 할 것이다. 그들은 그곳의 中心 重力體인 太陽에 이끌려 太陽이 銀河系 小宇宙의 公轉軌道에 進入될 때까지의 過程에서 領域이 좁혀지고 縮少되

어 지금의 半徑 60億km인 太陽系를 構築한 것이다. 太陽系는 그렇게 體系化되고 形成된 것이다.

똑같은 原理로 木星系와 土星系 같은 적은 體系가 構築되었을 것이다.

모든 單位 小宇宙의 構造가 똑같은 原理에서 起源되고 있다. 銀河系 小宇宙의 重力構造도 例外가 아니어서 天體들이 서로 廻轉하며 架空의 軸을 돌고 있는 體系인 것이다. 따라서 모든 小宇宙의 中心部位는 全體를 統制하는 中心體가 없는 空洞인 것이다.

그와는 달리 太陽꼐는 太陽이 中心이 되어 統制하고 있다. 소용돌이 重力에 이끌리고 따라가며 太陽이 廻轉하면서 形成시킨 重力에서 太陽系가 構築된 體系이기 때문이다. 서로 形成된 過程이 다른 것이다.

그런 原理에서 太陽系는 모든 單位 小宇宙의 中心構造와는 달리 太陽을 中心으로 돌아가는 體系인 것이다. 비단 太陽系뿐만이 아니라 모든 恒星系가 太陽系와 똑같거나 大同少異한 構造를 하고 있을 것이다.

이게 바로 單位 小宇宙인 銀河系 小宇宙의 重力構造와 太陽系의 重力構造가 서로 다른 點이며 力學體系를 달리 하고 있는 差異인 것이다. 그런 關係로 모든 恒星系는 太陽系와 力學構造와 똑같거나 그에 準한 體系를 維持하고 있을 것이다.

太陽처럼 먼 外廓에 位置하고 있던 큰 天體가 中心部의 소용돌이 重力線에 이끌려 크게 휘감기고 廻轉하면서 달리게 되면 그 天體도 스스로의 몸을 돌릴 수밖에 없을 것이다. 太陽의 이 自轉으로 그곳 領域에 있던 다른 天體들이 한 곳으로 集中되지 않고 뭉치지 않게 되는 것이다. 中心天體인 太陽을 따라 近接되는 동안 그들도 함께 圓을 그리고 廻轉하면서 그들 나름대로의 體系를 構築하게 되는 것이다.

그런 過程으로 現存하는 木星系 土星系 같은 行星系의 體系가 뒤따라 構築된 것이다. 地球는 太陽에 가깝고 또 質量과 體積이 적은 탓으로 달이라는 하나의 衛星만을 거느리고 있다. 이렇게 連鎖的으로 構築되는 體系로 太陽系는 形成되고 起源된 것이다.

太陽系를 비롯한 모든 恒星系가 中心 重力體인 恒星으로 陷沒되지 않고 恒星의 公轉軌道에 進入하여 各己 定해진 領域을 擔當하고 지키면서 存續하고 있는 것이다. 그와 같은 體系의 構築이 可能했기에 銀河系 小宇宙가 存續할 수 있었으며 宇宙는 單位 小宇宙別로 經營될 수 있었던 것이다.

外廓의 天體群들이 그런 道程으로 한 領域씩 소용돌이 廻轉體系로 構築되고 加勢하면 銀河系 小宇宙의 重力 또한 그만큼 加重되고 力量도 따라 倍加될 것이다. 이렇듯 連鎖的인 反應을 일으키면서 育成되고 크게 發達하며 肥大해진 重力體가 소용돌이 廻轉으로 말아 올리고 疾走하면서 드디어 太陽의 領域까지 進出하고 가까이 다가와서 重力을 行使하기 始作한 것이다.

이렇듯 소용돌이치며 가까이 다가온 巨大한 重力에 이끌려 太陽도 道理없이 움직이기 始作한 것이다. 太陽은 이때 비로소 움직이기 始作했으며 運動과 速度를 갖게 되었을 것이다. 그와 同時에 스스로의 몸을 돌리는 自轉도 갖게 되었을 일인 것이다. 水素의 集成體인 氣體의 太陽은 無重力 狀態인 中心部보다 表面이 무거운 重力의 原理에서 몸을 쉽게 돌리고 便한 姿勢로 따라갈 수 있었을 것이다.

실로 長久한 歲月의 오랜 期間이 되겠지만 이때부터 太陽은 銀河系 小宇宙의 體系에 合流하고 그의 公轉軌道에 進入할 準備에 들어갔다 할 수 있을 것이다.

太陽系의 空間領域에서 가장 크게 形成된 太陽이 가까이 다가온 소용돌이의 큰 重力에 이끌리고 움직이며 스스로의 몸을 돌리면서 달리게 될 때 멀리 떨어져 散在하고 있던 다른 天體들은 어떤 動向과 反應을 보였을 일일까?

그들 모두의 運命이 어찌되었을까? 하는 것이다.

이제까지 迷宮인 채 全然 알려지고 있지 않았던 太陽系의 秘密이 드디어 解得되는 瞬間이라 할 것이다. 太陽系가 形成되고 體系化되는 秘密이 풀리는 要素인 만큼 重要하면서도 몹시 궁금한 일이 아닐 수 없을 것이다.

뉴턴이 提唱한 萬有引力의 法則에서 "物體는 質量에 比例하고 距離의 自乘에 反比例하는 引力을 作用한다고 했다. 物體가 많으면 많을수록 强한 引力이 作用되고 距離가 멀수록 引力은 顯著하게 弱해진다는 것이다.

그곳 空間領域에서 다른 天體에 比해 質量이 유달리 크게 形成된 太陽은 銀河系 小宇宙의 中心部 天體들이 차례로 體系化되고 소용돌이로 廻轉하면서 連鎖的으로 波及시키는 加重된 重力과 交感하게 된 것이다. 그렇다면 이번에는 太陽의 領域圈에 位置하며 點點이 散在되어 있었던 다른 적은 天體들은 어떤 反應을 보이고 어떤 動向을 보였을까 하는 것이다.

質量이 적은 天體들은 質量이 큰 太陽처럼 몰려오는 큰 重力의 影響을 直接 받는 것이 아닌 것이다. 全혀 影響을 받지 않을 수야 없겠지만 遠水 不救 近火라는 말대로 먼 重力보다는 가까운 太陽이 行使하는 重力의 支配를 받게 된다는 理致인 것이다. 먼 距離에 있는 큰 重力보다는 비록 작지만 가까운 距離에 있는 重力體인 太陽의 影響을 받게 된다는 事實에 留意하고 注目해야 할 것이다.

그런 原理에서 太陽의 周邊에 있던 天體들은 太陽이 行使하

294

는 重力의 支配를 받을 수밖에 없는 것이다. 太陽系에서 가장 큰 行星인 木星조차도 太陽에 比較된다면 極히 矮少한 天體에 不過하기 때문이다.

　그곳 空間領域에서 가장 큰 重力體로 成長하고 發達한 太陽이 銀河系 小宇宙가 行使하는 소용돌이 廻轉의 加重된 引力에 이끌리어 스스로의 몸을 돌리고 虛空에 큰 圓을 그리면서 움직이기 始作한 것이다. 움직이는 太陽의 重力을 感知하고 깜짝 놀란 周邊의 天體들도 뒤질세라 서둘러 太陽을 따라 움직이기 始作했을 것이다. 正確히 말하면 지금의 行星들이 따라 움직였다고 해야 옳을 것이다.

　重力의 原理에 따라 그들 行星들도 太陽系와 똑같은 構造의 運動體系를 構築할 수밖에 없었을 것이다. 그런 原理에서 太陽系 內에 木星系나 土星系 같은 적은 太陽系의 體系가 構築된 것이다. 그런 結果에서 地球는 달을 體系化시킨 하나의 적은 體系로 表現될 수 있을 것이다.

　銀河系 小宇宙의 中心部에서 構築된 소용돌이 廻轉의 큰 重力에 이끌리고 움직이게 된 太陽은 反射的으로 周邊의 다른 天體한테 引力을 行使하고 統制하고 있는 것이다. 如何튼 木星이나 土星 같은 太陽系의 行星들은 달리는 太陽을 쫓아 그의 體系에 合流하지 않을 수 없게 된 것이다. 그러나 그들 行星들도 重力을 行使하여 能力것 그들 나름대로의 體系를 構築하고

있는 것이다.

　그러니까 太陽에 이끌려 가는 또 다른 領域에서도 重力의 原理에 따라 木星 같은 天體가 太陽에 準한 統制를 順次的으로 加하면서 그들 나름대로의 體系를 構築하고 있는 것이다. 그런 理致에서 木星系 土星系 海王星系 같은 太陽系 內에서 또 다른 적은 體系가 構築되고 存在하는 것이다.

　人間이 살고 있는 地球는 質量과 體積이 워낙 적고 또 太陽과 너무 가까이 있었던 關係로 겨우 달이라는 衛星 하나만을 거느리고 있다. 그렇지만 地球도 重力의 原理를 따라 나름대로의 體系를 構築하고 있는 것이다.

　다시 한 번 太陽系의 全體를 鳥瞰해 보기로 할 것이다. 銀河系 小宇宙의 中心天體들이 빠른 廻轉의 소용돌이를 일으키면서 行使하는 加重된 重力이 돌고 달려 모든 天體들을 차례로 體系化시키면서 드디어 太陽이 있는 領域까지 進出하게 된 것이다. 그 結果 太陽도 어찌 할 수 없이 그 소용돌이의 휘몰아치는 重力에 이끌리면서 움직이게 된 것이다.

　그 소용돌이의 重力에 이끌려 따라가게 된 太陽이 이번에는 그곳 途上의 空間領域에 散在하고 있던 다른 天體한테 引力을 作用시켜 따라오도록 強要하고 있는 것이다. 여기에서 看過되어서는 안 될 重要한 現象이 있다. 注目해야 할 要素인 것이다.

太陽은 그 空間의 큰 天體한테만 引力을 行使하고 이 큰 天體가 行星이 되어 隷下의 다른 天體들을 統制하게 되는데 그게 重力의 原理라는 事實인 것이다.

그게 무슨 뜻이냐 하면 太陽은 큰 行星인 木星한테 重力을 行使하는데 局限되고 木星이 周邊의 적은 天體한테 重力을 行使하면서 統制한다는 말인 것이다. 가까운 例로 太陽은 地球를 統制하면서 重力을 行使하고 地球는 달을 統制하면서 引力을 行使하고 있음을 보게 된다. 그런 原理에서 木星이나 土星이 많은 衛星을 거느리고 있으며 孫子 衛星의 存在도 否認되지 않는 것이다.

太陽系는 그와 같은 重力原理에서 太陽이 君臨하고 있던 空間領域이나 軌道線上에 散在한 天體들이 다가온 소용돌이 重力에 이끌리는 太陽을 따라오면서 體系化된 것이다. 水素가 行使하는 絶妙한 重力의 原理와 造化에서 太陽系는 體系化되고 構築된 것이다.

太陽系는 밤하늘에 無數히 빛나는 별인 恒星系의 하나에 지나지 않는다. 똑같은 原理에서 體系化되고 形成되었기 때문에 모든 恒星系가 太陽系와 똑같거나 類似한 構造를 하고 있을 것이다.

太陽系와 똑같은 途程으로 體系化된 恒星系가 約 2000億個쯤 集合하고 壓縮되어 銀河系 小宇宙는 드디어 하나의 單位

小宇宙로 成長하고 있다. 水素가 重力을 行使하면서 體系化할 수 있는 能力은 銀河系 小宇宙와 같은 單位 小宇宙의 構築이 限界인 것으로 보인다. 따라서 宇宙空間의 모든 星雲은 같은 原理로 起源된 똑같은 構造인 것이다.

반드시 모두 成功한다는 保障이야 할 수 없겠지만 宇宙空間은 成功한 單位 小宇宙로 가득 차 있다. 東西南北의 어느 方向을 가릴 것 없이 星雲이라 이름하는 이들 單位 小宇宙로 充滿되어 無限으로 連續되고 있다.

어찌 宇宙空間은 單位 小宇宙로 充滿하고 있느냐 할 것이다. 宇宙는 本質的으로 에너지源인 電子의 結晶으로 造成된 水素밖에 存在하지 않는다. 水素가 呼吸하면서 行使하는 重力이 만들어가는 世界는 똑같을 수밖에 없으며 水素의 能力은 銀河系 小宇宙와 같은 單位 小宇宙의 造成이 限界이기 때문에 宇宙는 星雲밖에 存在하지 않는 것이다.

그런 理由에서 宇宙는 小宇宙 單位로 造成되어 經營하며 存在할 수밖에 없을 性質인 것이다. 이제 비로소 宇宙가 어찌 小宇宙라는 이름의 星雲으로만 造成되어 가득 차고 있는가 하는 理由가 克明하게 밝혀지고 있는 것이다.

地球는 太陽에 너무 가까이 近接하고 있으며 質量과 體積도 적은 關係로 오직 달이라는 衛星 하나만을 거느리고 있다. 그러나 地球보다 質量과 體積이 比較될 수 없이 越等히 클 뿐만이 아니라 距離 또한 太陽에서 멀리 떨어져 있는 木星이나 土星은 獨自的인 領域圈을 形成하고 있으면서 많은 系列들을 거느리고 있다. 그들은 또 하나의 太陽系가 되어 많은 衛星과 孫子衛星들을 거느리고 있는 것이다.

　지금은 불이 꺼져 빛나고 있지 않지만 아주 먼 옛날은 核融合을 經營하면서 모두 빛나고 있었을 것이다. 작은 天體의 불이 모두 꺼지고 木星이나 土星이 太陽처럼 빛났을 때는 그들도 그 領域의 太陽이었을 것이다.

　確認이 可能할지의 與否는 未知의 일이겠지만 木星은 아직도 核融合을 終了하지 않은 症候를 보이고 있는 것이다. 아직도 內部的으로 旺盛하게 活動하는 核融合의 症候라 할 수 있는 巨大한 赤斑現象을 보이고 있으며 放射線이나 放射能의 放出 또한 激烈하고 甚한 것이다.

　지금은 불이 꺼져 太陽을 除外한 太陽系의 모든 天體가 暗黑體인 채 沈默을 지키고 있다. 그러나 太古의 옛날은 太陽系 全體가 빛나는 불덩어리였을 것이다. 그들이 例外없이 모두 水素의 核融合을 經營하고 있었을 일이었기 때문이다.

　木星이나 土星은 質量과 體積이 유난히 큰 天體이다. 그들의 衛星들이 核融合을 끝마치고 불이 꺼진 後에도 그들은 如前히 빛나고 있었을 일이기에 木星이나 土星은 그 領域의 太陽인 경우가 되었을 것이다. 그런 於間의 事情에서 木星의 衛星 가운데에는 生命의 흔적도 있을 수 있을 것이다.

木星이나 土星은 質量과 體積이 큰 行星이기도 하지만 自轉이 유난히 빨라 많은 衛星들을 거느리고 있다. 土星에서 보이는 큰 環은 土星의 빠른 自轉으로 생기는 遠心力 때문에 土星의 氣體가 分離되어 드라이아이스化하여 생겼다 判斷할 수 있을 것이다.

※ 地球의 太陽 公轉軌道 進入

宇宙空間은 四方의 어느 方向을 바라보아도 한결같이 소용돌이 形態의 小宇宙로 가득 차 있다. 소용돌이 廻轉의 圓盤型을 하고 있는 똑같은 模樣의 小宇宙가 어느 方向을 가릴 것 없이 視野 가득히 들어오고 있는 것이다. 그러니까 宇宙는 星雲으로 連續되고 있는 것이다.

어찌 宇宙는 똑같은 形態와 模樣을 하고 있는 이들 單位 小宇宙로 가득 차서 連續되고 있는 것일까?

宇宙가 소용돌이 廻轉의 小宇宙로 가득 차서 連續되고 있는 結果는 結局 宇宙가 소용돌이 小宇宙의 單位로 造成되어 存在할 수밖에 없다는 理致로 歸着될 것이다. 宇宙는 本質的으로 水素밖에 存在하지 않으며 水素가 經營할 수 있는 能力의 限界

가 單位 小宇宙의 造成이니 宇宙가 小宇宙 單位로 體系化되어 存在하게 될 結果는 當然한 歸結이 아닐 수 없을 것이다.

그런 理由에서 宇宙는 銀河系 小宇宙와 같은 小宇宙 單位로 造成되어 가득 차고 그들의 連續된 世界가 된다 할 것이다.

새로운 理論이고 生疎할 것이라 생각되어 다시 한 번 原點으로 되돌아가 敷衍해 볼 것이다.

水素가 行使하는 重力의 原理에서 하나의 小宇宙가 誕生하는 中心部가 必然的으로 소용돌이의 廻轉體系에서 起源될 수밖에 없는 것이다. 그런 道程에서 構築되는 體系는 모든 小宇宙의 避할 수 없는 生成原理인 것이다.

하나의 小宇宙가 起源되는 中心部位는 오직 두 個만의 天體가 形成되어 存在하면서 서로간의 引力을 一直線上으로 作用시킬 性質이 아닐 것이다. 水素를 力量껏 끌어 모아 肥大해진 天體들이 멀리 떨어진 채 그 空間의 到處에 자리하고 있었을 것이다.

水素가 存在하는 곳에서는 반드시 重力이 行使된다. 重力을 行使하는 여러個의 큰 天體들이 彼此間 引力을 作用시키면서 領域을 좁혀 갈 때 重力의 原理上 그들은 한 곳으로 集中될 수 없는 것이다. 서로가 휘어 감는 여러 天體들의 連鎖的인 引力作用으로 架空의 軸을 빠르게 廻轉하는 것이다. 소용돌이가 일어나는 現象은 不可避한 結果로 바로 하나의 小宇宙가 生成

되는 原理인 것이다.

銀河系 小宇宙는 中心部에서 水素의 凝集으로 形成된 天體들이 소용돌이를 일으키며 廻轉하는 體系가 構築되면서 起源되었다. 數十億年이라는 長久한 歲月에 걸쳐 그들은 달리고 감아 올리면서 차례로 天體群들을 體系化시키고 成長하며 드디어 아득히 먼 곳에 떨어져 있던 太陽의 領域까지 進出하고 다가온 것이다.

그들은 하나의 小宇宙를 體系化하고 構築하는데 成功했으며 이윽고 數億光年도 더 멀리 떨어져 있었을 太陽의 領域까지 進出하고 到達하게 된 것이다. 그동안 모든 天體들을 좁은 領域으로 壓縮하고 縮小시켜 體系化하였으며 그곳 空間은 眞空狀態가 되었을 것이다.

聞一知十이라는 말이 있다고 말한 바 있다. 하나를 듣고 미루어 열 가지를 헤아릴 수 있다는 것이다.

그런 理致에서 萬一 人間이 살아가는 地球라는 天體가 誕生되고 銀河系 小宇宙로 合流하는 太陽에 이끌려 秒速 30㎞의 慣性速度를 갖게 된 오랜 旅行 끝에 마침내 太陽의 公轉軌道에 進入하게 된 道程과 經由만 알게 된다면 太陽系의 起源을 엿볼 수 있을까 하는 것이다. 當然한 理致에서 태양계 全體의 起源을 理解하게 될 것이다.

地球의 起源뿐만이 아니라 餘他 太陽系의 다른 行星들이 自己의 位置에서 各己 太陽한테 接近하고 定해진 軌道에 進入

하게 된 過程도 理解할 수 있게 될 것이다. 또 行星의 衛星들이 그들 나름대로의 位置를 찾아 行星의 軌道에 進入하게 된 經緯도 알게 될 일인 것이다. 따라서 太陽系의 起源과 體系構築도 一目瞭然하게 窺知하게 될 수 있는 일인 것이다.

歲月이 흘러 소용돌이로 말아 올리고 廻轉시켜 가며 차근차근 恒星系를 하나씩 體系化하면서 半 以上을 成長시킨 銀河系 小宇宙가 드디어 太陽이 있는 領域까지 進出하고 到達하기에 이르른 것이다. 그들이 太陽을 찾아 가까이 다가오기까지는 실로 몇 十億年이라는 長久한 歲月이 흘렀을 일인지 그 年輪을 헤아리기 어려울 것이다.

그뿐만이 아니라 그들의 加勢된 重力에 이끌리고 휘둘리면서 太陽이 달리고 달려와서 銀河系 小宇宙의 公轉軌道에 進入하고 太陽系가 體系化되기까지는 또 얼마나 오랜 歲月이 흘러갔을 일인지 그 또한 헤아리기 어려울 것이다. 宇宙次元이란 人間의 想像을 超越하는 世界이다. 실로 멀고도 긴 旅程을 그들은 더듬어 왔을 것이다.

太陽의 秒速 約 250km라는 빠른 速度와 地球의 秒速 30km의 速度가 그런 於間의 事情을 如實히 말해주고 있는 것이다. 太陽이 갖게 된 秒速 250km의 速度는 太陽이 달려오면서 加速된 速度이니 太陽이 얼마나 먼 距離를 旅行해 왔는가를 짐작할 수 있을 것이다. 地球가 갖게 된 秒速 30km의 速度는 太陽한테 이끌려 오면서 생긴 速度인 것이다. 地球도 먼 距離를 旅行해 왔음을 알게 된다.

停止狀態에 머물고 있었을 太陽이 소용돌이의 큰 重力에 이끌려 接近하면서 秒速 250km에 肉迫하는 빠른 速度를 갖기 爲해서는 가까운 距離를 旅行해오면서 갖게 될 일은 아닐 것이다. 秒速 250km의 速度는 실로 驚歎을 禁치 못할 빠른 速度이다. 人間의 想像이 미칠 世界가 아닌 것이다.

質量과 體積이 想像할 수 없이 巨大한 太陽이 어떻게 그토록 빠른 速度로 달릴 수 있겠는가? 反問하면서 疑問을 提起할 수도 있을 것이다. 그러나 秒速 250km인 太陽의 速度는 宇宙次元에서 볼 때 그다지 빠른 速度가 아닌 것이다. 銀河系 小宇宙를 비롯해서 單位 小宇宙가 달리는 速度는 그의 10倍에 가까운 秒速 約 2500km에 肉迫하고 있는 것이다. 실로 驚歎을 禁할 수 없는 빠른 速度이다.

秒速 250km의 빠른 速度로 달리는 太陽이 銀河系 小宇宙를 一周하는데 자그만치 2億年도 훨씬 넘게 걸리니 宇宙의 일이란 人間의 좁은 視野와 所見에서 判斷할 性格이 아닐 것이다.

太陽의 速度를 測定할 基準이 없어서 正確하게 알고 있지는 않지만 太陽이 秒速 250km 程度의 빠른 速度로 달리고 있는 일은 否認되지 않을 事實일 것이다. 그토록 빨리 달리는 太陽이 自己 周邊의 모든 天體들을 系列化시켜 하나의 重力體系로

糾合하고 吸收해서 휘몰아 廻轉시키고 드디어 銀河系 小宇宙의 公轉軌道에 進入하여 安定을 圖謀하고 있는 것이다.

그러한 太陽이 自己의 몸을 얼마나 빨리 廻轉시키고 있는지 太陽의 自轉을 觀測할 基準의 標的이 없어 모르고 있다. 모르긴 해도 굉장히 빠른 速度로 自轉을 계속하고 있을 것이다.

宇宙는 너무도 廣闊한 領域이고 無限의 空間이기 때문에 矮小한 天體인 地球 위에서 生活하는 人間이 自己의 좁은 所見에서 함부로 헤아리고 斷定할 世界는 아닐 것이다. 그러나 人間은 智慧를 갖고 있는 動物이다. 恣意에서 함부로 解釋할 性格은 아니겠지만 그래도 破格的인 着想과 視野에서 觀望해야 宇宙는 理解에 接近할 수 있을 것이다.

"事物의 本質을 理解하고 窺知할 수 있는 일은 오직 格物의 理致를 解得하는 데 있다" 하고 四書의 大學에 올려놓은 格物·致知의 뜻은 2500年이 經過한 오늘날까지도 解得하지 못하고 있었다. 人間은 亦是 井底之蛙格인 좁은 所見의 所有者에 지나지 않았다.

宇宙는 너무도 廣闊한 無限의 空間이기 때문에 距離의 單位를 1秒에 30萬km를 달리는 光速을 基準으로 하고 尺度로 해서 應用하고 있다. 빛이 一億年 동안을 달리는 距離를 一億光年으로 表現하고 있는 것이다. 그렇게 基準하고 表現하지 않으면 달리 表示할 方法이 없기 때문이다.

主로 西洋의 宇宙觀이라 할 수 있지만 百年 前인 20世紀 初까지만 해도 宇宙가 約 20億光年의 有限인 世界로 設定되어 主張하고 있었다. 그 後 光學과 電波望遠鏡의 發達로 人間이 觀察할 수 있는 宇宙의 視野가 50億光年에서 100億光年으로 또 100億光年에서 150億光年으로 자꾸만 넓혀지게 된 것이다.

이렇듯 宇宙의 地平線이 넓혀지면서 宇宙를 有限의 世界로 規定한 倒錯된 思考의 發想은 무너지게 되었다. 亦是 宇宙는 人間의 옹졸한 思考의 發想에서 恣意로 設定하고 解釋할 世界가 아닌 것이다.

소용돌이의 廻轉體系를 構築하며 發達하고 成長한 銀河系 小宇宙는 太陽系와 類似한 恒星系를 하나씩 차례로 自己의 領域權으로 體系化시키면서 數十億年이라는 기나긴 歲月에 걸친 오랜 旅行 끝에 마침내 太陽이 자리하고 있는 空間領域까지 進出하게 된 것이다.

强弱이 不同이라 했다. 太陽은 周邊의 天體들을 體系化시키고 휘몰아 가면서 다가온 加重된 重力에 이끌리어 道理없이 그들의 勢力에 合流하게 된 것이다. 太陽系가 그들의 體系에 合流하고 銀河系 小宇宙의 公轉軌道에 進入하게 되기까지는 그들 亦是 數億年쯤 되는 오랜 歲月동안 먼 空間을 旅行해 왔을 것이다.

太陽이 銀河系 小宇宙의 加重된 引力에 이끌려 그의

公轉軌道에 進入하는 期間에 秒速 250km이라는 太陽의 빠른 速度가 생긴 것이다. 太陽의 速度가 생긴 原理이겠지만 이로 미루어 볼 때 太陽이 얼마나 먼 空間을 旅行해 왔는가를 짐작할 수 있는 것이다.

그렇다면 이번에는 스스로의 몸을 돌려 自轉하면서 달리는 太陽의 引力에 이끌려 휘둘리며 따라온 地球는 또 얼마나 멀고 먼 空間을 旅行하고 距離를 좁혀 太陽에 近接해 왔는가를 考察해 보기로 할 것이다. 秒速 30km라는 地球의 速度에서 미루어 볼 때 이 또한 만만한 距離가 아닐 것이다.

지금은 太陽하고 1億5千萬km라는 比較的 가까운 距離에서 머물게 된 地球는 멀리 떨어져 있는 木星이나 土星 海王星 等 外郭에 머물러 位置하고 있는 行星들 하고는 견줄 바가 아니겠지만 그래도 참으로 먼 距離를 달려 旅行해 왔을 것이다. 秒速 30km라는 地球의 빠른 速度가 그런 事實을 雄辯으로 말하고 있으며 證明하고 있는 것이다.

그 當時의 地球는 元素物質로 蓄積되어 固體로 굳어 있는 지금의 地球와는 달리 水素로 集成된 氣體의 天體였을 것이다. 核融合을 經營하면서 빛나는 불덩이였다 判斷하는 게 옳은 所見일 것이다. 비록 體軀가 작기는 했어도 지금의 太陽과 똑같이 빛을 發散시키는 存在였을 것이다.

水素로 된 氣體成分의 天體인 地球가 停止狀態이었으며 無의

速度에서 出發하여 太陽이라는 큰 重力體에 휘둘리고 이끌려 따라오면서 秒速 30㎞라는 빠른 速度를 갖게 된 것이다. 地球가 秒速 30㎞라는 빠른 速度를 갖기 爲해서는 아득히 먼 距離를 달려 좁혀오지 않으면 도저히 不可能한 일인 것이다.

現在 地球가 달리는 秒速 30㎞라는 速度는 이제까지 人間의 그 누구도 經驗해 보지 못한 빠른 速度인 것이다. 아마도 人間이 實現할 수 없고 經驗해 볼 수 없을 前無 後無의 速度일 것이다.

地球라는 天體가 달리는 秒速 30㎞라는 速度는 몇 光年이라는 가까운 距離를 달려오면서 생길 수 있는 速度가 아닌 것이다. 더욱 먼 距離에서 쫓아 달려와야 되고 加速되어야 可能하고 갖게 될 速度인 것이다. 모르긴 해도 數十光年도 더 될 먼 距離일 것이다. 地球는 그토록 먼 距離에서 太陽을 따라 近接해 왔다는 理致가 되는 것이다.

地球上에서 가장 빠른 로켓이라 해도 秒速 10㎞를 若干 上廻하는 程度이다. 人間의 能力으로는 겨우 秒速 10㎞를 겨우 上廻하는 速度밖에 經驗해 볼 수 없다는 事實에서 勘案해 볼 때 秒速 30㎞라는 地球의 速度가 얼마나 빠른 速度인가를 미루어 짐작할 수 있을 것이다. 可히 驚異로운 速度인 것이다.

銀河系 小宇宙 中心天體들의 重力體系에 이끌려 점점 加速되면서 秒速 250㎞의 速度로 肉迫하게 된 太陽은 그의 系列들을

이끌고 끝내는 큰 重力體에 合流하지 않을 수 없었을 것이다. 太陽은 스스로 自轉하며 큰 曲線을 그리면서 系列들을 이끌고 數十光年도 넘을 긴 旅行 끝에 마침내 銀河系 小宇宙의 公轉軌道에 進入하게 된 것이다.

太陽系에서 가장 가까운 恒星系가 4.3光年쯤 되는 먼 距離에 位置하고 있다. 이로 미루어 본다면 太陽系가 占有하고 있는 公轉軌道의 領域은 約 10光年에 걸쳐있지 않을까 생각되는 것이다.

큰 重力體系에 이끌려 움직이는 太陽의 引力에 이끌리게 된 地球도 太陽의 重力體系에 順應하는 途程을 걷지 않을 수 없었을 것이다. 重力의 原理에 따라 地球도 直進은 하지 않으며 큰 曲線을 그리게 된 것이다. 地球는 스스로 自轉하며 큰 圓의 曲線으로 太陽을 돌면서 점점 太陽에 近接하고 있었다.

그렇게 달려와서 地球가 太陽에 近接하게 되기까지는 실로 오랜 歲月이 所要되었을 것이다. 그 過程에서 地球의 速度는 勿驚 秒速 30km라는 빠른 速度에 肉迫하고 있었던 것이다.

1億5千萬km의 먼 距離에 있는 큰 重力體인 太陽의 引力에 比해서는 비록 보잘 것 없는 작은 質量의 地球이지만 그래도 가까운 距離에서는 重力이 强하게 作用된다. 地球의 引力圈 內에 位置하고 있었던 달이 地球와 똑같은 原理의 途程을 더듬고 달려와서 地球의 公轉軌道에 進入하고 있는 것이다. 그런 原理에

서 體系化된 달은 地球의 唯一한 衛星으로 머물고 있다.

地球의 唯一한 衛星인 달은 地球와 比較的 가까운 距離에 位置하고 있었을 것이다. 그래도 굉장히 먼 距離에 떨어져 있었다고 보아야 할 것이다. 어찌 그러느냐 하면 달이 地球의 重力에 이끌려 近接해 오면서 갖게 된 速度가 秒速 9km를 훨씬 上廻하고 있기 때문이다. 공교로운 일이지만 달은 陰歷인 달의 한 달에 한 번의 自轉을 한다. 그런 理由에서 地球에서는 달의 裏面을 볼 수 없는 것이다.

如何튼 天體의 形成과 運動이 水素와 水素가 行使하는 重力으로부터 起因되어 始作하고 있다. 水素는 物의 根本으로 宇宙를 經營하는 本質이고 原動力인 것이다. 에너지源인 電子의 結晶으로 造成된 水素와 水素가 行使하는 重力이 얼마나 偉大한가를 새삼 느끼지 않을 수 없을 것이다. 單位 小宇宙의 創始는 原子性格인 水素와 水素가 行使하는 重力으로부터 始作되고 있기 때문이다.

四書의 大學에 올라있는 格物·致知의 뜻이 이제 비로소 解得되기에 이르렀다 할 것이다. 萬物이 行使하고 있는 事物의 理致가 克明하게 解明되고 있는 것이다. 여기서 다시 하다가 만 달의 이야기로 돌아갈 것이다.

똑같은 原理에서 木星이나 土星 같은 太陽系의 다른 行星이나 行星의 衛星들도 地球와 地球의 달과 같은 途程을 더듬어

310

體系化되고 오늘에 이르고 있는 것이다. 그들은 水素가 占有하고 있던 空間에서 스스로의 重力作用으로 起源되고 出發하여 太陽에 接近해 왔으며 定해진 位置에서 自己의 公轉軌道에 進入하고 生存해 온 것이다. 이제까지 太陽系의 起源에 對한 眞實이 뒷받침 될 만한 根據 있는 說은 없었다. 太陽系의 存在를 合理的으로 說明할 수 없었던 것이다.

地球의 生成에 對해서도 太陽으로부터 찢겨 나왔다 主張되는 潮汐說 等이 없는 바 아니지만 眞實이 뒷받침되지 않는 漠然한 空想에 지나지 않을 뿐 우격다짐의 誇張된 虛構에 지나지 않는 것이다. 宇宙가 한 點으로부터 爆發하여 四方으로 膨脹하고 있다는 西洋의 宇宙 膨脹說로서는 宇宙의 現況을 合理的으로 說明할 수 없는 것이다.

地球는 太陽에서 떨어져 나왔고 달은 地球에서 알처럼 튕겨져 나왔다 主張되고도 있으나 全혀 根據없고 無責任한 말로 虛構의 浪說에 지나지 않는 것이다. 太陽과 地球 또 地球와 달은 前에 서로 만난 일이 없다. 一面識조차 없으며 生成된 個體가 서로 다른 獨立體인 것이다. 彼此 멀리 떨어진 다른 空間에서 生成된 固有의 天體들인 것이다.

宇宙의 物質的 本質인 水素라는 根源의 成分은 같으나 天體가 形成된 空間領域은 서로 다르며 멀리 떨어져 있었던 것이다.

木星이나 土星 같은 太陽系의 다른 行星系列들도 地球와 달의 關係처럼 各己 領域을 달리한 固有의 形成體이고 天體인 것이다. 宇宙는 水素의 單一成分에서 起源되지만 모든 天體는 各己 固有의 領域에서 獨自的으로 生成되는 性質인 것이다. 이들 天體가 恒星系를 構成하며 單位 小宇宙를 體系化시키면서 宇宙는 誕生되며 經營되는 것이다.

宇宙는 始도 終도 없으며 다만 單位 小宇宙別로 死活을 되풀이 하면서 永遠히 存續하는 性格인 것이다. 앞으로 宇宙를 바라보는 視覺과 槪念을 달리해야 할 것이다.

※ 重力과 慣性速度

애당초 地球와 太陽은 서로 멀리 떨어져서 存在하고 있었다. 停止狀態인 채 各己 다른 空間에 머물고 있었던 것이다. 서로間의 距離가 너무도 멀리 떨어져 있었기 때문에 重力도 作用되지 않고 있었을 것이다. 그렇기는 했어도 重力線만은 一直線上에 있었을 것이다.

소용돌이치며 휘몰아오는 큰 重力에 그곳 領域에서 가장 크게 形成된 太陽이 交感을 갖고 움직이기 始作하자 地球도 太陽을 따라 움직일 수밖에 달리 道理가 없었을 것이다. 太陽이 發散하는 重力波를 큰 重力體가 쓸어가고 地球가 發散하는 重力波를 太陽이 쓸어가기 때문에 引力이 作用되고 太陽이 움직이며

地球도 따라 움직이는 것이다. 이게 重力의 原理인 것이다.

太陽이 움직이는 이때부터 太陽系의 적은 天體들은 太陽의 重力에 이끌려 움직이게 되었으며 停止狀態인 채 一直線上에 있었을 太陽과 地球와의 重力線도 太陽이 큰 圓을 그려가는 餘波로 自然히 曲線을 그려가게 되었을 것이다.

太陽한테 이끌리면서 太陽의 自轉으로 생기는 廻轉引力에 휘둘려 太陽을 멀리 廻轉하면서 점점 加速되어 地球의 速度도 빨라진 것이다. 비단 地球뿐만이 아니라 太陽系의 다른 天體들도 地球와 똑같은 途程으로 各己 定해진 位置에서 體系化에 들어간 것이다.

太陽이. 길고도 오랜 旅行끝에 드디어 銀河系 小宇宙의 소용돌이 體系에 合流하고 그의 公轉軌道에 進入하게 되었을 때는 地球도 太陽한테 가까이 다가오게 되었으며 그의 速度가 자그만치 秒速 30km라는 빠른 慣性速度를 갖게 된 것이다. 이때 地球는 太陽한테 1億5千萬km의 가까운 距離까지 接近하고 있었다. 이 1億5千萬km는 現在도 維持되고 있는 地球와 太陽과의 距離이다.

이때까지의 過程에서 數많은 天體들이 큰 重力體인 太陽으로 陷沒되는 悲運을 免할 수 없었을 것이다. 適者生存의 原則에서 살아남았겠지만 運 좋게 살아남게 된 天體들은 曲線을 그려가는 太陽의 重力線을 따라 큰 圓을 그려가면서 虛空을 돌게 된 것이다. 地球는 용케도 살아남았다. 살아남았을 알맞은 位置에 있었던 地球는 運이 좋았다고 말할 수밖에 없을 것이다.

太陽과 地球와의 重力線이 一直線上으로 作用하지 않고 큰 圓을 그려가는 曲線으로 作用된 德擇으로 地球는 곧바로 太陽 속으로 直進해서 陷沒될 悲運을 謀免하고 살아남아 太陽의 公轉軌道에 進入할 수 있었다. 地球는 現在의 位置에서 安定을 圖謀하고 있는 것이다.

그와 같은 原理로 太陽系의 現存하는 9個의 行星은 살아남게 되었다. 地球의 달과 같은 行星의 衛星들도 各者의 位置에서 定해진 行星의 公轉軌道에 進入할 수 있었던 것이다. 木星이나 土星 같은 큰 行星들은 그런 原理에서 많은 衛星들을 거느리고 있다. 水素가 行使하는 重力의 原理에 따라 太陽系는 지금의 體制를 構築하고 있는 것이다.

그런 原理에서 地球는 太陽 속으로 直進하고 빨려 들어가는 禍를 免하고 1億5千萬km쯤 떨어진 距離에서 太陽을 비스듬히 비켜 가려 하고 있었다.

비록 質量과 體積이 적은 天體이기는 해도 秒速 30km라는 疾風처럼 빠른 慣性速度로 달리는 地球는 거칠 것이 없었을 것이다. 唯我獨尊의 眼下無人格인 存在였을 것이다. 사실 그토록 빠른 慣性速度로 달리고 疾走하는 天體를 制動을 걸고 統制할 수는 없었다. 制御하고 停止시킬 能力의 所有者는 그 어느 곳에도 없었던 것이다.

그 때의 地球는 지금과는 狀況이 全혀 달랐을 것이다. 現在의 地球처럼 元素物質로 蓄積되어 굳어 있는 固體가 아니었다. 지금의 太陽처럼 核融合을 經營하면서 에너지를 四方空間으로 發散하며 빛나고 있었던 것이다. 地球는 적은 太陽이 된 眼下無人格의 存在였으며 큰 重力體인 太陽을 아랑곳 하지 않고 비껴 자꾸만 달리고저 했던 것이다.

비록 적은 天體라고는 하지만 그래도 地球는 적지 않은 質量의 天體이다. 그런 地球가 아득히 먼 곳으로부터 太陽의 引力에 이끌리고 휘둘려 오면서 점점 加速되어 秒速 30km라는 빠른 慣性速度를 갖게 된 것이다. 疾風怒濤와 같이 그처럼 빨리 달리는 地球를 아무리 重力이 큰 太陽이라 해도 制動을 걸고 統制하기는 決코 如意로운 일이 아니었을 것이다.

地球는 太陽의 그런 속 事情을 아는지 모르는지 全혀 介意치 않았다. 1億5千萬km의 距離에서 傍若無人格으로 太陽의 옆을 스쳐 그냥 지나치고 달리고저 했던 것이다.

太陽은 地球의 그와 같은 傲慢不遜한 態度가 마음에 들지 않았으며 자못 괘씸 했다. 그런 생각은 地球의 一方的인 事情이고 質量에 따른 重力이 比較될 수 없이 엄청나게 큰 太陽의 立場이나 處地는 크게 달랐던 것이다. 太陽은 地球와는 比較될 수 없이 質量과 體積이 큰 天體이다. 巨大한 太陽은 矮小하기 짝이

없는 地球의 그와 같은 放恣하고 傲慢한 態度를 그냥 坐視하고
默過할 수 없었던 것이다.

太陽은 도저히 그대로 無視하고 放置하거나 傍觀할 수 없었을 것이다. "요것 봐라……?! 분수도 모르고 相當히 건방진 친구로군!"

水素라는 成分의 本質이야 같지만 太陽은 地球보다 質量이 數百萬倍 넘는 巨大한 天體이다. 그토록 큰 太陽이 行使하는 重力의 偉力은 矮少한 天體인 地球의 傲慢放恣한 行動을 그냥 보고만 있었을 일은 아니었을 것이다.

사실 秒速 30km의 慣性速度로 달리는 地球를 制御할 能力의 所有者는 달리 없었다. 그러나 1億5千萬km의 比較的 가까운 距離에 있는 太陽은 그래도 地球를 統制할 수 있는 唯一한 存在였다. 巨大한 質量의 太陽이 行使하는 重力만이 地球를 統制하고 制御할 수 있었던 것이다.

慾心 같아서는 조그만한 주제에 함부로 날뛰면서 제멋대로 노는 이 괘씸한 地球를 太陽은 當場 끌어당겨 自己의 質量과 體積을 불려가고 싶었을 것이다.

그러나 그게 重力의 原理와 速度의 函數關係에서 如意치 않았다. 秒速 30km의 慣性速度로 疾走하면서 달아나려 애쓰는 地球를 끌어당기기에는 太陽의 그 큰 重力으로도 力不足이었던 것이다.

뿐만 아니라 太陽系가 體系化되고 均衡을 維持하면서 存續되기 爲해서는 반드시 地球가 自己의 位置를 지켜가도록 保障해야 할 必要가 있었을 것이다. 太陽이 地球를 苛酷하게 다뤄서는 안 될 理由이기도 했을 것이다.

한편 秒速 30㎞의 빠른 慣性速度로 疾走하며 뿌리치고 달아나려고 애쓰던 地球도 太陽의 그 큰 重力을 無視하고 拒逆할 수 없었다. 그냥 뿌리치고 달아나기에는 그도 力不足이었다.

太陽이 矮小한 地球를 左之右之할 能力이야 充分히 갖추고 있었지만 距離가 멀리 떨어져 있어 慾心을 채울 수 없었다. 그런 結果가 여간 難堪한 일이 아닐 수 없었을 것이다. 太陽이 重力을 行使하여 地球를 統制하면서 操縱하는 일은 可能해도 制動을 걸고 끌어당겨 陷沒시키는 일은 힘에 겹고 不可能한 일이었기 때문이다.

巨大한 太陽은 쥐알처럼 적은 體軀인 주제에 함부로 날뛰면서 그냥 뿌리치고 달아나려 한 地球의 傍若無人格인 行動擧止가 눈에 거슬려 여간 不快하고 괘씸한 일이 아니었을 것이다 "이 조그만 體軀인 주제에 제가 뛰어 보았자 벼룩이지 어디를 함부로 날뛰고 제멋대로 달아나려 하느냐? 도저히 그대로 坐視하고 默過할 수 없다"하며 一坦 덜컹! 하고 氣勢 좋게 制動이야 걸어보았을 것이다.

그러나 그토록 巨大한 太陽이 行使하는 큰 重力도 秒速 30㎞

의 너무도 빠른 慣性速度로 달리고 뿌리치는 地球를 1億5千萬 km의 먼 距離에서는 어찌 해 볼 道理가 없었다. 끌어들이기에는 그 또한 力不足이었던 것이다.

太陽은 重力을 行使하는 水素가 結集되어 造成된 巨大한 天體이다. 巨大한 重力體인 太陽은 1億5千萬km의 먼 距離에서 秒速 30km의 빠른 慣性速度로 달리는 地球를 一坦 氣勢 좋게 制動이야 걸었지만 더 以上 地球를 어찌할 수 없었다. 地球의 向路를 어느 程度 휘어서 붙잡고 있게는 되었으나 더 以上의 統制는 加할 수 없었다.

太陽은 나름대로의 合理的인 妥協方案을 提示하면서 말했을 것이다. "우격다짐의 힘만으로 될 일이 아니다. 調和가 무엇이겠느냐? 나는 더 以上 너를 끌어당기지 않고 보이지 않는 重力線으로 붙잡고 있을 테니 너는 달리던 從前처럼 그냥 계속 달리면서 나를 돌고 도는 公轉軌道에 進入하고 壽命이 다 할 때까지 永久히 머물러 있어라! 그런 安定策이 彼此에 도움이 되고 利롭지 않겠느냐?" 하면서 마침내 어느 쪽으로도 一方的으로 치우치질 않을 公正한 妥協方案을 提示하고 나왔을 것이다.

"진작에 그렇게 나올 일이지 알았수다." 質量과 體積이 極히 적은 地球는 그 妥協案에 順順히 同意하고 고분고분 應할 수밖에 없었을 것이다.

어찌 그러느냐 하면 秒速 30km의 빠른 慣性速度로 달리던

地球도 太陽의 그 큰 引力을 뿌리치고 달아날 수는 없었으며 太陽의 손아귀를 벗어나기란 도저히 不可能한 일이었기 때문이다. 또 달아나 보았자 어차피 잡힐 몸인데 어디로 달아나겠는가? 一方的인 主張만을 固執할 일이 아니었을 것이다.

서로 妥協하고 協助하는 合理的인 理致를 追求하고 摸索하며 順應하는 길만이 共存의 智慧일 수 있었을 것이다.

太陽은 秒速 250km에 肉迫하는 빠른 慣性速度를 갖고 銀河系 小宇宙의 公轉軌道에 進入해서 계속 돌고 있다. 地球를 비롯한 太陽系의 모든 行星들은 서로間의 質量과 距離 달리는 慣性速度의 函數關係에서 均衡을 維持하고 各己 定해진 公轉軌道에 進入하여 安定을 圖謀하고 있는 것이다.

또 地球의 달이나 木星과 土星 等 行星이 거느리고 있는 많은 衛星들도 太陽과 地球와의 關係처럼 그런 原理에서 體系化되고 支配받고 있는 것이다.

秒速 30km의 빠른 慣性速度로 太陽의 큰 引力을 뿌리치고 拒逆하며 限사코 달아나려 안간 힘을 쓰던 地球는 太陽한테 制動이 걸리고 덜미를 잡혀 1億5千萬km의 距離에서 太陽의 公轉軌道에 進入해서 現狀을 固守하고 있는 것이다. 太陽은 더 以上 끌어당기지 않기로 約束하고 同意 했으며 地球는 달아나지 않기로 承服하고 妥協한 것이다. 地球는 계속 太陽을 돌고 있다.

이렇게 서로가 合意하고 妥協한 結果에서 地球는 太陽의

公轉軌道에 進入하게 되었고 계속 돌고 있는 것이다. 地球는 太陽을 一年 365日을 週期로 日公轉하고 있다. 적은 天體인 地球가 큰 質量의 太陽한테 끌려가지 않고 계속 公轉軌道를 돌고 있는 結果는 빠른 慣性速度가 重力을 相殺하고 크게 減少시킨다는 뜻이 될 것이다.

다시 한 번 敷衍한다면 큰 質量의 太陽이 行使하는 引力과 秒速 30㎞의 慣性速度로 달리는 地球質量의 引力이 1億5千萬㎞의 距離에서 서로 相殺되고 同格의 均衡을 이루고 있는 結果가 된다 할 것이다. 巨大한 質量의 太陽이 行使하는 引力과 地球質量의 引力이 秒速 30㎞의 慣性速度로 옆을 스쳐지나갈 때 1億5千萬㎞의 距離에서 서로 같다는 理致가 될 것이다.

太陽系의 形成과 組織體系의 秘密이 이 原理로 해서 드디어 明白하게 解明되고 克明하게 밝혀지기에 이르렀다 할 것이다.

地球의 衛星인 달도 地球의 重力圈에서 地球가 밟은 똑같은 原理의 過程으로 地球에 近接하게 되었을 것이다. 서로間의 質量과 距離에 달이 달리는 慣性速度의 函數關係가 均衡과 調和를 이루어 달은 마침내 地球의 公轉軌道에 進入할 수 있었고 살아남아 地球를 돌고 있는 것이다.

地球와 달과의 平均距離는 38萬㎞쯤 된다. 地球의 質量이 行使하는 引力과 달의 質量이 行使하는 引力에 秒速 9.3㎞인 달의 慣性速度가 보태져 38萬㎞의 距離에서 서로 均衡을 維持하

고 共存할 수 있게 되었다 할 것이다.

地球의 衛星인 달은 質量이 적은 關係로 重力이 地球의 6分之 1程度 밖에 미치지 못하며 相對的으로 弱하다. 뿐만 아니라 달은 地球上의 우라늄元素 같은 무거운 物質을 造成시키지 못했을 수도 있을 것이다. 어찌 그러느냐 하면 달도 根本이야 水素의 核融合體로 中性子가 結合해서 造成된 元素物質의 蓄積體이기는 하지만 質量이 적은 탓으로 核融合을 일찍 終了시켰기 때문에 우라늄元素와 같은 무거운 物質을 造成하지 못했을 수도 있는 것이다.

달을 形成하고 있는 元素物質도 地球上의 元素物質과 똑같은 成分으로 中性子의 結合體이다. 다만 質量이 적은 天體이기 때문에 原子量이 많은 中性子의 結合數가 많은 무거운 元素物質을 造成시키지 못했을 수도 있을 것으로 判斷되는 것이다. 달까지 往來가 可能한 世上이고 또 距離가 가까운 만큼 그곳에 무거운 元素物質이 形成되어 存在하는가의 與否는 쉽게 確認해 볼 수 있을 것이다.

太陽은 9個의 行星을 거느리고 있다. 水星과 金星을 除外한 大部分의 行星들이 그들 나름대로의 自己世界를 構築하면서 衛星을 거느리고 있는 것이다. 質量이 큰 木星이나 土星 海王星 같은 木星型의 큰 行星들은 常識을 벗어난 많은 衛星들을 거느리고 있다. 意外의 일인 것이다. 그들 가운데의 相當한 數가 孫子衛星일

可能性이 엿보인다. 結果를 確認해 보아야 할 것이다.

　木星型의 큰 行星들도 各己 自己들의 空間領域에서 地球가 살아남은 原理와 똑같은 途程을 더듬어 먼 곳에서 太陽의 重力에 이끌리고 다가와서 지금의 公轉軌道에 進入하게 되었을 것이다. 木星이나 土星의 空間領域에서 起源되어 散在하고 있었던 적은 天體들도 各己 그곳의 中心天體인 木星이나 土星의 重力에 이끌리고 휘둘리면서 다가와 定해진 位置에서 各者의 公轉軌道에 進入하고 現在에 이르렀다 할 것이다.

　太陽系는 典型的인 構造이라 할 수 있는 恒星系의 하나이다. 太陽이 銀河系 小宇宙의 소용돌이 廻轉體系에 合流되면서 太陽系의 空間領域에 있었던 모든 天體들을 重力의 原理에 따라 集合하고 體系化시킨 하나의 恒星系인 것이다. 따라서 다른 恒星系도 太陽系와 똑같은 構造를 하고 있을 것이다. 水素가 行使하는 重力의 原理에서 起源되었기 때문에 大同小異의 構造일 수밖에 없는 것이다.

　單位 小宇宙의 하나인 銀河系 小宇宙는 太陽系 같은 恒星系가 約 2000億個쯤 集合해서 體系化된 것으로 推理되고 있다. 宇宙는 하나의 世界로 規定할 性格이 아닐 것이다. 도저히 하나의 世界로는 經營될 수 없으며 銀河系 小宇宙와 같은 單位 小宇宙로 細分化해서 經營되고 있으며 이들 單位 小宇宙로 連續되고 있는 것이다.

그러나 그들 單位 小宇宙의 活動舞臺는 無限한 空間으로 이어지는 性格이 아니고 一定한 領域으로 制限되고 있다 할 것이다. 原理上 그들의 活動範圍가 一定한 空間領域으로 局限될 수밖에 없는 것이다. 各己 單位 小宇宙가 살아가는 집이 一定한 空間領域에 局限될 수밖에 없을 理由가 무엇인지 알아보기로 할 것이다.

人間의 常識으로서는 도저히 理解할 수 없는 性格이지만 銀河系 小宇宙는 秒速 2500km에 肉迫하는 빠른 速度로 空間을 疾走하는 것으로 類推되고 있다. 秒速 2500km의 速度는 人間의 想像이 미칠 世界가 아닌 것이다. 비단 銀河系 小宇宙뿐만이 아니라 宇宙空間의 모든 單位 小宇宙는 多少의 差異야 있겠지만 한결같이 이처럼 빠른 速度로 全體가 달리고 있는 것이다.

約 2000億個의 恒星系를 거느린 巨大한 單位 小宇宙가 모두 소용돌이로 廻轉하면서 秒速 2500km라는 빠른 速度로 달리고 있는 것이다. 그런데 소용돌이 廻轉의 習性은 直進은 할 수 없으며 向路가 自然히 曲線을 그려가기 마련이다. 그런 理致에서 모든 星雲은 自己의 定해진 一定領域의 空間만을 다람쥐 쳇바퀴 돌듯이 빙글빙글 돌고 돌 수밖에 없을 것이다.

看過되어서는 안 될 일이겠지만 水素가 行使하는 重力의 能力은 單位 小宇宙의 造成이 限界라는 事實이다. 多少의 差異와 例外야 있을 수 있겠지만 宇宙는 오로지 星雲으로만 가득 차서 存在하고 있는 것이다.

宇宙가 小宇宙의 星雲으로만 造成되어 連續하고 있는 理由가 있을 것이다. 그 理由는 水素가 行使하는 重力이 連鎖反應을 일으키면서 體系化시키고 經營할 수 있는 能力이 單位 小宇宙의 構築이 限界이고 그에 局限될 수밖에 없기 때문인 것이다. 이제 宇宙가 星雲으로만 가득 차 連續되고 있는 理由가 分明히 밝혀진 것이다.

宇宙空間의 現況이 보이고 있는 것처럼 宇宙는 銀河系 小宇宙와 같은 體系로 形成된 單位 小宇宙로 가득 차 있다. 星雲의 連續인 것이다. 사실 宇宙空間의 四方어느 方向을 바라보아도 星雲이라 이름하는 이들 單位 小宇宙만이 보일 뿐인 것이다.

다시 한 번 太陽系의 內部構造에 視線을 옮겨 보기로 할 것이다. 쉽게 納得할 수 없고 疑問이 提起될 餘地가 있기 때문이다. 釋然치 않은 要素가 있고 部分이 있는 것이다.

木星이나 土星은 地球에 比한다면 質量이 많은 越等히 큰 天體이지만 太陽하고 比較한다면 아주 적은 天體이다. 그럼에도 不拘하고 이들 木星型의 天體들은 분수에 넘치는 많은 衛星들을 거느리고 있다. 그들이 어떻게 太陽의 行星보다도 많은 衛星들을 거느리고 있을까 하는 것이다. 疑問이 아닐 수 없는 것이다.

木星은 地球보나 質量이 300倍도 훨씬 넘는 큰 天體이기도 하다. 體積에 이르러서는 無慮 1300倍도 넘는 굉장히 큰 天體인 것이다. 質量에 比해 體積이 유달리 큰 理由는 表面을 덮고 있는 氣體가 많아서인 것으로 보이지만 그러나 太陽하고는 比較될 수 없는 矮小한 天體인 것이다.

太陽하고는 比較되지 않을 그토록 적은 天體인 木星이나 土星이 十餘個도 넘는 많은 衛星들을 거느리고 있는 것이다. 奇現象인 것이다. 個中에는 孫子衛星이 包含되고 있는 것으로 보이지만 그렇다고 하더라도 분수에 넘치는 많은 衛星들을 거느리고 있다. 그들이 어떻게 그토록 많은 衛星들을 保存해서 거느리고 있는지 疑問이 아닐 수 없는 것이다.

아마도 다음과 같은 原因에서 그런 現象이 顯出되지 않았을까 생각되는 것이다. 質量이 큰 太陽은 重力이 워낙 커서 大部分의 天體들을 吸收하여 自身의 質量을 늘리고 불렸으며 그의 公轉軌道에 進入하여 生存할 수 있었던 行星이 意外로 적었던 것으로 보인다. 間隔의 均衡도 考慮되어야 하겠지만 용케 살아남아 太陽의 公轉軌道에 進入하고 生存할 수 있었던 行星이 지금의 9個에 局限되고 있는 것이다.

質量과 距離 또 慣性速度의 函數關係가 調和를 이루지 못해 生存할 수 없었던 多大數의 天體들은 不幸하게도 太陽으로 直進해서 陷沒되는 悲運을 免할 수 없었을 것이다. 그들은 오직 太陽의 質量과 體積을 늘리고 그의 壽命을 延長하는데 寄與하고 있을 것이다. 그런 理由에서 太陽의 行星이 意外로 적은 일이 아닐까 생각되는 것이다.

이에 反하여 木星이나 土星들은 質量이 적은 만큼 重力도 相對的으로 弱할 수밖에 없었을 것이다. 重力이 弱했던 關係로 强하게 끌어당기지 못하고 오히려 많은 天體들을 그들의 公轉軌道에 進入시켜 生存할 수 있도록 助長한 게 아닐까 생각되는 것이다. 그런 理由와 原因에서 木星이나 土星 같은 行星이 意外의 많은 衛星들을 거느리게 되지 않았을까 싶은 것이다. 小는 中을 돌리고 中은 大를 돌려야 할 相互 補完의 必要도 있었을 것이다.

그들 衛星 가운데의 相當數가 孫子衛星일 可能性에 留意하는 바 있어야 할 것이다. 그들은 地球에서 觀察할 때 部分的으로 天道를 逆行하는 現象으로 나타나게 되는 것이다.

이제까지 展開해 온 水素가 行使하는 重力의 原理에서 構築되고 體系化된 太陽系는 몇 百億年이 되는지조차 모를 오랜 歲月이 흘러간 것이다. 지금까지 質量이 워낙 큰 太陽만이 唯一하게 核融合을 계속하면서 빛나고 있을 뿐 太陽을 除外한 모든 系列들의 天體들이 진작에 核融合을 끝마쳤으며 量産된 中性子가 結合해서 生成시킨 元素物質로 굳어 固體로 머물고 있는 것이다.

그러나 行星 가운데 가장 큰 木星은 아직도 核融合이 完全히 끝나지 않은 채 內部에서 核融合의 末期現象이 持續되고 있을 수도 있을 것이다. 그 與否는 아직까지 正確하게 確認되고 있지 않지만 붉게 타오르는 듯한 큰 赤斑現象이 있어 그 可能性은 否認되지 않고 있는 것이다. 그뿐만이 아니라 太陽에서 放出되는 宇宙線의 放出量도 엄청난 量에 이르고 있는 것이다.

그런 於間의 事情에서 미루어 볼 때 木星은 아직도 核融合의 餘震이 가시지 않고 있을 可能性을 排除할 수 없는 것이다. 木星의 赤斑現象은 太陽系가 水素로부터 起源된 本質을 알아갈 重要한 端緒가 될 수도 있을 것이다.

그러나 木星의 內部事情이야 어떻든지 間에 外觀上으로는 質量이 엄청나게 큰 太陽만이 唯一하게 核融合을 계속하면서 빛나고 있는 것이다. 中心天體인 太陽은 太陽系 內에서는 他의 追從을 不許할 巨大한 天體인 것이다.

지금 한창 核融合을 持續하면서 빛나고 있는 太陽도 많이 늙었으며 永久히 生命을 이어갈 存在는 아닐 것이다. 그의 餘命이 얼마나 계속될지의 與否를 斷定하고 豫測하기 어렵겠지만 그러나 分明한 일은 太陽도 적지 않게 늙어 있다는 事實인 것이다. 黃色을 띠고 있는 太陽은 人生의 黃昏이나 日沒의 夕陽에 比喩할 수 있는 것이다.

별의 色에서 靑色은 젊은 별의 象徵이지만 黃色은 中年을 넘어선 늙은 별로 分類되고 있다. 에너지源인 電子를 많이 放出하고 中性子를 量産하여 元素物質을 자꾸만 造成해 간다면 아무리 큰 太陽이라도 늙어갈 수밖에 없을 結果야 當然한 理致일 것이다. 太陽도 많은 元素物質을 保有하고 있는 것이다.

水素는 에너지源인 電子의 結晶體로 宇宙의 物質的 本質이지만 다른 한편으로 가장 가벼운 物質이기도 한 것이다. 原子量 하나로 表示되는 가장 가벼운 元素物質인 것이다. 太陽의 表面은 가장 가벼운 水素로 덮여 있다. 太陽의 表面이 가장 가벼운 水素로 덮여 있기 때문에 太陽은 外部에서 水素 一邊倒로 觀測되는 것이다.

太陽이 水素 一邊倒의 成分으로 觀測되는 理由는 가벼운 水素가 表面을 덮고 있는 原因 때문이지만 그러나 內部에는 中性子의 結合으로 造成된 많은 種類의 무거운 元素物質이 蓄積되고 存在할 것이다. 11年의 週期로 나타나게 되는 黑點爆發의 現象에서도 무거운 元素物質의 存在를 確認할 수 있는 것이다.

太陽의 黑點이 爆發할 때 면 地球에서도 强한 電波의 攪亂이 생기고 妨害를 받게 된다. 原因은 鐵 같은 무거운 元素物質의 巨大한 爆發에서 생기는 電磁波의 攪亂에서 起因되는 現象일 것이다. 情況을 그렇게 判斷해야 할 것이다.

水素가 모여 長久한 歲月동안 核融合을 經營하면서 自己의 構成因子이고 素粒子인 電子를 에너지化하여 發散시키는 데

比例하여 水素는 傷處를 입고 中性子로 變해갈 수밖에 없을 것이다. 이렇게 量産되는 中性子는 無限이라 할 程度의 多樣하고 數많은 種類가 있을 것이다.

水素가 電子를 내보내고 傷處를 입는 結果의 産物인 中性子가 結合하여 各種 元素物質을 造成해 가기 때문에 厖大한 에너지를 發散하는 太陽은 여러 가지 種類의 많은 元素物質을 生成시켜 蓄積하고 있을 것이다. 事物의 理致에서 類推하고 考慮해 볼 때 太陽이 많은 元素物質을 保存하고 있을 일은 當然한 結果가 아닐 수 없을 것이다.

※ 地球는 中性子의 무덤

萬物의 靈長이라 自負하고 있는 人間은 地球上에서 살고 있으면서도 地球의 根本과 本質을 全혀 모르고 있다. 바로 눈앞인 地球의 根本조차 까마득히 모르면서 아득한 宇宙의 眞實을 알 수 있는 일은 아닐 것이다. 言必稱 智慧를 앞세우는 人間은 무엇보다도 먼저 咫尺인 地球의 根本과 本質을 바르게 알고 있어야 할 것이다. 森羅萬象의 現況을 正確하게 認識할 必要가 있는 것이다.

宇宙의 根源과 本質은 에너지源인 電子이라 表現할 수 있을 것이다. 그러나 宇宙는 本質的으로 에너지源인 電子의 結晶으로

造成된 水素밖에 存在하지 않는 것이다. 水素는 物質이지만 根本은 에너지로 에너지의 덩어리인 것이다. 에너지源인 電子는 홀로 存在할 수 없는 性格의 所有者이기 때문에 物質인 水素로 結合되어 存在하고 있는 것이다.

이제까지의 論旨에서 그런 事實은 充分히 認知될 수 있는 일일 것이다. 當然한 論理에서 地球도 다른 모든 天體들과 마찬가지로 水素로부터 始作하여 起源되고 있는 것이다. 純粹한 水素가 모여 核融合을 經營한 結果의 産物이 되는 것이다.

人間은 먼저 自己들이 발을 디디고 살아가는 地球부터 正當하게 評價하고 바르게 認識하고 있어야 옳을 것이다. 그러기 爲해서는 宇宙의 物質的 本質로 規定된 水素가 核融合을 經營한 結果의 産物인 地球와 現存하는 地球의 現況을 比較하고 對照해서 一致하는가의 與否부터 먼저 確認해 보아야 할 것이다.

애당초 地球는 太陽系 內의 一定한 空間領域을 占有하고 있던 水素가 스스로 行使하는 重力作用으로 凝集되어 둥그런 球體로 形成되면서 하나의 天體로 發達한 存在인 것이다.

地球는 太陽에서 分離되어 나온 存在가 아니다. 一定한 空間領域에 散在하고 있던 水素가 모여서 天體로 成長한 固有의 個體인 것이다. 그러는 過程에 地球는 가까이에 있던 附近의 적은 天體들을 力量이 미치는 限 끌어들이고 合倂시켜 스스로의 質量과 體積을 늘려갔을 것이다.

地球는 電氣가 傳導體없이 제멋대로 흐르는 −273℃의 絕對溫度下인 冷酷한 空間에서 스스로 옥죄는 表面의 壓力과 壓迫 等 複合的인 條件에서 이윽고 核融合의 反應을 일으키고 經營하기에 이르른 것이다. 地球는 적은 太陽이 되고 빛나면서 各種 에너지를 四方 空間으로 發散하게 된 것이다.

太陽系의 다른 天體들도 事情이야 마찬가지의 경우이겠지만 太古에는 地球도 지금의 太陽처럼 光輝의 에너지를 發散하면서 빛나고 있었던 것이다.

地球의 核融合은 도저히 否認될 수 없는 事實인 것이다. 核融合을 뒷받침 할 明白한 證據가 地球上의 到處에 있기 때문이다.

地球가 核融合을 經營하고 있었다면 當然한 結果로 지금의 太陽과 똑같은 成分의 에너지를 放出하고 있었을 것이다. 光輝를 빛내며 放出되는 에너지는 水素 속의 電子이고 水素 속의 電子가 나와 結合해서 排列되는 數와 順序에 따라 各種 에너지가 産出되는 原理는 太陽에너지의 경우와 똑같기 때문이다.

宇宙는 本質的으로 水素밖에 存在하지 않는 것이다. 水素 속의 電子가 나와 結合하고 排列되는 數와 順序에 따라서 여러 가지 種類의 에너지가 産出되고 빛나게 되는 原理는 宇宙空間의 어느 場所에서나 同一한 것이다.

事物의 理致에서도 當然한 結果이겠지만 地球의 構成成分이었던 水素는 素粒子인 電子를 잃은 量만큼 缺損이 생기고 傷處를 입거나 죽어 骸骨이 될 수밖에 없을 것이다. 水素는 變質되었다가도 되살아나는 性格이기 때문에 죽는다 表現하는 일은 語弊가 따르겠지만 이 죽은 骸骨이 中性子이다. 數많은 種類의 中性子는 그런 過程에서 量産되는 것이다.

地球라는 天體를 形成하고 있던 水素가 身體의 一部를 에너지로 放出하고 電子를 잃게 되면 놀랍게도 中性子가 되는 것이다. 이렇게 量産된 中性子는 結合하여 地球上의 元素物質을 만들고 있지만 한편 不幸하게도 人間을 爲始한 生物을 無差別 殺傷하는 것이다. 中性子는 恐怖의 對象이 되는 것이다.

人間은 아직까지 中性子의 成分에 對해서 正確한 實體를 把握하고 있지 않으며 正當한 知識을 갖고 있지 않은 것이다. 此際에 中性子의 正確한 正體를 알고 그에 따른 知識을 가져야 할 일이겠지만 中性子는 水素가 一部의 電子를 밖으로 내보낸 殘骸인 것이다.

한편 中性子는 또 다른 側面의 얼굴을 갖고 있는 所有者이기도 한 것이다. 이제까지 世上에 全혀 알려진 事實이 없는 生疎한 知識이기도 하지만 中性子는 電子인 옷을 주워 입고 迅速히 原狀의 水素로 回生하는 것이다. 物質이 죽었다가 되살아난다는 말은 이제까지 들어본 일이 없는 前代未聞의 生疎한 이야기이지만 귀담아 들어야 한 事實인 것이나.

地球上에서 가장 무거운 物質인 우라늄元素의 核分裂에서 많은 中性子가 分離되어 나온다. 우라늄元素 하나에서 230個 內外의 많은 中性子가 分離되어 나오는 것이다. 그럼에도 不拘하고 中性子의 存在는 確認할 수 없는 것이다. 그 理由는 中性子가 눈에 보이는 成分도 아니지만 分離되어 나오는 중성자가 既往에 내보냈던 電子를 주위 입고 迅速히 原狀의 水素로 되살아나서 하늘 높이 날아 올라가기 때문인 것이다.

格物·致知의 理致를 窮究한 東洋의 宇宙回歸論이 밝혀낸 宇宙의 眞實인 것이다.

太陽도 같은 경우에 該當되겠지만 萬一 地球가 지난 날 核融合을 營爲하면서 放出시키는 에너지에 比例해서 量産되는 中性子가 계속하여 옷을 주위 입고 되살아났다면 地球는 밖으로 내보낼 에너지가 없었을 것이라는 理致로 歸着되는 것이다. 그런 경우 核融合은 經營되지 않으며 宇宙 또한 正常的으로 營爲될 수 없는 것이다.

地球가 核融合을 正常的으로 營爲하기 爲해서는 어떤 方便으로든지 中性子의 回生을 沮止해야만 했을 것이다. 中性子가 살아나지 못하도록 一定時限의 자물쇠를 채워 묶어둘 必要가 생긴 것이다. 그런 必要性에서 中性子가 元素物質로 結合되고 자물쇠가 채워진 채 무덤 속에 갇혀 있게 된 것이다. 地球上의 元素物質은 그런 原理에서 造成된 것이다.

여기에서 分明히 알아두어야 할 일이 있는 것이다. 中性子의 結合으로 造成되고 있는 모든 元素物質은 永久的으로 存在할 수 있는 性格이 아니라 一定한 時限만을 維持할 수 있다는 事實인 것이다. 우라늄元素의 核分裂이 보이고 있는 것처럼 定해진 時效가 끝나면 또 다시 中性子로 부서지며 水素로 原狀 回復하는 것이다.

地球는 中性子의 結合으로 造成된 元素物質의 蓄積體이다. 애당초는 水素의 集積體였지만 지금은 中性子의 무덤인 것이다. 具備되어 있는 證據가 歷歷하고 如實한 만큼 否認될 수 없으며 中性子星의 表現이 터무니없는 誇張의 말이 아닌 것이다. 全혀 虛荒된 主張이 아님을 銘心해야 할 것이다.

참으로 妙한 原理의 奇現象이라 할 것이다. 앞에서도 여러 번 擧論된 일이지만 자물쇠의 時效가 끝나 進行되는 우라늄元素의 核分裂에서 分離되어 나오는 中性子는 止滯하지 않고 지난 날 水素의 核融合爐에서 에너지化하여 내보냈던 電子를 찾아 주워 입고 原狀의 水素로 回生하는 것이다.

어찌 한 번 죽은 中性子가 되살아날 수 있는 것일까?

필경 天理에 따른 原理에서 일 것이다. 宇宙는 한 번의 삶에서 끝나지 않고 되살아나서 되풀이 經營되는 生理인 것으로 보인다. 宇宙가 單位 小宇宙別로 經營되며 죽고 살기를 되풀이 하는 永遠의 性格이라 할 것이다.

334

　아무래도 사람들이 警覺心을 갖고 注目하지 않으면 안 될 中性子의 回歸性일 것이다. 어찌 그런가? 그 理由를 알아야 할 것이다. 宇宙가 되풀이 經營되는 일이야 바람직한 일이지만 中性子의 回歸는 사람을 爲始한 모든 生物한테 致命的인 危害의 要素가 되기 때문이다. 中性子는 生物을 無差別 殺傷하는 것이다.

　中性子가 電子인 옷을 주워 입고 原狀의 水素로 回生하는 結果는 地球上에서 現實的으로 展開되고 있는 現象이다. 確認이 可能한 것이다.

　萬一 原始의 地球가 核融合을 經營하면서 電子를 에너지化하여 發散하고 있었다면 水素는 變化를 가져올 수밖에 없었을 것이다. 에너지를 發散한 만큼 反對給付의 副産物이 必然的으로 생길 수밖에 없기 때문이다. 그 副産物이 다름 아닌 中性子인 것이다.

　이때 副産物로 量産되는 中性子가 回歸의 原理에서 자꾸만 電子인 옷을 주워 입고 直席에서 水素로 되살아난다면 어떤 結果가 招來될 것일까? 地球는 外部로 發散시킬 에너지가 없게 된다는 理致가 될 것이다.

　그렇게 되는 날 地球는 에너지를 發散시키면서 빛날 一生을 經營할 수 없게 될 것이다. 永久히 水素의 暗黑體로만 머물고 있을 運命인 것이다. 그러한 運命은 비단 地球만으로 局限될 일이 아니며 宇宙는 經營될 수 없을 것이다.

비록 矮小한 天體이기는 해도 銀河系 小宇宙를 構築할 一翼을 擔當하고자 地球는 呱呱의 소리를 울리고 태어났을 것이다. 그런 雄志를 간직하고 태어난 地球가 暗黑狀態로 머물고 있게 된다면 自己의 맡은 바 技能을 發揮할 수 없게 될 것이다.

그런 狀態에서는 비단 地球뿐만이 아니라 어떤 天體도 自己의 맡은 바 本分을 다할 수 없고 宇宙 自體가 經營될 수 없을 것이다. 當然한 結果에서 太陽도 恒星으로 빛날 수 없는 것이다.

그런 見地에서 宇宙의 攝理에 따른 天理의 奧妙함에 새삼 敬歎을 禁할 수 없게 되는 것이다.

자꾸만 되살아나서 宇宙의 經營을 妨害하고 나서는 中性子를 어떤 方便으로든지 되살아나지 못하도록 沮止해야만 할 必要性이 생긴 것이다. 中性子의 回生을 沮止시키고 에너지를 계속하여 發散하면서 空間을 活性化시키고 빛나도록 그를 묶어둘 어떤 劇的인 裝置가 絕對的으로 必要했을 것이다.

中性子를 묶어 가두어 둔다면 어떻게 묶고 가두어 둘 것인가? 苦悶되는 일이 아닐 수 없었을 것이다. 여기에서 智慧가 發揮되어 奇想天外한 方法이 動員되면서 妙策이 登場하고 있는 것이다.

비록 限時的이기는 해도 中性子를 꼼짝 할 수 없게 묶어둘 奇拔한 裝置가 마련되고 있었던 것이다. 그 奇拔한 裝置란 다름 아닌 中性子를 가두어 둘 무덤이었던 것이다. 자꾸만 되살아나는 中性子를 가두어 둘 무덤을 設置할 수 있다면 그 方法이야말로 絶妙한 奇策이 될 수 있었을 것이다.

　그렇다면 어떤 形態의 무덤을 만들어 자꾸만 되살아나서 宇宙의 經營을 妨害하고 나오는 中性子를 遙地不動으로 묶어둘 수 있었을 일이었을까? 크게 苦悶되는 일이 아닐 수 없었을 것이다.

　窮餘之策에서 考案된 奇策이라 할 수 있을 것이다. 자꾸만 되살아나서 宇宙의 圓滿한 經營을 妨害하고 나오는 中性子를 서로 結合시켜 全혀 性質을 달리할 다른 要素로 轉換시키고 變質시킬 무덤을 만드는 일이었다. 그런 必要에서 만들어진 中性子의 무덤이 現在 地球라는 天體를 造成하고 있는 各種 元素物質인 것이다. 地球上의 元素物質은 그런 原理에서 만들어진 것이다.

　그러니까 水素의 核融合爐에서 量産되는 中性子를 서로 結合시켜 一定期間의 時效를 附與해서 다른 性能으로 變質시키고 자물쇠를 채워 묶어둔 무덤이 地球上의 各種 元素物質이라 하는 것이다. 宇宙空間의 모든 元素物質은 모든 元素物質은 그런 原理로 造成되고 있다.

　그런 原理로 만들어진 元素物質들은 자물쇠의 時效가 各己 다르며 時效가 끝나는 順序로 核分裂을 進行시키는 것이다. 地球上의 우라늄元素는 그런 時限이 끝나 核分裂을 進行시키면서 中性子로 分解되고 있는 것이다. 우라늄元素의 核分裂에서 分離되는 中性子가 電子인 옷을 주워 입고 原狀의 水素로 回歸하고 있다.

그런 情況의 見地에서 본다면 오로지 元素物質만으로 蓄積된 地球는 中性子星으로 中性子의 무덤이 틀림없는 것이다. 누가 무어라 異議를 提起한다 해도 地球가 中性子의 結合으로 造成된 元素物質로 蓄積되고 있는 以上 中性子 별이 틀림없는 것이다. 모든 物的 證據가 뒷받침 하고 있는 마당에 아니라고 우기고 否認한다 해서 眞實이 가려질 일은 아닐 것이다.

水素의 核融合은 에너지를 放出하는 反對給付에서 必然的으로 中性子를 量産하게 된다. 그렇게 量産 되는 中性子가 서로 結合해서 모든 元素物質을 造成시키고 있는 것이다.

그러한 性格의 元素物質로 蓄積된 地球는 그 옛날 水素의 核融合을 經營했다는 理致가 된다. 地球는 核融合體의 殘骸가 아닐 수 없을 것이다. 비단 地球뿐만이 아니라 지금은 굳어 暗黑體로 머물고 있는 太陽의 모든 行星系列들도 진작에 核融合을 끝마친 殘骸가 된다 할 것이다.

中性子의 結合으로 造成되고 있는 元素物質들은 天理에서 定해진 자물쇠의 時效를 갖고 있다. 元素物質의 種類에 따라 各己 固有의 壽命이 定해져 있다 할 것이다.

무덤으로 묶어둔 자물쇠의 時效가 끝나가면 그 元素物質은 核分裂을 進行하면서 元來의 中性子로 分解된다. 이때의 中性子가 電子인 옷을 주위 입고 水素로 還元하는 것이다. 그런 過程에서 그 元素物質은 徐徐히 자취를 감추고 消滅될 것이다.

元素物質의 核分裂이란 核融合의 反意語로 그 元素物質이 崩壞되면서 中性子로 分離되고 消滅하는 現象을 말한다. 이때의 中性子가 電子인 옷을 주워 입고 水素로 되살아나게 되니 水素의 量이 增加하게 될 것이다. 이런 現象은 地球가 조금씩 부서져 없어지면서 水素로 되돌아가는 途程에 있다는 理致가 될 것이다.

지금 地球上에서 가장 무거운 物質인 우라늄同位元素가 核分裂을 進行하면서 中性子로 分解되는 途程에 있다. 그 中性子가 電子인 옷을 주워 입고 水素로 回生하지만 그 代身 우라늄元素는 없어지면서 消滅되어 가는 것이다.

物質이 무겁다는 뜻은 呼吸하는 中性子의 結合數가 많다는 結果가 된다. 現在 地球上에서 가장 무거운 物質은 우라늄同位元素들이다. 우라늄元素 하나의 中性子 結合數는 原子價나 原子量이 示唆하고 있는 바대로 230個 內外가 된다. 原子量 하나인 水素보다 230倍 무겁다는 理致가 될 것이다.

地球上에서 가장 무거운 우라늄同位元素들은 天理에서 定해진 무덤으로 갇혀 있는 자물쇠의 時效가 時限이 끝나가는 時點에 있다. 잘 알고 있다시피 지금 한창 核分裂을 進行하면서 崩壞되는 道程에 있는 것이다.

우라늄元素의 核分裂에서 分離되어 나오는 中性子는 人間을

爲始한 모든 生物들을 無差別 殺傷시키는 실로 可恐한 存在이다. 戰慄을 禁할 수 없는 것이다. 하나의 우라늄元素가 核分裂되면 生物을 無差別 殺傷시키는 中性子가 230個 分離되어 나오기 때문이다.

物質은 무거운 元素物質일수록 核分裂이 빨리 進行되는 것으로 보인다. 地球는 우라늄元素보다 무거운 元素物質이 여러 種類 形成되어 있었던 證據가 있다. 그러나 무거운 物質부터 順次的으로 核分裂이 進行되는 原理에서 모두 崩壞되어 없어지고 지금은 오직 흔적만 남기고 있을 뿐인 것이다.

地球上에서 지금 한창 核分裂을 進行시키고 있는 우라늄元素에서 分離되어 나오는 中性子는 人間을 爲始한 모든 生物들을 無差別 殺傷시키고 있다. 中性子는 原子病을 誘發시키는 根源으로 여러 가지 危害를 加해 오는 可恐한 存在이다. 量이 많으면 生物을 直死시키는 致命的인 要素인 것이다.

도대체 어떤 原因에서 中性子가 人間을 爲始한 모든 生物들을 닥치는 대로 無差別 殺傷시키면서 危害를 加해오는 것일까? 理由는 簡單한 것이다. 中性子가 電子인 옷을 주워 입고 本是의 水素로 되살아나기 때문이다. 앞에서도 말한 일이 있지만 아직까지 사람들한테 알려지고 있지 않은 새로운 知識으로 中性子는 電子를 奪取해서 不足分을 補充하고 迅速히 原狀의 水素로 回復시키는 本能이 있는 것이나. 中性子가 不足分의 電子를

340

補完하고 水素로 回生하고 나면 生物한테 아무런 害도 입히지 않지만 그 前까지는 계속 危害를 加해오는 것이다.

人間을 爲始해서 地球上의 모든 生物은 太陽에너지의 要素이다. 오직 太陽에너지에 依存해서 살아가는 存在인 것이다. 太陽에너지의 德이 아니면 生物은 살아갈 수 없지만 그토록 貴重한 太陽에너지의 本質이 다름 아닌 水素 속의 電子인 것이다. 水素 속의 組織因子로 素粒子인 電子가 나와 結合하고 造成시킨 産物이 太陽에너지인 것이다.

익히 알고 있다시피 核分裂 物質인 우라늄元素는 大量 殺傷武器인 原子彈이나 劣化우라늄 砲彈을 만드는데 惡用되고 있다. 뿐만 아니라 電氣를 生産하는 原子力 核發展의 燃料로도 利用되고 있는 것이다. 그런 만큼 우라늄元素는 사람들한테 널리 알려진 物質이다.

그 우라늄元素가 지금 한창 核分裂을 進行하는 途程에 있으며 中性子로 分解되면서 電子인 옷을 주위 입고 水素로 回生하고 있는 것이다.

우라늄元素의 核分裂에서 分解되고 分離해 나오는 中性子는 水素로 回生하는 原理에서 가만히 있지를 않는 것이다. 대단한 能力의 所有者인 中性子는 瞬間的으로 모든 生物의 太陽에너지 要素를 奪取해서 粒子인 電子로 分解시켜 주위 입고 水素로 되살아나는 것이다. 이러한 行爲가 얼마나 빨리 이루어지는지

中性子의 存在를 確認하기 어려울 程度인 것이다.

그런 原理로 太陽에너지에 依支해서 살아가는 人間과 生物이 中性子에 露出되고 被爆되면 致命的인 損傷의 被害를 입게 되는 것이다. 中性子의 量이 많으면 그 자리에서 直死하게 된다. 量이 적을 경우라 할지라도 元子病에 걸려 呻吟하면서 苦痛받게 되는 것이다. 이 아니 恐怖의 根源이 아닐 수 있겠는가?

반드시 모든 사람들이 알아두어야 할 知識이 되겠지만 地球上에는 中性子의 向路를 가로막고 遮斷시킬 어떤 物質도 없다는 事實인 것이다. 電子를 찾아 입고 完全한 水素로 되살아날 때까지는 어떤 場所의 어떤 物質이던 拘碍받는 일 없이 뚫고 지나가면서 電子를 찾아 奪取해서 주워 입는 性格인 것이다.

中性子는 보이지도 않지만 그 누구도 保護받을 수 없다는 結果로 歸着될 것이다. 다만 한 가지 例外가 있는 것으로 보인다. 우라늄元素의 똥이라 呼稱되는 납만은 唯一하게 中性子의 向路를 가로막고 遮斷한다고 한다. 그 能力이 어느 程度인지는 未知의 일이지만 그래도 납만이 唯一하게 中性子의 向路를 遮斷할 수 있다는 것이다. 그러나 납도 有害成分이라는 事實을 알아야 할 것이다.

水素의 核融合 過程에서 發散되는 에너지에 比例하여 必然的으로 量産되는 中性子는 結合하여 元素物質을 造成시키고 있다. 그런 結果는 여러 가지 證據가 있으며 모든 情況에서도 充分히

342

確認되는 일이다.

　그렇게 造成된 物質 가운데 가장 무거운 우라늄元素가 지금 한창 地球上의 目前에서 核分裂을 進行하고 있는 것이다.

　韓非子의 法家思想에 바탕 한 覇權主義만을 指向하는 人間社會는 無謀하게도 核分裂 物質인 우라늄元素를 惡用하여 大量 殺傷武器인 原子彈이나 심지어 劣化우라늄砲彈까지 만들어 人類의 生存을 威脅하고 있다. 人類의 自滅을 促求하고 재촉하는 可恐한 일이 아닐 수 없을 것이다. 스스로의 墓穴을 파는 어리석은 짓인 것이다.

　核分裂 物質인 우라늄元素를 惡用하여 만든 原子彈이나 劣化우라늄砲彈은 人類社會가 絶對로 가져서는 안 될 危險한 存在인 것이다. 宇宙의 原理를 惡用하는 處事는 奸巧하고 邪惡하기 그지없는 蠻行이 아닐 수 없다. 人類의 自滅을 재촉하는 不幸한 結果를 招來할 수 있기 때문이다.

　다른 한편으로 에너지 不足에 허덕이는 人間社會는 核分裂 物質인 우라늄元素를 燃料로 하는 核發電所를 세워 稼動시키면서 電氣를 生産하고 있다. 이 또한 대단히 危險한 要素인 것이다. 人間이 解決할 수 없는 너무도 많은 危險이 따르고 있기 때문이다.

　우라늄元素의 核分裂을 利用하고 있는 電氣生産도 苦肉策일 뿐 原理的으로 原子力 發電도 人類社會가 가져서는 안 될 性格

으로 止揚해야 하는 것이다. 人類社會는《人類를 救할 無限에너지》의 책에서 提示되고 있는 無動力 發電의 無限에너지를 開發해서 次期에너지를 充當해야 할 것이다.

※ 우라늄元素의 半減期가 갖는 重要性

어찌 人類社會가 核分裂 物質인 우라늄元素의 核發電에 依支해서는 안 되는가 하는 理由를 알아야 할 것이다. 原理를 알면 肯定될 일일 것이다. 230個 內外의 中性子가 結合해서 造成시킨 우라늄元素는 무덤으로 가두어 둔 자물쇠의 時效가 끝나 지금 한창 核分裂을 進行시키는 途上에 있다.

問題는 자물쇠의 時效가 一時에 끝나는 性格이 아니라는데 있는 것이다. 核分裂이 一時에 終了되지 않는 것이다.

앞의 一部編에서도 擧論한 일이 있지만 核分裂 物質인 우라늄同位元素들은 半減期라는 特異한 性質을 띠고 있는 것이다. 半減期란 우라늄同位元素들이 核分裂을 進行하면서 原來의 量이 半으로 줄어가는 期間을 말한다. 우라늄同位元素는 半減期가 빨라야 7億年이고 늦게는 50億年 가까이 걸리는 여러 가지 種類가 있다.

우라늄元素가 核分裂을 얼마나 천천히 進行시키고 있는가를 미루어 심작할 수 있을 것이다.

우라늄元素의 半減期가 그토록 더디고 느리다는 뜻은 우라늄 元素의 核分裂이 一時에 끝나는 性格이 아니라 때가 되어야만 되고 數十億年의 긴 歲月에 걸쳐 徐徐히 進行되면서 崩壞되어 간다는 理致가 되는 것이다. 結局 天理에서 定해진 자물쇠의 時效가 끝나고 解除되지 않는 限 絶對로 核分裂을 進行시키지 않는다는 結論이 되는 것이다.

반드시 時限이 닥쳐야만 核分裂을 進行시킨다는 理致가 되니 아주 緩慢하게 核物質이 崩壞된다는 事實을 알게 될 것이다.

그런 原理 때문에 原子力 核發電所에서 나오는 우라늄元素의 核廢棄物이 그냥 平凡한 재가 아닌 것이다. 核分裂이 進行되는 過程의 우라늄元素만 利用했을 뿐 자물쇠의 時效가 解除되지 않은 나머지의 우라늄元素는 앞으로 가면서 자물쇠의 時限이 解除되는 順序로 계속 核分裂을 일으키면서 中性子를 排出시킨 다는 論理가 되는 것이다.

그런 理由로 原子力 核發電所에서 나오는 재인 核廢棄物은 地球上의 그 어느 곳에도 버릴 곳이 없으며 버려서도 안 된다는 理致가 되는 것이다. 때가 되면 段階的으로 터지는 原子彈을 어 디에 버리고 쌓아 놓을 수 있겠는가?

아무리 人間社會가 에너지 枯渴에 허덕이고 苦痛을 當한다 해도 核廢棄物을 버릴 곳이 없고 버려서도 안 되는데 계속하여 原子力 核發電이 稼動된다면 쌓여가는 核廢棄物을 어떻게 處理

할 수 있을 것인가 하는 것이다. 事故도 問題이지만 이게 바로 原子力 核發電 施設을 계속 稼動시켜서는 안 되는 理由인 것이다. 人類社會의 큰 苦悶이 아닐 수 없는 것이다.

잘 살고자 目前의 利益을 追求하는 慾心을 나무랄 수야 없겠지만 그러나 代價를 치를 災殃의 結果를 無視해서 될 일은 아닐 것이다. 自業自得의 災殃인 禍가 되겠지만 앞으로 닥칠 禍를 어떻게 克服할지 그 歸趨가 注目되지 않을 수 없는 것이다.

核分裂 物質인 우라늄元素를 燃料로 使用하는 原子力 核發電所 自體의 危險도 問題이지만 要는 核分裂을 계속 進行하는 核廢棄物을 量産되는 대로 쌓아 놓고 어떻게 할 것인지 未來가 暗澹한 現實이 아닐 수 없는 것이다. 愼重히 考慮되어야 할 事案일 것이다.

이 책의 著者는 2003年 早春에 《人類를 救할 無限에너지》라는 책을 發刊하고 世上에 내놓은 바 있다. 人類의 滅亡을 재촉할 汚染을 加重시키는 根源인 石油와 危險하기 이를 데 없는 原子力 核發電을 代身하여 人類를 救濟하고 人類가 依存해서 살아가기에 充分한 無公害의 에너지 要素가 地球上에 無限量으로 潛伏되어 있는 事實을 克明하게 밝히고 있는 것이다.

無公害의 無限에너지는 어떠한 環境汚染도 隨伴시키지 않으면서 人類의 에너지 需要를 不足함이 없이 充足시킬 要素로 無動力 發電이 可能한 電氣에너지인 것이다. 人間의 努力으로

346

無動力 發電의 電氣에너지가 開發되어 生産된다면 人類社會가 必要로 하는 未來에너지는 完璧하게 解消되고 充足시킬 수 있는 것이다. 自動車 汽車 等이 그 電氣에너지를 自體 生産하면서 달리는 時代의 到來가 豫告되고 있는 것이다.

大氣와 河川에서 바다에 이르는 모든 汚染을 一擧에 除去시킬 수 있을 뿐만 아니라 새로운 産業時代의 到來가 展望되는 것이다. 希望的인 未來社會를 展望해 볼 수 있을 것이다.

지금으로서는 原理만이 提示되고 있을 뿐 人類社會가 無限에너지를 無動力으로 發電할 技術을 開發해서 利用하게 될지의 與否는 確認되지 않고 있는 것이다. 이 時點에서는 무어라고 斷言할 수 없는 未知의 領域이라 할 것이다.

그러나 無限에너지가 地球上에 無限으로 存在하고 있는 原理가 赤裸裸하게 分析되어 밝혀지고 있는 만큼 人類社會는 이 에너지 開發에 總力을 기울이고 有終의 美를 거두도록 해야 할 것이다. 代價를 支拂하지 않고 無償으로 얻게 되는 無動力 發電의 電氣에너지를 開發하는데 成功해서 次世代에너지를 解決하고 救濟받아야 할 일이기 때문이다.

이제까지 宇宙의 根源으로 斷定할 수 있는 에너지源인 電子의 結晶으로 物質인 水素가 造成되고 있는 事實을 確認해 왔다. 그 水素가 스스로 行使하는 重力의 能力으로 天體를 形成시키고 核融合을 經營하면서 單位 小宇宙의 一生이 經營되는 途程

을 더듬어 온 것이다. 그 結果 宇宙의 形象은 勿論이고 地球의 現況하고도 한 치의 誤差없이 一致하는 事實을 確認하게 된 것이다. 이제 비로소 宇宙의 大要가 바르게 밝혀지고 있으며 太陽系와 地球에 對한 올바른 知識이 定着될 수 있게 된 것이다. 自然界에 對한 正道의 認識이 可能해졌다 할 것이다.

놀라운 일이지만 水素를 除外한 地球上의 모든 元素物質이 오로지 核融合의 結果 量産되는 中性子의 結合으로 造成된 事實도 確認되었다. 元素物質은 中性子의 結合體이고 復合體인 것이다. 뿐만 아니라 우라늄元素의 核分裂 過程에서 分解되고 分離되어 나오는 放射能이라 이름하는 中性子가 그 옛날 核融合 때 에너지로 放出시킨 電子를 주위 입고 原狀의 水素로 되살아나고 있는 事實로 밝히고 있는 것이다.

따라서 中性子의 結合으로 造成된 元素物質로 蓄積된 地球는 中性子의 무덤에 틀림없는 것이다. 水素와 中性子가 다함께 에너지의 結晶體인 만큼 地球는 에너지의 덩어리로 表現됨이 마땅할 것이다.

우라늄元素의 核分裂 過程에서 分離되어 나오는 中性子는 人間을 비롯한 모든 生物을 無差別 殺傷하는 致命的인 存在로 可恐한 要素이다 우라늄元素의 核分裂 過程에서 放出되는 中性子가 人間한테 큰 威脅의 要素로 登場하고는 있지만 그러나 다른 元素物質은 別다른 害가 없는 것이다.

348

그 理由는 모든 元素物質이 中性子로 結合되어 造成되고 있는 것은 事實이지만 中性子를 무덤으로 가두어 둔 자물쇠의 時效가 아직 有效하기 때문이다. 時限이 남아 있는 것이다.

우라늄元素의 半減期가 示唆하고 있듯이 長久한 歲月에 걸쳐 核分裂이 아주 느리고 천천히 進行되는 性格이기 때문에 自然狀態에서는 우라늄元素의 存在가 그다지 큰 威脅이 되고 있지 않는 것이다. 그뿐만이 아니라 우라늄元素는 末期에 접어 둔 稀少物質이고 量 또한 적어 自然狀態에서는 深刻하다거나 그다지 威脅的인 存在가 아닌 것이다.

그보다도 人間의 生存을 威脅하는 直接的인 要因은 核分裂이라는 宇宙의 原理를 惡用해서 大量 殺傷武器인 原子彈이나 劣化우라늄砲彈 等을 만들고 있는 人間의 邪惡한 奸智인 것이다. 稀少物質인 우라늄同位元素들을 모아서 이를 濃縮시키고 한 곳으로 集中하는 行爲가 大端히 危險한 어리석은 짓이 아닐 수 없는 것이다.

※ 宇宙

먼저 宇宙의 根源이 說明되어야 할 것이다. 宇宙의 物質的 本質이 무엇이고 宇宙가 有限의 世界일 것인가 아니면 無限의 世界가 될 것인가의 與否가 먼저 糾明되어야 할 것이다. 事物의

理致를 일으키는 根本과 本質이 무엇이고 物體의 運動을 일으키는 重力이 어떤 原理에서 일어나 宇宙가 經營되는지 明白히 解明되어야 할 일일 것이다.

西洋의 宇宙觀은 有限의 世界로 規定되고 있다. 宇宙가 한 點인 곳으로부터 어느 날 갑자기 爆發하여 四方으로 퍼져나가고 있다는 것이다.

이름하여 宇宙膨脹說이다. 이렇다 할 根據가 提示되지 않고 盲目的인 主張으로 宇宙가 한곳에서 爆發하여 膨脹하고 있다는 宇宙膨脹說이 提唱되고 있다.

森羅萬象의 形象을 일으키며 宇宙를 經營하는 本質이 무엇이고 物體를 움직이게 하는 萬有引力의 原理가 무엇에 起因되고 있는지 說明되고 있지 않으면서 우격다짐으로 宇宙를 하나의 體系로 設定하고 있는 것이다. 宇宙는 人間의 恣意에서 設定될 性格이 아닐 것이다. 煽動에 지나지 않을 것이다.

西洋의 宇宙膨脹說은 天體가 運行되는 原理와 事物의 理致를 일으키는 物質의 根源을 밝히지 못하고 있다. 그냥 眩惑과 煽動으로만 一貫하고 있는 印象이 拂拭되지 않는 것이다.

合理的인 根據가 提示되고 있지 않은 채 우격다짐으로 덮어놓고 우기면서 宇宙를 하나의 有限인 世界로 規定한다면 그 宇宙의 저쪽 地平線은 또 어떤 世界가 存在할 것인가 하는 疑問이 提起되지 않을 수 없을 것이다. 荒唐할 뿐 矛盾이 아닐 수 없는 것이다.

이에 反하여 東洋의 宇宙觀은 無邊廣大로 表現되고 있는 無限의 世界이다. 끝이 안 보이니까 있는 그대로 無限의 世界인 것이다.

宇宙의 根源은 에너지源인 陰과 陽의 電極素子인 事實을 밝히고 있다. 에너지源인 電子가 바로 宇宙가 될 것이다. 에너지源인 電子는 固有의 量子로 素粒子의 性格이지만 質量을 갖고 있지 않다. 變化가 있을 뿐 새로이 생겨나지도 않으며 없어지는 일도 없는 그야말로 宇宙의 根源이고 바로 宇宙인 것이다.

宇宙의 根源이고 에너지源인 電子의 結晶으로 物質이 造成되고 있다. 에너지源인 電子의 結晶으로 基本的인 物質인 水素가 造成되고 있다는 事實을 東洋의 物理思想인 宇宙回歸論이 밝히고 있는 것이다. 놀랍게도 宇宙는 에너지의 場이고 物質은 에너지의 덩어리이라는 理致인 것이다.

中性子는 水素가 傷處를 입고 變한 殘骸이다. 그 中性子 또한 에너지의 덩어리인 點은 變함이 없을 것이다. 따라서 中性子의 結合으로 造成되고 있는 元素物質도 에너지의 덩어리가 될 것이다. 結局 地球도 에너지의 덩어리인 理致가 되는 것이다.

한편 天體가 運行되고 物體의 무게로 作用되는 重力도 에너지源인 電子의 結晶으로 造成된 水素가 呼吸하는 重力波가

行使한다는 原理를 糾明했으며 밝히고 있다. 萬有引力은 水素가 呼吸하는 生理的 現象에서 行使되는 原理인 것이다.

알아두어야 할 일이지만 여기에서 말하는 電子란 宇宙의 根源이고 에너지源인 電極素子의 素粒子를 指稱하고 있는 것이다.

實存의 世界인 有는 物이 된다. 에너지源인 電子의 結晶으로 造成된 水素가 實存의 世界인 것이다. 萬物은 水素의 變化物에 다름 아닌 存在이다. 有의 對稱인 無의 世界가 空間이 된다. 實存의 世界인 物質이 없는 無의 世界는 無條件 空間이 되는 것이다. 그런 空間에 制限이 있을 일은 아닐 것이다.

東洋에서는 이 空間을 無邊廣大의 宇宙로 表現하고 있다. 宇宙는 上下左右가 없으며 四方 어느 方向으로든지 無限의 空間이 連續되고 있다는 思想인 것이다. 宇宙는 에너지場이라는 論理에서 當然히 物質도 無限으로 이어져 存在하고 있을 것이다.

宇집-우 宙집-주의 宇宙라는 單語가 示唆하고 있듯이 宇宙는 그저 집이고 집이라는 뜻이다. 무슨 집이냐 하면 物質이 사는 집이라는 뜻이 된다. 즉 에너지源인 電子의 結晶으로 造成된 水素가 사는 집이라는 뜻이 되는 것이다. 水素가 經營하는 世界가 宇宙인 것이다.

宇宙의 根源은 에너지源인 電子가 되겠지만 그 電子의 結晶으로 物質인 水素가 造成되고 있는 만큼 水素가 宇宙의 物質的 本質이 될 것이다. 水素가 宇宙의 物質的 本質일 때 宇宙는

352

水素의 집이고 水素의 活動舞臺가 된다 할 것이다.

그런 原理에서 一定空間에는 반드시 一定量의 密度로 水素가 占有하고 있게 마련일 것이다. 一定한 單位空間마다 銀河系 小宇宙와 같은 單位 小宇宙가 形成되어 活動하며 經營되고 있는 現象에서 미루어 볼 때 東洋의 宇宙觀이 宇宙의 眞實과 一致하고 있음을 알게 되는 것이다.

먼저 宇宙의 眞實을 밝히고 있는 東洋의 宇宙觀과 物理思想을 알아보기로 할 것이다.

지금으로부터 約 2500年 前으로 遡及해 올라가지만 東洋에는 四書의 大學에 올라있는 格物·致知의 物質思想과 物理思想이 있다. 2500年동안 格物·致知의 뜻을 모르고 있었지만 事物의 理致를 일으키는 物의 根本이 반드시 있으며 이 根本이 일으키는 事物의 理致부터 알고 知識으로 해야 有義와 有爲의 人間으로 成長할 수 있다는 思想으로 解釋되는 것이다.

格物·致知는 宇宙의 眞實을 밝히라 하는 뜻이 되는 것이다.

格物·致知 誠意·正心 修身·齊家 治國·平天下의 八條目으로 이어지고 있는데 工夫하는 者 반드시 格物부터 알고 知識으로 해야 한다는 것이다. 現代的 槪念에서 풀이하면 宇宙의 物質的 本質인 水素가 일으키는 事物의 理致를 알고 知識으로 해야 한다는 뜻이 되는 것이다.

그 八條目 가운데의 다른 條目은 모두 細細한 解釋이 添付되고 있다. 그러나 唯獨 처음의 格物·致知에 對해서는 이렇다 할 解釋을 내리지 않고 아무런 注釋없이 餘白으로 남겨놓고 있는 것이다. 어찌 餘白인 채 空欄으로 남겨놓고 있는 것일까?

그 理由는 그 當時 萬物의 形象과 事物의 理致를 일으키는 根本과 本質이 무엇인가를 正確히 理解하지 못했고 解得되지 않고 있었기 때문이었던 것으로 보인다.

모르는 일은 남겨 놓으니 後學들이 窮究하고 解得하여 이 空欄을 마저 채우라는 뜻이었을 것이다.

東洋에서는 2500年동안 格物·致知에 對한 意見이 粉粉했고 說往說來 是非와 論難이 끊이지 않았다. 그러나 뜻을 解得하지 못했으며 苦心만이 거듭된 채 空欄의 餘白은 끝내 채우지 못했다.

그럼에도 不拘하고 萬物의 根源에는 반드시 本質이 있다는 格物·致知의 物質思想에 對해 異議를 提起하는 사람은 아무도 없었다.

格物·致知의 解釋을 놓고 程子와 朱子로 이어지는 程朱學派와 陸九淵 王陽明으로 이어지는 陸王學派 間에는 서로 意見을 달리 하는 論爭과 是非가 끊이지 않았다. 心學으로 흐른 王陽明은 正鵠을 벗어난 解釋을 固守하면서 그만 中途에서 離脫한 경우가 되고 말았다.

理學으로 흐른 朱子에 이르러서 格物·致知는 "事物의 理致

354

를 窮究하여 知識으로 한다"는 解釋을 내리게 되었다. 그러니까 朱子는 事物의 理致를 끝까지 窮究하고 糾明하면 物의 根本과 本質을 理解하게 된다고 解釋한 것이다.

　朱子의 解釋이 進一步의 進陟을 이룬 것은 分明하지만 그러나 朱子도 正鵠을 的中시키지 못했고 完璧한 解釋에는 到達하지 못했다. 格物·致知가 內包하고 있던 核心을 把握하기에는 未洽함이 따르고 있었기 때문이다.

　어찌 그러느냐 하면 萬物의 形象을 形成시키고 事物의 理致를 일으키는 根本이 무엇이고 本質이 무엇인가에 對한 明確한 解答에 近接하지 못했고 分明하게 解明되지 않고 있기 때문이다. 朱子의 解釋으로서도 事物의 理致를 일으키는 根本이 무엇인가는 解明되지 않고 있는 것이다.

　四書의 大學에 올라있는 格物·致知의 뜻은 森羅萬象의 形象을 일으키는 根本이 반드시 있으며 그 本質이 事物의 理致를 만들어가고 있다 한 것이다. 事物의 理致를 일으키는 本質을 알고 이를 知識으로 해야 사람의 道理를 다 할 수 있다는 格物思想이 東洋의 物理思想인 것이다.

　宇宙는 森羅萬象의 形象이 있는데 이 形象을 일으키는 根本이 반드시 있다는 事實을 暗示하고 있으며 示唆하고 있는 것이다.

　結局 格物·致知는 萬物의 形象과 事物의 理致를 일으키는 根本의 本質을 알고 知識으로 할 때 비로소 有爲의 人物로

成長할 수 있다는 뜻으로 解釋되는 것이다.

　四書의 大學에 格物·致知의 글이 오르고 나서 2500年의 長久한 歲月이 흘러갔다. 그토록 悠久한 時空을 뛰어 넘는 오늘 날에 이르러서야 宇宙回歸論의 글에 依해 비로소 格物·致知의 格物이 무엇을 뜻하고 있는가를 解得했으며 解明하기에 이르는 것이다.

　宇宙回歸論의 이 글은 格物·致知의 餘白을 채우는 解答書이 다. 格物은 萬物의 形象과 事物의 理致를 일으키는 根源이 에너 지源인 陰과 陽의 電子이고 이들의 結晶으로 物質인 水素가 造成되며 이 水素가 呼吸하는 結果에서 行使되는 重力으로 宇宙는 形成된다는 事實을 뜻하고 있는 것이다. 이 原理를 東洋 의 宇宙回歸論이 밝히고 있는 것이다.

　水素는 地球上에서 가장 가벼운 元素物質이지만 에너지源인 電子의 結晶으로 造成되고 있다. 따라서 水素는 에너지의 덩어 리인 것이다. 뿐만 아니라 모든 元素物質을 차례로 만들어가는 原子이기도 한 것이다.

　水素가 에너지源인 電子의 結晶體일 때 水素를 電子의 집으 로 表現할 性質이냐 反問할 수도 있을 것이다.

　에너지源인 電子의 結晶으로 物質인 水素가 造成되느냐 아니 면 物質인 水素가 固有의 核이 있어 組織因子로 電子를 서느리게 되느냐의 與否는 이 時點까지 明確하게 밝혀지고 있지 않는 것이다. 앞으로 糾明되어야 할 課題이겠지만 水素는 電子의 結晶體일 뿐 基本的으로 어떤 固有의 틀을 갖고 있는 證據는 發見되고 있지 않은 것이다.

그런 뜻에서 物質인 水素는 에너지源인 電子가 陰陽의 理致에서 結合하여 自律的 技能으로 組織 結成되는 結晶體로 表現될 수 있을 것이다.

水素는 外觀上으로 物質이지만 根本은 에너지源인 電子의 結晶體로 에너지의 덩어리인 것이다. 水素가 自己의 構成因子인 陰과 陽의 電子를 統制하고 있는 別度의 技能이 있는 徵候는 없다. 그렇다면 에너지源인 陰과 陽의 電子가 結合하는 自律的인 技能에서 物質인 水素가 結晶되고 重力을 行使하는 機關體가 된다고 判斷해야 할 것이다.

水素는 生理的 呼吸을 한다. 水素의 呼吸으로 重力이 行使되면서 天體가 만들어지고 하나의 單位 小宇宙가 誕生되면서 經營되고 있다. 水素의 呼吸으로 作用되는 重力이 하나의 單位 小宇宙를 起源시키는 源動力인 것이다. 하나의 小宇宙를 誕生시키는 嚆矢가 된다 할 것이다.

무엇보다도 알아두어야 할 重要한 일은 水素가 重力을 行使하면서 宇宙를 經營할 수 있는 能力은 오직 銀河系 小宇宙와 같은 소용돌이의 單位 小宇宙를 組織하고 體系化시켜 經營하는 일이 限界이다 하는 事實인 것이다. 그런 理致에서 宇宙는 單位 小宇宙別로 區分되어 存在하게 되며 視野에 들어오는 宇宙는 오직 單位 小宇宙뿐인 것이다.

水素가 行使하는 重力의 理致에서 當然한 結果가 되겠지만 宇宙空間이 單位 小宇宙인 星雲 一邊倒로 가득 차 있는 理由는 水素가 스스로의 能力으로 體系化시키고 經營할 수 있는 世界는 單位 小宇宙의 千篇 一律的인 形態가 될 수밖에 없기 때문인 것이다. 宇宙를 經營할 수 있는 水素의 能力이 單位 小宇宙의 體系化가 限界인 것이다.

그렇다고 宇宙空間에 이들 빛나는 星雲인 小宇宙만이 存在하는 일은 아닐 것이다.

水素가 죽어서 된 中性子가 元素物質로 結合되어 무덤으로 갇혀 있다가도 자물쇠의 時限이 끝나면 그 元素物質이 核分裂을 始作하게 된다. 이때 分離되어 나오는 中性子가 電子인 옷을 찾아 입고 本是의 水素로 되살아나는 原理에서 미루어 볼 때 宇宙는 死活을 되풀이 하는 性格으로 이들 活動하면서 빛나는 小宇宙만이 存在할 일은 아닐 것이다.

呱呱의 소리를 울리면서 새로이 태어나는 宇宙가 있는가 하면 成長途上에 있는 小宇宙도 있을 것이다. 그런가 하면 다른 한편으로 一生을 經營하고 生을 마감하는 世界도 있을 것이다. 宇宙는 單位別로 여러 가지 形態가 存在할 性格인 것이다.

이 글을 마감하면서 다시 한 번 簡略하게 整理해 보기로 할 것이다.

잘 發達한 單位 小宇宙가 소용돌이치며 달리는 速度가 얼마나 될까? 잘 發達한 單位 小宇宙의 標準이 된다 할 수 있는 銀河系 小宇宙의 달리는 速度가 얼마나 될까 하는 것이다.

큰 行星인 木星이나 土星과는 달리 地球는 오직 하나의 衛星인 달만을 거느리고 있다. 末端인 달이 秒速 9km를 若干 上廻하는 速度로 달리고 있으며 母體인 地球는 秒速 30km의 速度로 달리고 있다. 달은 地球를 돌고 地球는 太陽을 公轉하고 있는 것이다.

그렇다면 太陽이 달리는 速度는 얼마나 될까? 正確하게 測定할 基準의 標的이 없어 太陽의 正確한 速度는 알려지고 있지 않다. 推理일 수밖에 없지만 太陽系 全體를 이끌고 돌리면서 달리는 太陽의 速度는 秒速 250km에 肉迫하는 것으로 類推되고 있다.

그렇다면 銀河系 小宇宙나 다른 星雲이 달리는 速度는 果然 얼마나 될까?

太陽系 같은 恒星系를 約 2000億個쯤 壓縮시켜 組織하고 體系化해서 거느린 小宇宙가 疾走하는 速度는 勿驚! 2500km에 肉迫할 것으로 推理되고 있는 것이다. 可히 人間의 想像을 超越하는 빠른 速度이다.

제대로 成長하고 잘 發達해서 活動하는 宇宙空間의 모든 星雲, 즉 單位 小宇宙가 그토록 빨리 달리지 않고서는 約 2000億個에 達하는 恒星系列들을 廻轉시키면서 이끌고 달릴 수 없는 것이다. 理致上으로 그런 結論에 到達하게 되는 것이다.

秒速 2500㎞라는 驚異로운 速度로 疾走하는 모든 小宇宙가 한결같이 소용돌이 圓盤形으로 달리는 性格上 直進은 할 수 없게 되는 것이다. 各己 定해진 一定한 領域의 空間을 다람쥐 쳇바퀴 돌아가듯 큰 圓을 그려가며 빙글빙글 廻轉할 수밖에 없을 것이다.

結局 우리의 銀河系 小宇宙를 비롯한 모든 單位 小宇宙는 自己의 定해진 空間領域만을 지킨다는 理致가 될 것이다.

소용돌이 圓盤型으로 壓縮시켜 體系를 構築하고 發達한 單位 小宇宙의 크기는 大部分 10萬光年에 達하고 있다. 그러나 原來 하나의 星雲을 起源시킨 水素가 占有하고 있었던 空間領域은 數十億光年도 훨씬 넘는 실로 廣闊한 領域이었을 것이다. 그토록 廣闊한 空間領域에 걸쳐 散在되어 있었던 水素가 스스로 行使하는 重力으로 集合하여 各己 單位 小宇宙의 體系를 構築하고 있는 것이다. 따라서 그곳 空間은 그들의 活動舞臺라 할 것이다.

結局 宇宙는 單位 小宇宙의 連續으로 無限의 世界로 이어질

것이다. 一定한 空間領域을 占有하고 있던 水素가 모여 制限된 하나의 單位 小宇宙를 經營하고 活動하면서 一生동안 그곳 空間領域을 지켜가는 性格일 것이다.

※ 重力體인 物質의 分散

宇宙가 한 번의 生涯로 끝나지 않고 回歸하여 되풀이 經營되기 爲해서는 반드시 集合된 物質이 元位置의 넓은 空間으로 또 다시 分散되어야 할 것이다. 單位 小宇宙의 一生이 끝나고 그 物質이 水素로 回生하여 넓은 空間領域으로 分散되어야만 새로운 小宇宙의 誕生과 起源이 可能해질 일이기 때문이다.

그러나 무슨 特別한 奇策이 없는 限 한 번 形成되고 體系化된 重力體를 벗어나 物質이 또 다시 넓은 空間으로 分散될 方法은 없을 것이다. 重力의 原理上 重力의 集中은 쉬워도 分散은 어렵기 때문에 物質이 太陽이나 地球 같은 큰 重力을 拒逆하고 밖으로 달아날 수는 없는 것이다.

애당초 宇宙는 一定空間에 걸쳐 散在하고 있던 水素가 스스로 行使하는 重力作用에 依해 서로 集合해서 天體를 만들고 하나의 單位 小宇宙를 起源시키고 있는 것이다. 水素가 中性子로 變하고 中性子가 또 다시 水素로 還元하고 있는 原理에서 宇宙는 星雲이라 이름하는 單位 小宇宙別로 死活을 되풀이 하고 있는 性格

인 것이다. 한 번의 生涯에서 끝나지 않고 되살아 새로운 宇宙를 誕生시키기 爲해서는 어떤 方便으로든지 中性子로부터 되살아난 水素가 반드시 넓은 空間으로 또 다시 分散되어야 할 것이다. 그래야만 새로운 小宇宙의 起源이 可能해질 일인 것이다.

그러나 物質이 큰 重力體를 拒逆하고 밖으로 脫出할 수 없는 게 事物의 理致이다. 物質이 큰 重力場을 벗어나서 四方空間으로 흩어지는 일은 物理上 도저히 可能한 일이 아닌 것이다.

想像을 超越할 天體의 빠른 速度가 終局에 가서는 物質을 어느 程度 四方空間으로 分散시키게 될 것이라는 展望이야 해볼 수 있을 것이다. 그러나 그런 要因만으로 物質의 分散이 可能해질 일은 아닐 것이다.

그렇다면 어떤 方法이 있을까? 奇想天外한 奇策이라도 있어야 한다는 理致인데 果然 그런 奇策이 있을 수 있을 것인가?

天理의 奧妙함이란 人間의 想像이 미칠 世界가 아닐 것이다. 物質이 重力場을 벗어나 分散될 唯一하고도 기막힐 方策이 있는 것으로 보인다.

하나의 單位 小宇宙가 核融合을 모두 끝마치고 죽어 暗黑世界에서 머문다 해도 中性子의 結合으로 造成된 元素物質의 核分裂은 계속 進行될 것이다. 무덤으로 가두어 둔 자물쇠의 時效가 解除되는 順序로 元素物質이 崩壞되고 中性子로 分離되면서 排出되는 現象은 계속될 일이기 때문이다.

太陽처럼 빛나면서 四方으로 에너지를 發散할 恒星이 없는 그 空間은 오직 暗黑과 寂寞이 있을 뿐 元素物質의 核分裂에서 分離되어 나오는 中性子가 電子인 옷을 주워 입고 水素로 되살아날 에너지 要素가 없게 된다는 理致가 될 것이다. 자꾸만 量産되는 中性子가 水素로 回生할 수 없을 것이다.

中性子는 向路를 가로막을 物質이 없다는 말대로 계속 달리는 習性이 있다. 中性子는 電子인 옷을 찾아 입고 水素로 回生할 때까지는 어느 곳이든지 相關하지 않고 限없이 突進을 계속할 것이다. 옆에 豊富한 에너지 要素가 있다면 直席에서 水素로 回生하겠지만 그렇지 못할 경우 달리면서 太陽에너지의 要素를 찾아 電子로 分解시켜 주워 입고 水素로 還元하게 될 것이다.

元素物質의 核分裂에서 계속 分離되어 나오는 中性子는 恒星에너지의 發散이 杜絶된 그곳 空間에서는 옷을 찾아 입고 水素로 되살아날 電子를 찾을 수 없게 될 것이다. 道理없이 中性子는 電子를 찾아 그곳을 脫出하여 無條件 四方의 넓은 空間으로 突進하면서 旅行길에 나설 수밖에 없는 것이다.

中性子는 먼 곳의 다른 星雲에서 오는 에너지 成分을 찾아 完全한 水素로 回生할 때까지는 限없이 달릴 수밖에 없을 것이다. 數億光年이나 數十億光年의 먼 星雲에서 오는 에너지 要素는 稀少成分일 수밖에 없는 것이다. 中性子는 참으로 길고 오랜 旅行을 계속해야 겨우 電子인 옷을 찾아 입고 水素로 還元해서

回生할 수 있는 것이다.

이게 바로 物質이 넓게 擴散할 수 있는 唯一한 原理인 것이다. 앞에서 여러 번 言及하고 擧論한 일이 있지만 水素로 還元될 때까지는 中性子의 向路를 가로막을 障碍物이 없는 것이다. 中性子는 限없이 넓은 空間을 向하여 계속 달릴 수밖에 없게 될 것이다. 그런 理致에서 中性子로부터 回生한 水素는 自然히 넓은 空間으로 分散하고 存在하게 될 것이다.

그러한 現象이 좁은 空間領域으로 集中된 物質이 또 다시 넓은 空間으로 分散되어 存在할 수 있는 原理가 될 것이다. 이러한 原理에서 10萬光年의 좁은 領域으로 集中된 單位 小宇宙의 物質이 또 다시 分散되어 數億光年이라는 넓은 空間으로 再分散될 수 있을 것이다.

그런 土臺 위에서 宇宙는 또 다시 새로운 世界를 開拓하게 되며 새로운 單位 小宇宙를 誕生시키고 起源하게 될 것이다.

未來의 일이라 반드시 그렇다고 斷定하면서 强辯할 일은 아니겠지만 그런 原理가 아니고서는 物質이 큰 重力場을 벗어나 넓은 空間으로 擴散될 方法은 없는 것이다.

※ 球狀星團

銀河系 小宇宙의 外廓地帶에는 約 250個에 達하는 球狀星團

이 悠悠히 遊泳하며 浮遊하고 있는 것으로 觀測되고 있다. 그들은 銀河系 小宇宙를 體系化시키고 構成시킨 恒星系라기보다는 別度의 構成體系인 것으로 보인다. 한 個의 球狀星團은 4.5百個의 恒星이 密集되어 星團을 形成시키고 있다. 그들 球狀星團은 한결같이 벌집 모양을 形成시키고 있다. 가까운 距離에서 觀測하고 撮影한 寫眞判讀의 結果에서 벌집 모양을 하고 있을 뿐이지 사실은 그들도 完璧한 소용돌이의 圓盤廻轉인 運動體系인 것으로 보인다. 그런가 하면 14萬光年과 17萬光年쯤 되는 먼 距離에 大小 마제란 星雲이 銀河系 小宇宙의 자치래기처럼 따라다니고 있는 것이다.

이들 球狀星團이나 大小 마제란 星雲은 巨大한 銀河系 小宇宙의 重力에 影響을 받고 있는 것으로 보이기는 하지만 그렇다고 直接的인 큰 影響을 받고 있는 것으로 보이지는 않는다. 彼此間의 速度와 重力이 均衡을 이루고 있어 더 以上 干涉할 수 없어서 別般 神經을 쓰는 것 같지 않으며 獨自的인 重力體系로 悠悠自適하며 遊泳하고 있는 것으로 보이기 때문이다.

要는 그들의 重力構造가 星雲의 소용돌이 體系이냐 아니면 太陽系와 같은 恒星系의 運動體系이겠는가 하는 것이다. 球狀星團의 重力構造는 宇宙의 生成起源을 窺知할 수 있는 重要한 關鍵으로 登場하며 擡頭되고 있는 것이다.

勿論 大小 마제란 星雲은 規模가 적을 뿐, 星雲에 準한

構成體이기 때문에 當然히 星雲의 소용돌이 力學構造의 重力體系일 것이다. 그러나 星雲이 아닌 球狀星團의 重力構造가 어떤 力學的 原理로 形成되고 體系化되었을까 큰 關心事가 아닐 수 없는 것이다.

좀더 正確한 觀察과 硏究가 거듭되고 進行되어야 할 性格이어서 지금으로서는 무어라 斷定하고 速斷할 수 없을 것이다. 그러나 여러 가지 情況에서 미루어 보고 判斷할 때 아무래도 球狀星團의 力學的 重力構造는 恒星系가 아닌 銀河系 小宇宙와 같은 星雲의 重力體系가 아닐까 類推되는 것이다.

어찌 그런가 알아보기로 할 것이다. 太古에 太陽系의 모든 天體가 獨自的인 核融合을 經營하면서 光輝를 휘날리고 빛났을 때를 假定하더라도 고작 50個 內外에 不過할 것이다. 4, 5百個를 거느린 恒星系는 찾아지지 않기 때문에 球狀星團의 重力構造가 恒星系라기 보다는 星雲의 重力體系일 可能性이 濃厚하며 그렇게 斷定되는 것이다.

뿐만 아니라 球狀星團의 各己 恒星이 太陽系에서 보이고 있는 바와 같이 暗黑體의 行星系列을 거느리고 있다면 그들의 數와 質量은 크게 늘어나게 될 것이다. 더불어 그들의 運動體系 또한 그만큼 復雜한 力學構造일 수밖에 없을 것이다.

球狀星團의 重力構造가 星雲의 力學體系일 때 宇宙空間에서 天體 相互間의 重力作用으로 形成되는 소용돌이 圓盤의

天體構成은 아주 容易하고도 普遍的으로 形成되고 組織될 수 있는 現象이다 하는 論理가 될 것이다. 가까이에서 觀察할 수 없는 球狀星團의 重力體系가 어떤 原理로 造成된 構造일까 여간 궁금한 일이 아닌 것이다.

球狀星團은 銀河系 小宇宙의 領域 外인 廣闊하고도 먼 宇宙空間에서 天體 相互間이 行使하는 소용돌이 重力體系로 形成된 天體群인 것으로 보인다. 그 天體群들이 銀河系 小宇宙의 巨大한 引力에 이끌려 近接하기는 했으나 彼此의 重力과 速度의 函數關係에서 더 以上 接近이 許諾되지 않아 現況을 維持 持續시키고 있는 것으로 보인다.

球狀星團의 重力構造는 宇宙의 本質을 밝혀가는 重要한 課題가 될 것이다. 그런 理由에서 精密한 觀察과 硏究가 促求되고 進行되어야 할 要素인 것이다.

球狀星團이나 大小 마제란星雲 같은 자치래기는 비단 銀河系 小宇宙에 局限된 存在와 形狀이 아니라 다른 모든 星雲에서도 共通的으로 보이는 現象인 것이다. 다른 小宇宙의 球狀星團은 觀測되고 있지 않으나 大小 마제란星雲 같은 자치래기는 모든 星雲의 到處에서 볼 수 있는 現象인 것이다. 宇宙가 水素의 重力行使와 作用으로 起源되는 明白한 證據가 될 것이다.

이 球狀星團의 存在에서 미루어 볼 때 人間이 사는 地球가 所屬된 銀河系 小宇宙는 지금의 狀態 以上의 큰 構造로 成長하고 肥大해질 수 없는 性格인 것으로 보인다. 그런 理由로 宇宙空間의 모든 單位 小宇宙, 즉 星雲이 銀河系 小宇宙와 비슷한 크기로 形成되고 組織되어 있을 것이다.

《宇宙 回歸論》이라 題한 이 책의 줄거리를 要約해 볼 것이다. 애당초 宇宙는 에너지源으로 여러 가지 造化나 變化를 演出하면서도 그 自體는 永遠不變의 性格이고 宇宙의 根源인 陰과 陽의 電極素子가 結晶되어 基本物質인 水素를 形成하고 存在하고 있다는 것이다. 그런 性格에서 水素는 基本物質이고 宇宙의 物質的 本質이 된다 할 것이다. 宇宙는 水素의 바다인 것이다.

水素는 陰과 陽의 電極素子인 에너지源의 結晶體로 하나의 獨立된 機關이 되어 持續的으로 呼吸을 계속하며 들이마시고 내뱉는 重力波가 重力을 行使한다는 것이다. 物質의 質量은 水素가 行事하는 이 重力으로부터 始作되는 것이다. 따라서 宇宙의 根源이면서 에너지源인 陰·陽의 電極素子는 素粒子이고 量子의 性格이기는 하지만 物質 以前의 存在로 質量을 갖고 있지 않다는 理致가 될 것이다.

宇宙空間의 모든 天體가 어떤 原理로 만들어졌을까? 重力波로 呼吸하는 水素의 重力行使로 에너지源인 電極素子의 結晶體이요 物質인 水素가 結集되어 宇宙空間의 到處에서 둥그런 球體의 天體가 形成되고 造成된다 하는 것이다.

重力을 作用하고 行使하는 水素의 結集으로 形成되고 造成된 모든 天體가 天理에서 定해진 理致를 따라 核融合을 進行하고 經營하게 된다는 것이다. 水素의 核融合過程에서 水素가 自己의 組織因子인 陰·陽의 電極素子 즉 電子를 發進시키고 結合시켜 秒速 30萬km로 疾走하는 恒星에너지를 發散하게 한다는 것이다.

恒星인 太陽이 發散하는 에너지는 그런 原理로 造成되고 있으며 水素 속의 素粒子가 나와 結合하고 排列되어 增幅된 에너지가 되어 宇宙空間을 疾走하며 밝히고 있다는 것이다. 太陽에너지는 水素를 脫出한 電子의 結合數와 排列되는 順序에 따라 各己 波長을 달리 하는 數많은 種類의 에너지로 量産된다는 것이다.

四方空間으로 放射되고 發散하는 太陽에너지와 恒星에너지에 比例하여 太陽과 恒星 속의 水素는 傷處를 입고 缺損이 생기게 되며 中性子로 變한다는 것이다. 人間社會에서 放射能으로 呼稱하고 있는 中性子는 水素의 傷處 입은 殘骸로 水素가 變質되어 생기는 量의 産物이라 하는 것이다.

水素가 變해서 된 中性子는 水素가 아니고 水素의 殘骸이지만 水素의 技能은 그대로 維持된 채 水素처럼 重力波로 呼吸하며 重力을 行使하고 作用시키는 것이다. 여기에서 看過되어서는 안 될 더욱 重要한 要素는 中性子가 重力을 行使할 뿐만 아니라 核融合 道上의 中性子가 서로 結合하여 地球上에 있는 各種 元素物質을 造成하고 있다는 結果의 놀라운 事實인 것이다.

水素를 除外한 地球上의 모든 元素物質이 中性子의 結合으로 造成된 結果의 産物이다 하는 것이다. 地球가 中性子의 蓄積體로 中性子星이라니 今時初聞의 말로 驚天動地의 놀라운 事實이 아닐 수 없을 것이다. 語不成說인 일로 믿지 못하겠다 우겨도 믿어야 할 眞實인 것이다.

結局 宇宙는 素粒子이고 量子의 性格이지만 重力이 行使되지 않는 物質 以前의 存在로 에너지源인 陰과 陽의 電極素子가 單獨으로 모든 造化를 일으키면서 經營한다 할 수 있을 것이다. 그런 見地에서 에너지源인 陰·陽의 電極素子가 바로 宇宙이다 表現될 수 있을 것이다. 우격다짐만을 能事로 하는 放恣한 發想에서 否定으로 一貫하고 못 믿겠다 우기며 拒否感을 露出시킨다 해도 믿어야 할 眞實인 것이다.

四書의 大學에 올라있는 "格物·致知"의 格物은 水素를 造成하고 있는 宇宙의 根源이면서 世上 萬物의 理致를 일으키는 에너지源인 陰과 陽의 電極素子를 指稱한 일이 아닐까 생각되는 것이다.

東洋의 物理思想이 宇宙의 根源이고 에너지源인 陰·陽의 電極素子가 物質인 水素를 만들고 世上 萬物의 造化를 일으키면서 宇宙를 經營해가는 世上 萬物의 理致를 한 치의 誤差도 없이 克明하게 밝히고 있는 것이다.

孔子로부터 2500年이 經過한 이제 비로소 宇宙의 眞實이 明確하게 解得되기에 이르렀다 할 것이다. 孔子가 晚年에 宇宙의 眞實을 解得하고자 周易의 책을 가죽 끈으로 엮은 대발의 끈이 세 번이나 끊어질 때까지 耽讀했으나 周易의 책 속에는 宇宙의 眞實이 없다 하고 끝내 덮어버렸다는 "韋編三絶"의 故事로부터 2500年의 歲月이 흘러가 結實을 보게 되었다 할 것이다.

大尾

宇宙 回歸論

·

지은이 / 채연석
발행인 / 김재엽
펴낸곳 / 한누리미디어
디자인 / 지선숙

·

121-840, 서울시 마포구 서교동 395-13 서원빌딩 2층
전화 / (02)379-4514, 379-4519
Fax / (02)379-4516
E-mail/hannury2003@hanmail.net

·

신고번호 / 제300-2006-61호
등록일 / 1993. 11. 4

·

초판발행일 / 2009년 7월 30일

·

ⓒ 2009 채연석 Printed in KOREA

·

값 20,000원

·

※저자와 협의하여 인지는 생략합니다.
※잘못된 책은 바꿔드립니다.

ISBN 978-89-7969-347-8 03560

宇宙

往古來今　謂之宙
上下左右　謂之宇

淮南子

"宇宙는 一次元의 時間線上과 三次元의 空間에서 예로부터 오고 未來로 가는 森羅萬象의 形象이 일어나는 造花이다"는 뜻이 될 것이다.

淮南子는 劉安에 依해 著述된 千七八百年前의 百科事典이다. 原文에는 上下四方으로 記述되어 있으나 上下左右가 좀더 合理的인 表現이 될 것이다 생각되어 修訂하였다.

淮南子의 宇宙觀은 東洋의 宇宙思想이지만 時間과 空間만을 表現하고 的中시키고 있을 뿐, 宇宙를 經營하는 物質的인 根源에 對해서는 말하고 있지 않다.